流域区域水污染治理模式与技术路线图丛书

城市水环境综合整治指导手册

孙德智　朱洪涛　编著

科学出版社

北　京

内 容 简 介

本书主要为城市水环境综合整治工作提供溯因、方案制定、技术选择、技术政策等方面的指导，主要内容包括我国城市水环境概况、治理历程、治理现状，在自然与社会叠加影响下我国城市水环境的分区及其特征，涵盖问题解析、目标构建和整治技术筛选的城市水环境综合整治指导方案编制，并给出我国华北、东北、东南、南部、西南和西北六大地区的城市水环境综合整治指导方案及技术路线图、我国城市水环境综合整治技术政策。

本书可供城市生态环境保护、水务、市政等管理部门、规划设计单位及相关科研人员参考。

图书在版编目（CIP）数据

城市水环境综合整治指导手册/孙德智，朱洪涛编著.—北京：科学出版社，2022.12

（流域区域水污染治理模式与技术路线图丛书）

ISBN 978-7-03-073999-5

Ⅰ.①城… Ⅱ.①孙… ②朱… Ⅲ.①城市环境–水环境–环境综合整治–中国–手册 Ⅳ.①X321.2-62

中国版本图书馆 CIP 数据核字（2022）第 224664 号

责任编辑：郭允允 李嘉佳 / 责任校对：王萌萌
责任印制：吴兆东 / 封面设计：无极书装

科 学 出 版 社 出版

北京东黄城根北街 16 号
邮政编码：100717
http://www.sciencep.com

北京建宏印刷有限公司 印刷
科学出版社发行 各地新华书店经销

*

2022 年 12 月第 一 版 　开本：787×1092 1/16
2022 年 12 月第一次印刷 　印张：18 1/4
字数：430 000

定价：188.00 元
（如有印装质量问题，我社负责调换）

丛书编委会

顾问　吴丰昌　刘　翔　郑兴灿　梅旭荣

主编　宋永会

编委（按姓氏笔画排序）

　　　　朱昌雄　刘　琰　许秋瑾　孙德智

　　　　肖书虎　赵　芳　蒋进元　储昭升

　　　　谢晓琳　廖海清　魏　健

　　我国自 20 世纪 80 年代开始，伴随着经济社会快速发展，水污染和水生态破坏等问题日益凸显。大规模工业化、城镇化和农业现代化发展，导致水污染呈现出结构性、区域性、复合性、压缩性和流域性特征，制约了我国经济社会的可持续发展，人民群众生产生活和健康面临重大风险。如果不抓紧扭转水污染和生态环境恶化趋势，必将付出极其沉重的代价。为此，自"九五"以来，国家将三河（淮河、海河、辽河）、三湖（太湖、巢湖、滇池）等列为重点流域，持续开展水污染防治工作。从"十一五"开始，党中央、国务院更是高瞻远瞩，作出了科技先行的英明决策和重大战略部署，审时度势启动实施水体污染控制与治理科技重大专项（简称水专项）。水专项实施以来，针对流域水污染防治和饮用水安全保障的瓶颈技术难题，开展科技攻关和工程示范，突破一批关键技术，建设一批示范工程，支撑重点流域水污染防治和水环境质量改善，构建流域水污染治理、流域水环境管理和饮用水安全保障三个技术体系，显著提升了我国流域水污染治理体系和治理能力现代化水平。为全面推动水污染防治，保障国家水安全，支撑全面建成小康社会目标实现，国务院于 2015 年发布《水污染防治行动计划》（简称"水十条"），加快推进水污染防治和水环境质量改善。

　　流域是包含某水系并由分水界或其他人为、非人为界线将其圈闭起来的相对完整、独立的区域，是人类活动与自然资源、生态环境之间相互联系、相互作用、相互制约的整体。我国主要河流流域包括松花江、辽河、海河、黄河、淮河、长江、珠江、东南诸河、西南诸河及西北内陆河等十大流域。我国湖泊众多，共有 2.48 万多个，按地域可分为东部湖区、东北湖区、蒙新湖区、青藏高原湖区和云贵湖区。统筹流域各要素，实施流域系统治理和综合管理，已经成为国内外生态环境保护工作的共识。水专项的实施充分考虑了流域的整体性和系统性，而在水污染治理和水生态环境保护修复策略上，考虑水体类型、自然地理和气候类型等差异，按照河流、湖泊和城市进行分区分类施策。与国家每五年一期的重点流域水污染防治和水生态环境保护规划相适应，水专项在辽河、淮河、松花江、海河和东江等 5 大河流流域，太湖、巢湖、滇池、三峡库区和洱海等 5 大湖泊流域，以及京津冀等地开展了科技攻关和综合示范，以水专项科技创新成果支撑流域水污染治理和水环境管理,充分体现流域整体设计和分区分类施策,即"一河一策""一湖一策""一城一策",为流域治理和管理工作提供切实可行的技术和方案支撑。随着"十一五""十二五"水专项的实施,水污染治理共性技术成果和流域区域示范经验越来越丰富,与此同时,国家"水十条"的发布实施,尤其是"十三五"时期打好污染防治攻坚战之"碧水保卫战",对流域区域水污染治理和水环境质量改善提出了明确的目标要求,各地方对于流域区域水污染系统治理、综合治理的认识越来越深刻。但是由于各流域区域水污染治理基础、经济社会发展水平和科技支撑能力差别较大,迫切需要科学的水污染治理模式、适宜的技术路线图,以及经济合理的治理技术支撑。因此,面向国家重大需求,为更好地完成流域水污染治理技术体系构建,"十三五"期间,水专项在流域水污染治理与水体修复技术集成与应用项目中设置了"流域(区域)水污染治理模式与技术路线图"课题(简称路线图课题),旨在支撑流域水污染治理技术体系的构建和完善,研究形成适应不同河流、湖泊和城市水环境特征的流域区域水污染治理模式,以及流域区域和主要污染物控制技术路线图,推动流域水污染治理技术体系的应用,为流域区域治理提供科技支撑。

路线图课题针对流域水污染治理技术体系下不同技术系统的特点,研究分类技术系统的流域区域应用模式。针对流域区域水污染特征和差异化治理需求,研究提出水污染治理分类指导方案和流域区域水污染治理技术路线图。结合水污染治理市场机制和经济模式研究,总结我国流域水污染治理的总体实施模式。路线图课题突破了流域水体污染特征分类判别与主控因子识别、基于流域特征和差异化治理需求的水污染治理技术甄选与适用性评估等技术,提出了河流、湖泊、城市水污染治理分类指导方案、技术路线图和技术政策建议,形成了指导手册,为流域中长期治理提供技术工具。研究提出流域区域水污染治理的总体实施模式,形成太湖、辽河流域有机物和氮磷营养物控制的总体解决技术路线图,为流域区域水污染治理提供技术支撑。路线图课题成果为流域水污染治理技术体系的构建和完善提供了方法学支撑,其中综合考虑技术、环境和经济三要素,创新了水污染治理技术综合评估方法,为城镇生活污染控制、农业面源污染控制与治理、受损水体修复等技术的集成和应用提供了坚实的共性技术方法支持。秉持创新研究与应用实践紧密结合的宗旨,按照水专项"十三五"收官阶段的要求,特别是面向流域水生态环境保护"十四五"规划的重大需求,路线图课题"边研究、边产出、边应用、边支撑、边完善",为国家层面长江、黄河、松辽、淮河、太湖、滇池等流域和地方"十三五"污染防治工作及"十四五"规划的编制提供了有力的技术支撑,路线图课题成果在实践中得到了检验和广泛的应用,受到生态环境部、相关流域局和地方的高度评价。

"流域区域水污染治理模式与技术路线图丛书"是路线图课题和辽河等相关流域示范项目课题技术成果的系统总结。丛书的设计紧扣流域区域水污染治理、技术路线图、治理模式、指导方案、技术评估等关键要素和环节,以手册工具书的形式,为河流、湖泊、城市的水污染治理、水环境整治及生态修复提供系统的流域区域问题诊断方法、技术路线图和分类指导方案。在流域区域水污染治理操作层面，丛书为水污染治理技术的选择应用提供技术方法工具，以及投融资和治理资源共享等市场机制的方法工具。丛书集成和凝练流域水污染治理相关理论和技术，提出了我国流域区域水污染治理的总体实施模式，并在国家水污染治理和水生态环境保护的重点流域辽河和太湖进行应用，形成了成果落地的案例。丛书形成了流域区域水污染治理手册工具书 3 册、技术评估和市场机制方法工具 2 册、流域案例及模式总结 2 册的体系。

　　丛书既是"十三五"水专项路线图等课题的攻关研究成果，又是水专项实施以来，流域水污染治理理论、技术和工程实践及管理经验总结凝练的结晶，具有很强的创新性、理论性、技术性和实践性。进入"十四五"以来，党中央、国务院关于深入打好污染防治攻坚战的意见对"碧水保卫战"作出明确部署，要求持续打好长江保护修复攻坚战，着力打好黄河生态保护治理攻坚战，完善水污染防治流域协同机制，深化海河、辽河、淮河、松花江、珠江等重点流域综合治理，推进重要湖泊污染防治和生态修复。相信丛书一定能在流域区域水污染防治和水生态环境保护修复工作中发挥重要的指导和参考作用。

　　我作为"十三五"水专项的技术总师，乐见这些标志性成果的产出、传播和推广应用，是为序！

吴丰昌

中国工程院院士

中国环境科学学会副理事长

　　我国从 20 世纪 80 年代以来，城镇化建设速度明显加快，城镇常住人口由 1980 年的 1.8 亿人增加到 2021 年的 9.15 亿人，年均增速达 1.09%，城镇化水平由 17.92%提高到 64.72%，顺利完成了世界上速度最快、规模最大的城镇化进程，迈过了城镇化初期和中期的快速成长阶段。我国城镇化的快速推进促进了国民经济持续快速发展，是社会主义现代化建设的重要引擎，但与此同时也带来了一系列城市水生态环境问题。

　　城市的社会经济发展与城市水体密切相关，城市规模的不断扩大使得城市水体受到威胁，出现水体污染、水资源减少和水生态退化等一系列水生态环境问题。首先，城市高强度的生产生活产生出大量污染物，加上日益严重的城市面源污染，使得向城市水体排放的污染负荷远超其环境容量。同时由于城市涉水基础设施的建设滞后于城市发展，造成了城市水体水质恶化、水体黑臭现象频发。其次，我国是世界水资源最为匮乏的国家之一，但城市的快速发展需水量与日俱增，加上供水设施建设的滞后、水资源利用效率低、工业及生活用水浪费严重等，水资源的供需矛盾日渐突出。最后，城镇化过程中由于人类活动的干扰，出现了湿地、河湖水域面积萎缩，河湖滨岸带锐减，水生生物栖境被破坏及水生生物多样性锐减，重点湖泊蓝藻与水华现象居高不下等问题，造成城市水生态系统处于失衡状态。总之，我国城市水生态环境面临的形势严峻复杂，广大市民对生活质量、环境质量的要求越来越高，亟须探索满足城市发展要求的水生态环境综合整治方案。以上为作者编著本书的目的。

　　本书分为三篇，共 15 章。其中，基础篇包括 2 章，分别介绍了我国城市水环境概况与治理历程，以及城市水环境治理现状和问题解析；方案篇包括 12 章，分别给出我国城市水环境分区及其特征、城市水环境综合整治方案编制内容与方法、城市水环境特征及问题解析方法、城市水环境综合整治目标的构建、城市水环境容量和污染负荷削减量分配计算、城市水环境综合整治适用性技术筛选、6 个区域城市水环境综合整治指导方案和技术路线图等；技术政策篇包括城市水环境综合整治技术政策 1 章内容。上述内容可为我国城市水环境综合整治工作提供指导和参考。

　　本书由孙德智、朱洪涛主笔，参加编写工作的人员还包括王振北、梁家豪、王峥、曾令武、张妍妍、曹甜甜、刘学、江浩麟、杨月怡、彭媛媛等。

　　本书也得到了中国环境科学研究院宋永会研究员牵头的水专项课题"流域（区域）水污染治理模式与技术路线图"和水专项"城镇水污染控制与水环境综合整治整装成套技术"标志性成果团队的支持，在此表示诚挚的感谢。另外，科学出版社的编辑为本书的顺利出版及质量提升付出了艰辛劳动。限于作者水平和撰写时间，书中疏漏和不妥之处在所难免，恳请读者批评指正。

作　者

2022 年 1 月

◀◀ 目 录

丛书序
前言

基 础 篇

第1章 城市水环境概况与治理历程···3
    1.1 城市水环境概况···3
    1.2 我国城市水环境治理历程·····································6

第2章 城市水环境治理现状和问题解析·················10
    2.1 我国城市水环境治理现状·····························10
    2.2 我国城市水环境共性问题解析·····················11

方 案 篇

第3章 我国城市水环境分区及其特征·····················19
    3.1 我国城市水环境分区依据与构成·····················19
    3.2 我国各区域城市水环境分区特征·····················25

第4章 城市水环境综合整治方案编制内容及方法·····················30
    4.1 方案编制总体思路·····················30
    4.2 方案编制资料基础·····················31
    4.3 方案编制内容·····················31
    4.4 方案编制技术路线·····················32
    4.5 方案编制过程·····················34

第5章 城市水环境特征及问题解析方法·····················36
    5.1 城市水体水生态环境特征分析方法·····················36

5.2 城市水环境问题解析 ·· 39

第6章 城市水环境综合整治目标的构建 ························ 46
  6.1 城市水环境综合整治目标的确定 ···························· 46
  6.2 城市水环境综合整治目标的优化 ···························· 50

第7章 城市水环境容量和污染负荷削减量分配计算 ········ 72
  7.1 城市水体功能区及主控污染指标确定 ····················· 72
  7.2 城市水体功能区环境容量计算 ······························ 72
  7.3 城市污染负荷分配原则 ·· 80

第8章 城市水环境综合整治适用性技术筛选 ················· 86
  8.1 技术筛选工艺流程 ··· 86
  8.2 技术筛选方法介绍 ··· 88
  8.3 典型案例应用研究 ··· 93

第9章 华北地区城市水环境综合整治指导方案 ············· 101
  9.1 方案编制依据 ·· 101
  9.2 华北地区城市水环境特征和问题解析 ··················· 101
  9.3 华北地区城市水生态环境综合整治目标确定 ·········· 114
  9.4 华北地区城市水环境质量提升方案 ····················· 114
  9.5 华北地区城市水生态恢复方案 ··························· 120
  9.6 华北地区城市水资源保护方案 ··························· 122
  9.7 华北地区城市水安全保障方案 ··························· 126
  9.8 华北地区城市水环境综合整治路线图 ·················· 126

第10章 东北地区城市水环境综合整治指导方案 ··········· 131
  10.1 方案编制依据 ·· 131
  10.2 东北地区城市水环境特征和问题解析 ················· 131
  10.3 东北地区城市水生态环境综合整治目标确定 ········ 139
  10.4 东北地区城市水环境质量提升方案 ··················· 140
  10.5 东北地区城市水生态恢复方案 ························· 145
  10.6 东北地区城市水资源保护方案 ························· 146
  10.7 东北地区城市水环境综合整治技术路线图 ·········· 149

第11章 东南地区城市水环境综合整治指导方案 ··········· 154
  11.1 方案编制依据 ·· 154
  11.2 东南地区城市水环境特征和问题解析 ················· 154
  11.3 东南地区城市水生态环境综合整治目标确定 ········ 170

11.4　东南地区城市水环境质量提升方案 ································ 170

11.5　东南地区城市水生态恢复方案 ································· 176

11.6　东南地区城市水资源保护方案 ································· 179

11.7　东南地区城市水环境综合整治技术路线图 ························ 181

第 12 章　南部地区城市水环境综合整治指导方案 ························ 185

12.1　方案编制依据 ·· 185

12.2　南部地区城市水环境特征和问题解析 ···························· 185

12.3　南部地区城市水生态环境综合整治目标的确定 ······················ 197

12.4　南部地区城市水环境质量提升方案 ····························· 198

12.5　南部地区城市水生态恢复方案 ································· 203

12.6　南部地区城市水资源保护方案 ································· 204

12.7　南部地区城市水安全保障方案 ································· 206

12.8　南部地区城市水环境综合整治技术路线图 ························· 208

第 13 章　西南地区城市水环境综合整治指导方案 ························ 211

13.1　方案编制依据 ·· 211

13.2　西南地区城市水环境特征和问题解析 ···························· 211

13.3　西南地区城市水生态环境综合整治目标确定 ······················· 222

13.4　西南地区城市水环境质量提升方案 ····························· 223

13.5　西南地区城市水生态恢复方案 ································· 228

13.6　西南地区城市水资源保护方案 ································· 229

13.7　西南地区城市水安全保障方案 ································· 231

13.8　西南地区城市水环境综合整治技术路线图 ························· 232

第 14 章　西北地区城市水环境综合整治指导方案 ························ 237

14.1　方案编制依据 ·· 237

14.2　西北地区城市水环境特征和问题解析 ···························· 237

14.3　西北地区城市水环境综合整治目标确定 ··························· 242

14.4　西北地区城市水环境质量提升方案 ····························· 243

14.5　西北地区城市水生态恢复方案 ································· 248

14.6　西北地区城市水资源保护方案 ································· 249

14.7　西北地区城市水环境综合整治技术路线图 ························· 252

技术政策篇

第 15 章　城市水环境综合整治技术政策 ····························· 259

15.1　总则 ·· 259

15.2 城市水资源保护技术 …………………………………………………… 259

15.3 城市水体水质改善技术 ………………………………………………… 260

15.4 城市水生态恢复技术 …………………………………………………… 262

15.5 城市水安全保障技术 …………………………………………………… 263

15.6 城市水生态环境监测技术 ……………………………………………… 264

15.7 鼓励研发的技术方向 …………………………………………………… 264

参考文献 ………………………………………………………………………… 265

附表　水专项城市市政工程综合整治备选技术库 ………………………………… 272

基础篇

城市是流域的重要组成部分，流经城市的河流不仅会在一定程度上出现水质恶化，而且作为城市受纳水体的湖泊也会遭受污染。因此，城市可以视为流域内极为重要的"污染点源"。城市水体作为这一"点源"的载体，对流域水环境质量和生态状况的影响不容忽视。通常来说，城市水体具有一定的环境容量，能够在一定程度上消纳进入其中的污染物质。但随着城市规模的不断扩大，城市的水域面积逐渐减少，且进入水体中污染负荷大幅增加，导致城市水体出现水质恶化、水生态系统破坏、水资源短缺和内涝频发等一系列问题。

近几十年来，中央和地方各级政府不断推进我国城市水环境的综合整治，实现了城市水环境质量的明显改善，有效提高了我国城市水污染防治的技术和管理水平。需要指出的是，尽管我国水生态环境保护工作取得了显著成效，根据《2021中国生态环境状况公报》，全国河流Ⅰ～Ⅲ类水质断面占比在2021年达到84.9%，劣Ⅴ类水质断面占比下降到1.2%。但我国城市水生态环境保护工作还只是初步的和阶段性的，目前仍有很多问题需要解决，城市人口资源环境矛盾依然突出、污染排放和生态破坏的形势依旧严峻、生态环境事件频发等问题尚未根本解决。许多城市污水管网建设严重滞后，管网老旧破损和混接错接漏接严重，雨季溢流污染问题突出，城市生活污水集中收集能力不足；部分城市以及400多个县城污水处理能力不能满足需求，40%左右建制镇尚不具备生活污水处理能力[①]；污水资源化利用尚处于起步阶段，城市再生水利用水平不高；黑臭水体的整治效果存在反弹的可能，有待于进一步的巩固；城市面源污染防治形势不容乐观，正在由原来的次要矛盾上升为主要矛盾；一些城市湿地、湖泊面积萎缩，水生态系统的功能失衡，重点湖泊的蓝藻水华居高不下，水生态保护和修复亟待加强；我国工业生产主要集中在城市，工业企业违法排污造成城市下游河流水质严重污染的现象还时有发生。总之，我国城市水生态环境面临的形势依然严峻，水资源短缺与水污染并存，水生态环境改善仍任重道远。广大市民对生活质量和环境质量的要求越来越高，亟须探索更加先进可行的城市水环境综合整治路径。

---

① 国家发展改革委有关负责同志就《"十四五"城镇污水处理及资源化利用发展规划》答记者问. https://www.ndrc.gov.cn/xxgk/jd/jd/202106/t20210615_1283251.html?code=&state=123[2022-08-01].

第1章　城市水环境概况与治理历程

1.1　城市水环境概况

水是城市的命脉，是城市的血液，城市因水而建、因水而兴。一座城市的社会经济良性发展，高度依赖于源源不断的工业和生活供水、富余充足的污染物受纳空间以及安全舒适的人居环境，这一切均与城市水环境密切相关。

1.1.1　城市水环境的功能

城市水环境是指城市及其周边的地表水和地下水共同组成的水系统，其中地表水主要包括河流、湖泊、湿地、坑塘等自然或人工水体，涉及城市自然生物赖以生存的水体质量状况、抵御洪涝灾害的能力、水资源供给程度、水利工程景观与周围的和谐程度等多个方面。城市水环境既是城市自然环境的主要组成部分，同时又具有重要的景观价值、娱乐价值和生态价值。城市水环境对城市的价值具体如下。

1. 供水水源

城市水体不仅可以作为城市自身的供水水源，还可以作为周边城市及其下游区域的供水水源。

2. 排污净化

城市水体是区域内点源污（废）水以及径流雨水的主要受体，是城市水循环的主要载体。城市水体由于具有一定的水环境容量和承载力，可对进入其中的污染物进行一系列的物理、化学和生物净化，减少其对水体生态环境的影响。

3. 防洪排涝

城市水体是一个天然防洪、蓄洪和泄洪的通道和载体。同时，城市水体又可以在暴雨和河流涨水期储存过量的雨水，避免发生洪涝灾害。

4. 生态功能

城市水体是城市物种多样性的重要载体，是城市生态建设的主要组成部分。同时，城市水体还具有热容性高、流动性强等属性，对自然环境中风的流畅性有较好的保护作用。在风的作用下，城市水体水面蒸发能够增加空气湿度，对于减弱城市热岛效应具有明显的作用。

5. 景观娱乐

城市水体是居民亲近自然、休闲娱乐的重要场所，能为城市居民提供优美的生活环境并满足城市居民精神层面的需求。很多城市水体均具有一定的景观作用，如北京的护城河、南京的秦淮河、合肥的南淝河等均是城市中的旅游观光胜地。

但是，城市水体大多是流动性差的封闭型浅型水体，具有容量小、自净能力弱、易于污染等特点。因此，城市水体受到人为影响更为强烈，易发生水质污染和生态破坏，进而导致城市面临严重的水质恶化和水华风险。近年来，随着我国城市化进程的不断推进，改变了城市内的产汇流条件、地下水的补径排关系，深刻影响着城市水循环系统，导致城市水环境质量恶化和生态系统退化。

1.1.2 城市化对城市水体的影响

1. 城市化对城市河流的影响

城市化进程的加快导致城市产业结构调整重组，改变了城市河流原有生境和沿岸地区用地功能，河道被侵占、大量污染物排入河流中，致使城市河流水生态环境质量出现明显的恶化，严重干扰了城市河流的固有功能，具体表现在以下几方面。

1）对城市河道结构形态的影响

在城市化进程中，城市河道为适应城市发展的需要，在形态、功能和空间等方面呈现明显不同于自然河道的特性。通常，城市河道的蜿蜒程度低，断面形式单一；城市河流河道渠化和衬砌护底严重，与周围环境的物质交换功能基本丧失，对河道周围及河道内生态的支撑能力明显减弱；由于城市土地利用率高，城市河道沿岸存在许多工厂和居民区，对城市河流河道空间范围形成挤压，最终使城市河道的下垫面条件发生变化。

2）对城市河流水文过程的影响

城市化直接影响了城市河流的水文过程。首先，城市化导致的不透水面积增加，改变了城市内的产汇流过程，影响了城市河流的流动过程并加剧了城市河流径流作用对河床的侵蚀；其次，城市人口聚集区域一般位于平原地区，缺少大型水源地，区域内的生产生活用水往往需要从邻近流域进行调配，而生产生活用水产生的污废水却需要排入当地的城市河流，这也将对城市河流的水文过程产生扰动；最后，城市河流易受人为调控，很多城市都具备调水补充河道生态用水的条件，然而不合时宜的调水补源也会影响城市河流的径流过程，对城市河流的水文情势产生扰动。

3）对城市河流原有生境的影响

城市化会使城市河流原有生境丧失，降低城市水体的生物多样性，低频度的物种数量明显增加，高频度的物种数量明显减少，城市河流改造前后的群落相似性明显降低。这主要是由于城市河流河道改造破坏了原有的生境条件，而新形成的生境条件又会有新的物种迁入，从而破坏了城市河流系统与周边陆地系统之间的物质循环过程。

陈昆仑等（2013）对广州城市河流的水体形态演化的研究表明，2000~2010年城市化导致广州市河流面积减少比例高达 22.98%，岸线长度减少了 26.48%，城市河流河道出现明显的收窄，城市河流河口形态也显著改变。李君（2006）对杭州市古新河等五条典型河流的研究表明，城市化引起的商业及工矿用地和居民住宅用地的增加，显著导致上述五条典型城市河流出现水质恶化和景观多样性减弱，2005 年五条典型城市河流水质均已降低至 V 类或劣 V 类。

2. 城市化对城市湖库的影响

2000 年以来，城市化进程对城市湖库水资源的开发和利用都有着重要影响，干扰了城市湖库的自然净化过程，对城市湖库水生态系统造成了严重的破坏。城市化对城市湖库的影响主要体现在以下两方面。

1）城市化大大减少了湖库的水域面积

我国城市发展速度极快，导致土地资源紧张，城市区域侵占湖库的现象越来越普遍，造成湖库水域面积日益减少。以武汉市为例，根据《武汉湖泊志》的相关说明，1980～2010 年，武汉市的湖泊面积减少了将近 343350 亩[①]（武汉市水务局，2014）。武汉市区内环线唯一的湖泊——沙湖逐渐被周边大量的商品住宅蚕食，湖面面积从原来的 1275 亩缩小到了如今的约 120 亩（钱澄和张虹，2014）。

2）城市化使湖库生态系统遭到破坏

在城市化进程当中，由于工业废水和生活污水排放量增大，这些污废水中的氮、磷和其他有害物质进入城市湖库，致使湖库生态系统遭到破坏，湖库中藻类增加，消耗了水中的氧气，使鱼及其他生物无法生存，最终导致水生动植物资源衰退，破坏了湖库的生态多样性和自净循环过程。因此，很多城市湖库的水文季节规律发生变化，连续出现枯水时间提前、枯水期延长、水位超低以及旱情加剧等现象，部分水域还出现水质下降的问题。黄兰兰等（2020）对开封市龙亭湖等五处典型城市湖泊进行了研究，发现除汴西湖水环境质量较好为Ⅳ类水外，龙亭湖等四处城市湖泊水环境质量均为劣 V 类水，其水环境污染仍较为严重。谷风等（2019）对吉林市落马湖的湖泊水质进行了评价，指出落马湖的总体水环境质量为 V 类水，以中国环境监测总站推荐的湖泊富营养化评价法进行评价，其磷元素严重超标，属于重度富营养的城市湖泊。

综合来看，由于城市水环境的重要组成部分——城市水体仍呈现严重污染的态势，我国城市水环境整体情况不容乐观。作者团队 2019 年从全国 91 个城市 211 处水体的取样检测结果来看，Ⅳ类及以上的水体仅占 40%（图 1-1），而 V 类水体占 26%，劣 V 类水体占比高达 34%，意味着城市水体目前受污染情况仍较为严重。

---

① 1 亩 ≈ 666.67m²。

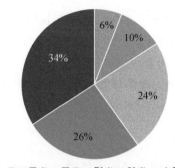

■优于Ⅲ类 ■Ⅲ类 ■Ⅳ类 ■Ⅴ类 ■劣Ⅴ类

图 1-1　2019 年全国 91 个城市水体水环境质量类别占比

1.2　我国城市水环境治理历程

如上所述，城市水环境是城市自然环境的重要组成部分之一，具有重要的景观价值、娱乐价值和生态价值。但是随着城市区域内大量污染物排入，城市水环境受到了严重的破坏，城市水环境质量持续恶化，城市水生态系统逐渐消亡、城市水资源日渐枯竭且城市水安全隐患频发。因此，我国对于城市水环境治理的重视程度逐渐增加。本节从我国城市水环境治理政策变化历程和我国城市水环境治理重点变化历程两个方面阐述我国城市水环境的治理历程。

1.2.1　我国城市水环境治理政策变化历程

1984 年，《中共中央关于经济体制改革的决定》做出了对城市进行环境综合整治的指示，将城市环境管理推进到一个新阶段。同年，第六届全国人民代表大会常务委员会第五次会议通过《中华人民共和国水污染防治法》，正式拉开了我国城市水环境治理的序幕。

1988 年，国务院环境保护委员会发布了《关于城市环境综合整治定量考核的决定》，城市水环境质量是考核内容中的一个重要方面。同年，国家环境保护总局还颁布了《污水综合排放标准》（GB 8978—88）。1989 年，第七届全国人民代表大会常务委员会第十一次会议通过了《中华人民共和国环境保护法》和《中华人民共和国城市规划法》。

在排放标准方面，1993 年，《城市污水处理厂污水污泥排放标准》（CJ 3025—1993）发布；1996 年，《污水综合排放标准》（GB 8978—1996）发布；2002 年，《城镇污水处理厂污染物排放标准》（GB 18918—2002）发布，该标准提高了城镇污水处理厂的出水要求，明确了将一级 A 标准出水作为回用水的基本要求。自此，城镇污水处理目标开始从"达标排放"向"再生利用"转变。

2011 年 10 月 17 日《国务院关于加强环境保护重点工作的意见》发布，其在城市水环境治理方面提出"继续加强主要污染物总量减排。完善减排统计、监测和考核体系，鼓励各地区实施特征污染物排放总量控制。对造纸、印染和化工行业实行化学需氧量和氨氮排放总量控制。加强污水处理设施、污泥处理处置设施、污水再生利用设施和垃圾渗滤液处理设施建设。对现有污水处理厂进行升级改造。完善城镇污水收集管网，推进雨、污分流改造。强化城镇污水、垃圾处理设施运行监管。"

为贯彻落实党的十八大关于加强生态文明建设的重要精神，加快推进水生态文明建设，促进经济社会发展与水资源水环境承载能力相协调，2013 年 1 月水利部发布《关于加快推进水生态文明建设工作的意见》；同年 9 月发布的《国务院关于加强城市基础设施建设的意见》中，提出到 2015 年城镇污水处理设施再生水利用率达到 20% 以上。同时，为防治城镇水污染和内涝灾害，国务院于 2013 年 10 月颁布了《城镇排水与污水处理条例》，对城镇排水与污水处理设施运行提出一系列的要求。

在城市化进程导致城市不透水下垫面面积显著增加的背景下，出于城市降雨径流污染控制和雨水资源化利用的考量，住房和城乡建设部于 2014 年 10 月正式发布了《海绵城市建设技术指南——低影响开发雨水系统构建（试行）》，开启了全国各地海绵城市建设的工作。

为积极推进城市重污染水体的治理，2015 年 4 月国务院发布了《水污染防治行动计划》（简称"水十条"），要求到 2020 年，全国地级及以上城市建成区黑臭水体控制在 10% 以内，到 2030 年，城市建成区黑臭水体总体得到消除。

2016 年 12 月，中共中央办公厅、国务院办公厅印发《关于全面推行河长制的意见》，将相应河湖的管理及保护工作责任落实到人，通过行政手段推动水环境治理的落实。2018 年 1 月，新修订的《中华人民共和国水污染防治法》颁布施行，其贯彻了习近平生态文明思想和中共中央、国务院关于推进生态文明建设的新要求，与《中华人民共和国环境保护法》相衔接，与"水十条"相融合，使得责任更加明确，重点更加突出，监管更加全面，惩处更加严格，对于防治水污染、保护水资源、保障水生态安全发挥了重要作用。

随着"水十条"的颁布以及后续各地实际调查工作的开展，黑臭水体治理成为城市水环境首要关注的问题之一。2018 年 4 月，中央财经委员会第一次会议把黑臭水体治理作为生态环境质量改善攻坚战的标志性重大战役之一。同年 6 月，中共中央、国务院发布了《关于全面加强生态环境保护 坚决打好污染防治攻坚战的意见》，对城市黑臭水体治理等"五大涉水相关战役"做出了详细部署。

2019 年 5 月，针对城市水环境治理关键问题，为了加快补齐城镇污水收集和处理设施短板，尽快实现污水管网全覆盖、全收集、全处理，住房和城乡建设部、生态环境部、国家发展和改革委员会联合印发了《城镇污水处理提质增效三年行动方案（2019—2021年）》，目标是经过 3 年努力，地级及以上城市建成区基本无生活污水直排口，基本消除城中村、老旧城区和城乡接合部生活污水收集处理设施空白区，基本消除黑臭水体，城市生活污水集中收集效能显著提高。

为了促进解决水资源短缺、水环境污染、水生态损害问题，2021 年国家发展和改革委员会发布了《关于推进污水资源化利用的指导意见》，该意见指出"以城镇生活污水资源化利用为突破口，以工业利用和生态补水为主要途径，做好顶层设计，加强统筹协调，完善政策措施，强化监督管理，开展试点示范，推动我国污水资源化利用实现高质量发展。"总体目标为"到 2025 年，全国污水收集效能显著提升，县城及城市污水处理能力基本满足当地经济社会发展需要，水环境敏感地区污水处理基本实现提标升级；全国地级及以上缺水城市再生水利用率达到 25% 以上，京津冀地区达到 35% 以上；工业用水重复利用、畜禽粪污和渔业养殖尾水资源化利用水平显著提升；污水资源化利用政策体系和市场机制基本建立。到 2035 年，形成系统、安全、环保、经济的污水资源化利用格局。"

综合来看，经过四十年的经济发展，我国城市水环境承受了追求经济增长的粗放式发展带来的一系列环境污染和生态破坏的恶性后果，国家正在逐步加强实施各种政策措施，指导城市水环境实施从分治到综合、从末端治理到全过程控制、从环境到生态的多途径治理模式，不断探索适合中国国情且切实有效的城市水环境治理模式和关键措施。经过近 20 年的努力，我国城市水环境污染态势基本得到遏制，水生态环境质量得到一定的改善。然而，总体上，我国城市规模还在不断扩大，工业经济仍以较高的速度在发展，对城市水生态环境系统的压力还很大，城市水环境基础薄弱等问题日益突出。因此，构建我国城市"有河有水、有鱼有草、人水和谐"的水生态环境系统和实现"良好生态环境是最普惠的民生福祉""人民群众对美好生活的向往就是我们的奋斗目标"任重道远。

1.2.2 我国城市水环境治理重点变化历程

20 世纪 80~90 年代，我国城市水环境治理处于工程治河为主的阶段，主要通过防洪、灌溉和排污工程进行治理（尚宏琦等，2003）。这一阶段水环境治理更多侧重于大型治理工程的建设，而应用于生活污水和工业废水等排污工程治理的技术仍较为初级，其出水水质标准也相对较低。在 20 世纪 80 年代初期，大部分污水处理厂采用的处理工艺为一级处理工艺，主要是通过简单的物理法去除水中的悬浮物。20 世纪 80 年代中期，生活污水和工业废水中的大量有机物未经有效处理而排入城市水体，导致城市水体黑臭后，二级生化处理才开始逐渐应用于污水处理中。1994 年初至 1997 年底的淮河流域水环境治理则是通过关停 3800 家企业来实现工业污染源的达标排放；"九五"期间的滇池水环境治理是以工程措施为主的全面治理阶段，工程内容主要为工业污染治理和城镇污水处理厂建设。对于城市降雨径流的面源污染问题，这一阶段主要是在北京、苏州、天津等地开展了面源污染负荷研究，掌握了城市面源污染的初始资料，提升了对城市面源污染的了解，为后来的城市面源污染治理提供了基础资料。

20 世纪 90 年代末至 21 世纪初期，我国城市水环境治理处于水环境保护与综合治理为主的阶段。这一阶段我国进行了大量排水管道的建设改造和污水处理厂的修建等工作，对城市排水进行控源截污，同时开展了一系列河道恢复工作（钱嫦萍，2014）。以滇池为例，"十五"期间滇池水环境治理的工程内容扩展到截污工程和生态修复，削减了 50% 左右的污染物入湖总量，取得了一定的成效；在"十五"期间国家高技术研究发展计划（863 计划）中，专门设置了"水污染控制与治理工程"科技专项，对城市水环境专题进行研究和示范，选择武汉、镇江等 11 个典型城市开展了城市水环境质量改善技术研究和综合示范，探索了"控源（点/面源）-水体修复-长效管理支撑"软硬相结合的城市水环境治理体系，其中四湖连通水体修复工程已在武汉新区实施，为武汉市成为国家水生态系统保护与修复第二个试点城市提供了重要的支撑。据统计，截至 2007 年，我国城市污水处理厂已增至 800 余座，日处理规模也从 20 世纪 90 年代初期的几百万立方米增至 7000

万 m³, 污水处理率也由 15% 左右增至 60% 以上; 我国排水管网长度以年平均 7% 的增速增至 29.2 万 km。这些都表明这一阶段的控源截污工程措施取得了快速发展。值得注意的是, 2006 年 2 月, 国务院依据《国家中长期科学和技术发展规划纲要 (2016—2020 年)》确定了包括水体污染控制与治理在内的 16 个重大科技专项, 在水体污染控制与治理重大专项下设城市水环境主题, 实施城市水污染控制与水环境综合整治关键技术研究与示范。在水环境保护的国家重点流域, 选择若干个在我国社会经济发展中具有重要战略地位、不同经济发展阶段与特点、不同污染成因与特征的城市与城市集群, 以削减城市整体水污染负荷和保障城市水环境质量与安全为核心目标, 重点攻克城市和工业园区的清洁生产、污染控制和资源化关键技术, 突破城市水污染控制系统整体设计、全过程运行控制和水体生态修复技术, 结合城市水体综合整治和生态景观建设, 开展综合技术研发与集成示范, 初步建立我国城市水污染控制与水环境综合整治的技术体系、运营与监管技术支撑体系, 推动关键技术的标准化、设备化和产业化发展, 建立相应的研发基地、产业化基地、监管与绩效评估管理平台, 为实现跨越发展, 构建新一代城市水环境系统提供强有力的技术支持和管理工具, 标志着城市水环境治理发展步入新的阶段。

2010 年以来, 我国城市水环境治理处于非点源污染控制及生态修复为主的阶段。这一阶段我国污水收集率及处理能力随着排水管网的敷设和污水处理厂的建设而逐步提高, 但是城市非点源污染问题凸显, 脆弱的城市水生态系统逐步恶化的风险依然存在。党的十八大报告明确提出了生态文明建设, 自 2013 年, 水利部分两批启动了 105 个水生态文明城市建设试点, 探索了不同类型的水生态文明建设模式和经验, 完善了水生态文明建设制度和政策体系, 因地制宜地探索了城市水生态文明建设途径。2015 年国务院先后印发了《水污染防治行动计划》和《国务院办公厅关于推进海绵城市建设的指导意见》, 前者在推进城市重污染水体的治理中发挥了重要作用, 截至 2020 年, 全国地级及以上城市 2914 个黑臭水体消除比例达到 98.2%; 后者部署推进海绵城市建设工作, 并明确指出通过海绵城市建设最大限度地减少城市开发建设对生态环境的影响, 目前已经分两批建设了 30 个海绵城市建设试点。2019 年, 住房和城乡建设部、生态环境部与国家发展和改革委员会联合印发《城镇污水处理提质增效三年行动方案 (2019—2021 年)》, 要求加快补齐城镇污水收集和处理设施短板, 尽快实现污水管网全覆盖、全收集、全处理。

综上所述, 我国城市水环境治理从工程治河为主阶段到环境保护与综合治理为主阶段, 又从环境保护与综合治理为主阶段到非点源污染控制及生态修复为主阶段, 其治理重点在不断发展变化。但是, 考虑到多种污染来源对城市水环境的作用具有彼此影响和相互交叉等特点, 城市水环境的治理仍需考虑多种污染来源的协同治理。正如中国市政工程华北设计研究总院郑兴灿总工程师指出的, 城市水环境治理是系统解决城市水系统交织叠加的复杂难题, 无法用单一的手段或者技术解决; 城市水环境治理需恢复自然生态水文过程; 解决好城市水环境治理要采用全过程联动整体解决方案。

第 2 章　城市水环境治理现状和问题解析

2.1　我国城市水环境治理现状

在各项城市水环境治理对策的推动下，我国城市污水收集能力和处理能力的提升、城市再生水利用率的提高、海绵城市的建设和黑臭水体的治理等工程性措施大幅度削减了城市向受纳水体排放的污染负荷。以污水收集处理能力为例，2019 年全国城市排水管道长度和建成区管道密度分别为 74.4 万 km 和 12.33 km/km²，相较于"十三五"初期的 2016 年分别增长了 15.7%和 19.1%，城市污水收集率得到显著提升；截至 2020 年，全国城镇污水处理能力达到了 2.28 亿 m³/d，是"十三五"初期的 1.6 倍，相应的城市污水处理率也从"十三五"初期的 91.90%提升到 96.81%[①]。

从 2006～2020 年我国城市水环境质量的变化趋势（图 2-1）可以看出，我国受城市直接影响的水体国控断面中 Ⅰ～Ⅲ类比例已经由 2006 年的 53%提升至 2020 年的 80%，而 Ⅴ类及劣 Ⅴ类占比则由 29%降低至 2%，说明我国城市水环境质量近几年有明显提升。但是，值得注意的是，我国城市目前仍有 20%以上的污染水体，特别是许多重污染微小水体，而且城市水生态系统破坏的问题仍没有得到根本的解决，还未能实现城市水环境质量从量变到质变的改善，未能实现城市水环境综合整治的"三水"统筹。例如，中国环

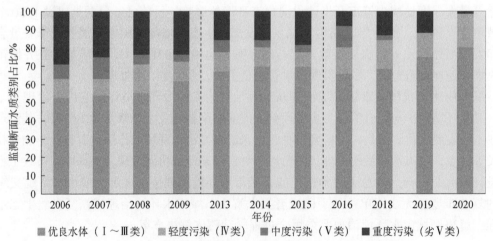

图 2-1　2006～2020 年我国受城市直接影响的水体国控断面水质情况

资料来源：中国环境监测总站及 2006～2020 年地方环境状况公报

---

① 全国城市黑臭水体整治信息发布网站. http://www.hcstzz.com.

境监测总站 2021 年 7 月数据显示，无锡市水体目前仍有 30% 的劣 V 类断面存在，其中化学需氧量（COD）和氨氮是主要污染物；昆明市水体的劣 V 类断面则达到了 36%，部分断面氨氮和总磷（TP）超标严重；北京市水体目前还有 16% 的劣 V 类断面，主要位于城市人口聚集区和城市下游。

事实上，我国早在 2016 年已经开始对城市中黑臭水体进行治理，而且治理力度正在逐年增大。2016 年统计全国 295 个地级及以上城市（不含州、盟）共有黑臭水体数量2026 条，经治理后消除比仅为 15.8%。而到了 2020 年，全国黑臭水体数量增加了43.8%，达到了 2914 条，而经治理后消除比达到了 98.2%[①]。由此可见，经过近几年对城市黑臭水体的治理，我国黑臭水体治理成效得到较大提升，监测和治理范围也在不断扩大。但是，我国很多中小型城市尚有大量黑臭水体未被纳入治理范围，已经治理好的黑臭水体也存在较大的反弹风险（如降雨导致的返黑返臭）。因此，我国还要进一步加强对城市水环境污染综合整治，打好水污染控制持久战。

2.2　我国城市水环境共性问题解析

如上所述，尽管经过一系列对策措施后，我国城市水环境质量总体向好。但是，与建设美丽中国的目标相比，城市水生态环境保护结构性、根源性、趋势性压力总体上尚未根本缓解，改善成效并不稳固，水生态环境保护形势依然严峻。因此，对造成我国城市水生态环境污染的共性问题进行解析，能够为后续的城市水环境综合治理提供有效的指导。目前，我国城市水生态环境问题产生的共性原因可概括为以下几点。

2.2.1　城市水环境容量不足

我国城市人口密度大，工业企业集中，产生的大量生活污水和工业废水未经有效处理便进入受纳水体，导致进入受纳水体的污染物总量超过了城市水体的水环境容量，造成了城市水体水环境质量的恶化。具体可从以下 7 个方面进行深入解析。

1. 城市污水收集率和排水管网覆盖率低

排水管网是城市的"地下血管"，承担着城市防汛排涝，污水收集、输送、排放的重任。它的顺畅运行，不仅牵系着千家万户的正常生活，也影响着城市安全和水生态环境质量。目前，我国城镇排水管网建设严重滞后，城市生活污水集中收集能力不足，特别是在城中村、老旧城区、城乡接合部等区域还存在排水管网建设的空白区。2018 年，全国建成区排水管道平均密度为 9.99 km/km²，但我国有相当比例的城市排水管道密度不到 5 km/km²（中华人民共和国住房和城乡建设部，2019，2021），致使城市区域中部分污水无法纳入排水管网，只能直接或间接排入河湖。城中村、老旧城区和城乡接合部的生活污水收集系统存在不同程度的留白区。

① 全国城市黑臭水体整治信息发布网站. http://www.hcstzz.com.

2. 城市排水管网混接错接、跑冒滴漏现象严重

我国城市基础设施建设欠账多，结构型及功能型缺陷凸显，导致城市排水管网老化破损和混接错接等问题严重。受地下水位过低和管道漏损影响，排水管网内的污水会向外渗漏，同时地下水位高的地区会导致地下水入渗进入破损管网，原本城镇污水处理厂进水COD浓度正常应为300～500 mg/L，外渗水的大量进入是污水处理厂进水COD偏低的重要原因之一，对城镇污水处理厂稳定运行造成极大影响。

3. 城市合流制管网雨季溢流污染严重

目前，我国城市污水处理厂设计污水处理量只计算污水量以及少部分地下水渗入量，并未综合考虑进入合流制系统的径流雨水。由于我国城市主城区中大部分老旧小区、企事业单位等仍然为雨污合流制，雨污合流制的排水户占比80%以上，雨季超出污水处理厂处理能力的合流制雨污水未经处理便随溢流污染直排进入城市水体，对城市水环境造成极大污染，甚至造成城市内涝、河水倒灌等问题，影响城市人民群众的正常生产生活。

4. 污水处理厂设施建设不到位

近年来，我国污水年排放量持续增加，2015年污水年排放量为466.62亿 m^3，2018年达到521.12亿 m^3，2019年更是增至554.65亿 m^3，同比增长高达6.4%（杨桂山等，2010）。但是，部分城市污水处理厂未能及时跟进高质量的污水处理设施，加之地方政府经济投入的限制，最终导致部分城市污水处理厂使用的设施质量和处理效果均难以保证。

5. 城市污水处理系统运行管理方式落后

我国城市污水处理行业为改善水生态环境发挥了重要作用，城市污水处理厂既是水污染物减排的重要工程，又是水污染物排放的重点单位。因此，城市污水处理厂出水水质直接影响了受纳水体的水环境质量。但是，目前我国城市中部分污水处理厂的处理工艺缺乏针对性的技术规范。在城市污水处理过程中，工作人员仍然采用不符合污水实际情况（如无机悬浮物固体浓度高、COD进水浓度低、碳氮比低）的处理技术规范，导致污水处理厂出水水质不达标。同时，城市污水运营管理较为落后，污水系统缺乏专业化的人才队伍支持和系统性的设施维护措施，加大了城市污水处理的管理难度。

6. 城市工业企业污染仍突出，潜在风险较大

根据《中国环境统计年鉴》，21世纪以来我国工业废水排放量呈现先增长后下降的趋势，2001～2005年不断增长，2005～2010年保持波动平稳状态，其中2007年达到最大值（246.6亿t），2010年以后逐渐下降，2015年为199.5亿t。但工业废水种类多，污染特性各异，处理及管理难度大，存在很多风险问题，仍然是城市水环境的重要污染源之一，在一些城市甚至成为主要污染源。其中，部分工业企业环保意识不强，污染物偷排、漏排及超标排放现象还不同程度地存在，导致城市水环境的污染负荷加重；部分工业园区由于产业结构复杂且污染类型繁多，未能做到污水处理设施近远期设计的合理衔接，导致污水处理量不足和处理效果不佳的情况时有发生，也将增大城市水环境的污染负荷；化工、钢

铁、石化等重工业行业所排放的特征难降解污染物、含毒有机污染物以及重金属污染物还会在一定程度上增大城市水环境的安全风险。

7. 城市化快速发展使面源污染和洪涝灾害加剧

近年来，我国社会经济快速发展，城市建成区规模不断扩增，特别是城市不透水下垫面面积迅速增加，导致雨水难以渗透进入地下水循环系统，大量污染物经径流雨水裹挟进入城市水体。与此同时，受污水管网传输和污水处理厂处理能力限制，在降雨期存在一定程度的污水无组织漫溢入河现象。此外，雨水冲刷管道沉积物外排也是降雨污染的重要原因之一。因此，城市化进程将加剧城市的面源污染。此外，城市的快速发展还导致了汛期平均流量的增加和排洪量峰值的增大，由此带来的城市洪涝灾害也较为严重。

2.2.2　城市水生态系统破坏严重

随着我国城市化进程的加快，人类活动对城市水体生态空间的干扰正在逐渐增强，城市河流的自然属性受到破坏，导致城市水生态系统遭到破坏，对城市水生态系统的破坏主要体现在以下几方面。

1. 城市河湖缓冲带破坏严重

在城市化进程中，许多城市的土地开发利用不合理，侵占了城市河湖原有生态岸线、生态缓冲带和水源涵养区，使城市内湿地、湖滨、河滨等自然生态空间减少，降低了自然岸线保有率，破坏了城市湖滨带原有生态功能。近 50 年来，我国湖泊数量减少了 243 个，面积减少 9606 km²，约占湖泊总面积的 12%（杨桂山等，2010）；近 10 年来，我国湿地面积减少了 3.4 万 km²，减少率达 8.82%，储水量锐减，尤其以东北、长江中下游及青藏高原等地区的天然湿地丧失最为严重（薛滨，2021）；长江岸边 2 万多亩的湿地自然保护区，近四分之一被推平建设成工业园。

2. 生态基流不足，非常规水源补给明显

我国北方地区城市河流受季节性影响较大，多数水系秋冬季生态基流不足，断流严重。加之城市人口密集，高耗水行业和重工业聚集，导致城市生活和工业取用水量日渐增多，大幅减少了城市河湖湿地水面面积，进一步加重了生态基流不足问题。同时，城市河流污废水等非常规水源补给十分明显，导致河流水质明显下降，生物种类和生物量呈锐减趋势。

3. 水动力不足，自净能力差

我国南方地区许多城市水系发达，河网密布。但是，城市所在区域地形平坦，城市河道坡降平缓，导致城市水体大多流动缓慢，出现水动力不足的问题。城市水体水动力不足不利于水体的流通交互，削弱了城市河流的自净能力，造成了悬浮物的大量淤积。

4. 城市湖泊富营养化现象严重

部分农业、生活和工业等活动产生的氮磷水平相对较高的污废水进入城市湖泊后，常

常导致氮磷等营养盐的输入总量大于城市湖泊的自净能力，并最终出现湖泊富营养化现象。以太湖和滇池为例，2009 年以来太湖蓝藻水华现象并未得到有效改善，在 2017～2020 年的第 2～4 季度还一定程度上出现恶化的趋势；2019 年滇池全年均呈现水华暴发现象，在 12 月 10 日暴发全年最大面积的水华，面积约 63.98 km²，占滇池总面积的 22%。

2.2.3 城市水质型缺水和水量型缺水问题突出

我国大部分城市均存在由水资源遭受污染导致的水质型缺水和水资源匮乏导致的水量型缺水的问题，其主要原因如下。

1. 城市水体污染是城市水质型缺水的重要诱因

随着城市化和工业化进程的不断加快，部分生活污水和工业废水未经处理直接排放或处理未达标排放，导致城市水体受到严重的污染。同时由于城市水体的流动性不好，其自净能力也将进一步降低。因而，我国大部分城市出现明显的水质型缺水问题。

2. 水资源匮乏是城市水量型缺水的主要原因

我国水资源的匮乏不仅体现在人均水资源占有量仅为世界平均水平的 1/4[①]，还体现在地理区位的差异上，呈现区域分布不均的形势，不同城市间水资源年际变化差距极大。我国水资源分布与人口和区域经济分布不匹配，水资源主要分布在南方区域，北方水资源量仅占全国水资源总量的 20%左右，北方人口占全国人口的近一半，经济总量约占全国经济总量的 40%，因此广大北方地区水资源严重不足。截至 2019 年，全国 11 个省份的人均水资源量在重度缺水线以下，2 个省份位于重度缺水区间，7 个省份位于中度缺水区间，2 个省份位于轻度缺水区间。由此可见，我国水资源短缺情况较为严峻，经济发达城市大都属于缺水区域。同时，我国人口的增长不仅导致了用于保障粮食生产的传统农耕用水增加，还造成了城市生活用水总量的增长；此外，我国近几十年工业化进程的加快又导致我国工业用水量十分巨大，根据 2019 年《中国水资源公报》，2019 年工业用水量达到 1217.6 亿 m³ 的规模，占全国用水量的 20.2%，且生产主要集中在江河沿岸的大城市。上述因素大大加剧了我国城市水资源开发利用的供需矛盾，加重了我国城市的水量型缺水问题，特别是对于华北地区和黄河中下游地区的城市。

3. 水资源不合理利用和浪费是城市水量型缺水的诱因之一

在长期粗放型的经济发展模式下，我国拥有一大批高耗水行业，再加上人们对水资源存在明显的不合理利用和浪费现象，使得我国大部分地区水资源总量日渐减少，这些都为我国城市出现水量型缺水现象埋下了隐患。尽管近年来我国已经在水资源利用和保护中执行了节约型理念，但节水理念并未能在用水过程中全面覆盖，水资源浪费问题仍比较突出。

4. 城市再生水利用程度不高一定程度上导致了城市水量型缺水

根据住房和城乡建设部统计数据，2017～2019 年我国城市市政污水再生利用率分别

---

① 水资源现状及其战略意义. https://www.cas.cn/xw/zjsd/200906/t20090608_639777.shtml[2022-08-08].

为 14.49%、16.40% 和 20.93%，呈现出稳步提升的趋势。但是，距离 2025 年污水再生利用率 25% 以上的目标还存在一定差距。现阶段，很多城市还未将再生水利用放在战略位置上，部分城市仍采用直接开采新水源的方式解决缺水问题，一些可以利用再生水的园林绿化等行业还在使用优质水资源。进一步提升城市再生水利用程度，是缓解城市水量型缺水的重要措施。

2.2.4　城市水安全存在多种隐患

1. 城市饮用水安全存在隐患

我国部分城市水源布局和结构存在重大风险隐患。城市取水口和企业排污口在空间布局上交叉分布，部分饮用水水源地保护区范围及保护区周围邻近区域存在工业企业及排污口；一些城市没有备用水源，单一水源地增大了饮用水安全风险系数。

2. 城市水环境中的新污染物形成风险隐患

近年来，人类活动产生的多种新污染物在城市水体中不断被检出，且在城市水环境中的浓度也在逐渐增高，而新污染物的去除难度较高，存在新污染物累积导致的城市水环境安全的隐患。

3. 城市区域内的港口码头存在安全隐患

在我国长江流域的沿岸城市以及珠江三角洲的沿海地区，城市区域内存在众多用于航运的港口码头。从技术层面，岸线港口危险化学品生产和运输点多，运输线路长，泄漏风险大，污染物接收设施分布不均衡，含油污水的船、岸衔接不畅通，洗舱水化学品种类复杂，处理难度大，部分船舶生活污水和油污水排放存在不达标问题；从管理层面，船舶、港口和码头的污染防治工作需要多头管理，责任主体的环保意识薄弱，污染防治信息化监管能力薄弱，港口污染物风险管控不足。

方案篇

由基础篇可知，城市化对城市水环境造成了强烈的不利影响，经过长期的治理后我国城市水环境质量在一定程度上得到了恢复，但在水质、水生态、水资源保护等方面仍然存在较多的问题，城市水环境的现状与"人水和谐"和"美丽中国"的目标尚有较大差距，在未来一段时间内仍然需要持续对城市水环境进行综合整治。基于此，本篇给出了我国城市水环境综合整治指导方案的制定思路和方法。由于我国地域辽阔，不同地区城市之间在自然地理、气候、水资源、居民生活习惯等方面差异较大，且这些因素可能从多角度影响到城市水环境，因此为了更好地制定具有针对性的城市水环境治理方案，本篇将我国城市水环境分为六大区域，并在此基础上制定出针对各区域特征问题的城市水环境分类指导方案框架。

第3章　我国城市水环境分区及其特征

城市水环境受到自然气候、地形地势、社会经济、人口和生活习惯等多方面的影响而呈现出不同的区域特征。为使所制定的城市水环境综合整治方案和技术路线图更具有针对性，本章依据对我国城市水环境影响较大的要素将我国城市水环境进行分区，并对各区内的城市水环境的特点进行归纳总结。

3.1　我国城市水环境分区依据与构成

我国城市水环境受到城市所处区域自然气候和人为活动的强烈影响，主要包括气温、降水和人均日综合生活用水量，并呈现明显的区域差异。

我国不同区域城市降水在时间和空间上都存在较大差异，降水强度、降水量、降水频次对于城市水环境而言可分别影响水资源量和面源污染规律。降水量的多少影响城市区域水资源量的丰沛与否，同时降水所形成的地表径流会依据排水体制的差异对城市水体造成不同程度的污染。

我国城市年、季平均气温在空间分布上基本呈现从南往北随局地海拔增加而减少的趋势，且气温随纬度的变化梯度在冬季要明显大于夏季。气温对于城市水环境的水体自净能力、水生态系统、水面蒸发量等方面会产生强烈的影响。

我国不同地区水资源量的丰沛程度有较大差异，城市居民的生活习惯不同，人均日综合生活用水量存在明显差异，又会直接影响到城市市政污水的总量和浓度。产生的市政污水经处理或不处理最终进入受纳水体，对城市水体构成影响。

3.1.1　降水量对我国城市水环境的影响

1. 降水对水资源的影响

我国位于亚洲季风气候区，大部分时间都受到季风的影响，全国大部分地区的降水变化非常明显，而且区域气候也存在着明显的差异，因而不管是在时间上还是在空间上，都导致了我国降水存在较大的差异。水资源时空分配不均是我国水资源的一个重要特征，空间分布上呈南多北少，南方长江、珠江、东南和西南诸河流域水资源总量占可利用水资源总量的2/3，而北方松花江、辽河、海河、黄河以及淮河流域总面积占国土面积的2/3，但水资源总量仅占可利用水资源总量的1/3（钟军，2013）。

从全国十大流域多年平均降水量来看，东南诸河流域最大，西北内陆河流域最小，总体上呈现从东南沿海向西北内陆递减的分布特征，地区差别很大，大致是沿海多于内陆，低纬度多于高纬度。1990～2010 年中国各省份年均降水量空间分布极其不均，地区差异大。全国多年平均降水量为 823 mm，由东南向西北递减，其中南部地区是我国年降水量的高值区，年降水量在 1600～1800 mm，广东省可达 2100 mm 以上。西北地区西部是中国年降水量的低值区，新疆东部和南部等地的年降水量均不足 200 mm。西南地区年降水量的分布有南北差异，西北部年降水量在 600～800 mm，而东南部则在 1200～1400 mm，在四川雅安甚至可以达到 1500 mm 以上。东北和高原地区的年降水量在 400～600 mm。华北地区年降水量在 600～800 mm（董雪峰等，2019）。

从降水的时间分布来看，由于我国受东亚季风的影响，大多数地区的降水集中在夏季，即水资源量夏季多、冬季少。整体来看，降水量的空间分布和年降水量类似，但季节分布不均匀，即同一地区的降水量，夏季最多，春季和秋季次之，冬季最少，如长江中下游地区的夏季降水量在 500 mm 以上，而冬季降水量只有 150 mm 左右，且越往北降水量的季节差异越明显。夏季和秋季降水量的高值区均位于南部沿海，而春季和冬季降水量的高值区分别位于南部地区中部和江浙交界处。

从全国范围来看，大部分地区夏秋季降水平均持续时间长，不同地区降水平均持续时间随季节变化存在差异。华北地区南部夏季和秋季降水平均持续时间最长；东南地区春季和夏季的降水平均持续时间较夏秋季长；西南地区各季节值相差不大，夏秋季略长；云南省西北与青藏高原相接的地区夏秋季明显高于春冬季（于文勇，2012）。

2. 降水对城市水体水质的影响

城市水环境的污染主要来源于点源污染与非点源污染。随着城市化不断发展和社会对点源污染治理投入的持续增加，点源污染基本得到控制，非点源污染所占的比例逐渐提高。狭义的城市非点源污染主要指地表径流污染。在降水过程中，雨水流过城市下垫面（如居民区、商业区、路面、停车场等），一系列的污染物质会溶入径流雨水中［如氮（N）、磷（P）、COD、悬浮物（SS）等］，然后通过排水系统进入受纳水体或直接排入受纳水体，造成受纳水体水质恶化。美国国家环境保护局的研究报告中指出，美国水环境污染负荷的 67% 来自面源污染，尤其是沿海城市，55% 的首要污染源来自地表径流污染（王浩，2017）。有研究表明，我国重庆市面源 COD 排放量已经超过工业废水 COD 排放量，成为继城镇生活污水之后的第二大排放源；重庆市主城区面源 COD 排放已经成为第一大污染源，面源氨氮排放位列第二。

城市地表径流中的污染物来自三个方面：降水、地表和下水道系统。降水中的污染物主要来源于降水污染物背景值及淋洗大气污染物，地表污染物是地表降水径流污染物的主要部分，下水道系统对城市径流水质的影响主要是排水系统中的沉积物及漫溢的污水引起的。影响地表径流污染的主要因素有：大气污染状况、降水特征、城市下垫面特征以及排水管网特点。

降水主要分为降雨和降雪，总体来看，降雪主要影响北方地区春季的径流污染，而降雨基本对全国所有地区城市的地表径流均有直接的影响。降雨特征主要包括降雨强度、降水量和降雨频次等方面。降雨强度决定了对地表污染物冲刷作用的大小；降水量决定了城市水环境的水质和水量，随着降水量的增加，污染物被稀释，其浓度呈指数型衰减。降雨初期所挟带的污染物较多，成分也较为复杂，对受纳水体的污染较为严重。一个时期的降雨频次对地表水体的污染也会有影响，一般而言，两次降雨间隔越长，所挟带的污染物会越多，后续间隔较近的降水径流所挟带的污染物则较少。

地表径流中污染物的种类、浓度及雨水排放量是决定其对地表水体影响程度的主要因素。一般降雨径流对受纳水体的影响主要包括物理化学影响、微生物影响和美学影响三方面。

洪水和暴雨致使下垫面大量泥沙和污染物进入水体，促使原有沉积物再悬浮而使水体中悬浮物浓度增加，从而破坏了水环境中原有的悬浮平衡，降低了水体中的含氧量，改变了污染物迁移转化方式，最终影响了地表水的环境质量。在干旱期间由于地表径流的减少，对地面氮磷等营养盐的冲刷能力变弱，地表水环境的氮磷等营养盐的总量会变少，但同时由于地表水环境的水量变少，氮磷等营养盐的浓度会升高，营养盐物质丰富有利于蓝藻的生长，从而增加了发生富营养化的潜在风险。轻度富营养化会改变水生附着生物、底栖生物和鱼类的生存环境，而重度富营养化则会导致大量的鱼类死亡、水环境黑臭、底层沉积物释放出有毒物质等，给整个生态环境带来很大的危害。

地表径流对受纳水体的微生物影响也是关系到公众身体健康的一个重大问题。一般来说，城市径流中的细菌含量都是超过人体接触活动健康标准的。这些病原菌和病毒主要来自下水道溢流、宠物粪便以及城市中的野生生物，这些物质排入受纳水环境，人们接触到这样的水环境等同于接触这些病原微生物，因而就有感染疾病的风险。

地表径流大量排入受纳水体，有时会挟带一些垃圾漂浮物和油类漂浮物质等，除了对受纳水体造成物理化学和微生物的影响之外，也同时影响着受纳水体的景观价值。尽管景观价值的下降不会给人们的身体健康带来太大威胁，但它却严重地影响着受纳水体的社会经济价值，包括其作为娱乐用水的欣赏价值等。

3.1.2　气温对我国城市水环境的影响

我国是一个多山的国家，山地面积约占全国面积的 2/3。自青藏高原向东到太平洋，西高东低、三级阶梯逐级递减是我国地形的主要特征。独特的地理位置和复杂的地形特征形成了我国独特的气温空间分布。

我国年、季平均气温在空间分布上总体呈现从南往北随局地海拔增加而减少的基本趋势，且气温随纬度的变化梯度在冬季要明显大于夏季。在深居内陆的西北、西南等地区，海拔对气温的负相关影响是最主要的，而其他地区气温则主要受纬度和海拔的负相关影响。在东北地区，气温随海拔增高而降低的变化幅度最为显著（舒守娟等，2009）。

气温对于城市水环境的影响主要表现在以下几个方面。

（1）气温的变化导致蒸发量的变化。年平均气温与年平均蒸发量具有正相关性。一般而言，气温高时，蒸发量加大，导致水资源减少。水资源量与年蒸发量的相关系数通过0.05 置信度的检验呈负相关，即旱年蒸发量增大，涝年则蒸发量减小，表明蒸发量变化会对城镇水资源量的变化产生一定的影响。

（2）不同季节居民用水量不同。各季节气温的差异也会造成当季居民用水量的差异。夏季天气炎热，生活中洗衣、洗澡等所需要的水量明显多于冬季，这也导致城镇夏季居民用水量和污水排放量都大于冬季。

（3）气温变化导致地表水温度变化。温度是藻类及浮游生物生长和繁殖的重要影响因素，气温升高导致的水温升高无疑加重了水环境的富营养化。随着温度的升高，生物的酶活性和理化反应速率会增加，能够加速营养物质的循环过程，加快污染物的去除速率，从而对城镇水环境的自净化起到促进作用。淡水生态系统对水温的升高十分敏感，当水环境温度升高时，水环境中微生物的活性增强，水环境需氧量增加，水环境中的饱和含氧量会下降。当水环境含氧量过低时将会导致水环境中鱼类等生物死亡，致使一些致病微生物大量繁殖，破坏原有水环境中的生态平衡。

（4）气温的变化会改变可利用水资源总量及其在时间空间上的分布（康健，2016）。水循环受气温变化的影响，导致水资源在时间和空间、质量和数量上均发生改变。气温变暖引起蒸发速率的增加，导致中纬度地区和半干旱低纬度地区可用水量减少，干旱事件增多（张永勇等，2017）。气温变化导致北方地区水体冬季冰封，春季冰凌消融形成桃花汛。

3.1.3 人均用水量对我国城市水环境的影响

我国水资源时空分布不均，各地区降水量、径流深、区域面积、人口数量以及城市发展水平差别较大，来水与用水时空错位，导致不同城市水资源利用压力、水资源利用效率、生活污水及工业废水排放量、城市水环境容量的不同，部分地区出现较为严重的水量型缺水和水质型缺水等问题；另外，我国不同地域受到气温和生活习惯的影响，日常生活用水习惯和用水量上也有较大的差别。住房和城乡建设部在综合考虑水资源量分布和生活习惯的基础上，制定了不同区域的《城市居民生活用水量标准》（GB/T 50331—2002），见表 3-1。

表 3-1 我国城市生活用水量标准

地域分区	日用水量/（L/人）	适用范围
一	80~135	黑龙江、吉林、辽宁、内蒙古
二	85~140	北京、天津、河北、山东、河南、山西、陕西、宁夏、甘肃
三	120~180	上海、江苏、浙江、福建、江西、湖北、湖南、安徽
四	150~220	广西、广东、海南
五	100~140	重庆、四川、贵州、云南
六	75~125	新疆、西藏、青海

注：港澳台地区数据暂缺。

城市人均用水定额对城市水环境的影响体现在如下两个方面：一是对城市水体水量的影响。不同地区城市人均用水定额的不同，使得各地区城市生活污水及二级出水排放水量差异大，如南方城市需水量大，用水定额较大，进而排入受纳水体的水量也较大，从而进一步影响城市水体的水文特征。二是对城市水环境水质的影响。不同地区城市用水定额的不同导致不同地区城市生活污水的二级出水水质会有所不同。例如，南方城市天气炎热，居民需水量大，日用水量明显多于北方城市，导致南方城市生活源污水水质好于北方地区，并可能进一步影响污水处理厂的二级出水水质。

3.1.4 我国城市水环境分区构成

综上，城市水环境受区域自然气候和当地居民生活习惯的影响，所以城市水环境综合整治应根据其所处区域的特点有针对性地开展。本书根据降水量、气温和人均生活用水定额对全国 300 多个城市进行聚类分析，并结合自然地理分界线和省级行政区边界，按照城市水环境的特点，将我国城市分为六大区域，分别为华北地区城市、东北地区城市、东南地区城市、南部地区城市、西南地区城市和西北地区城市，详见表 3-2。

表 3-2 全国城市水环境区域划分

地区	省（区、市）	月均温度/℃	年均降水量/mm	日用水量/（L/人）	气候类型	气候特点	典型城市（地区）	区域特点总结
南部地区[①]	广东	15~31	1777	150~220	亚热带季风		广州、深圳、佛山、东莞、珠海、汕头	年平均气温在 17~24℃，属亚热带季风气候，热量丰富，雨水充沛
	广西	14~30	1070	150~220	亚热带季风	气候温暖，热量丰富，雨水丰沛，日照适中	南宁、桂林、柳州、梧州、北海、防城港	
	福建	13~31	1400~2000	120~180	亚热带季风	热量丰富，雨量充沛，光照充足	福州、厦门、泉州、宁德、莆田、南平	
	海南	19~31	1639	150~220	热带季风	日温差大，全年无霜冻	海口、三亚、儋州	
西南地区	云南	10~22	1100	100~140	亚热带季风	年温差小，日温差大，降水充沛	昆明、曲靖、玉溪、保山、丽江、普洱	年平均气温在 12~20℃，属亚热带湿润季风气候，气候的区域差异和垂直变化大
	贵州	5~25	1084	100~140	亚热带季风	温暖湿润，气温变化小，雨季明显	贵阳、六盘水、遵义、安顺、毕节	
	四川	7~28	900~1200	100~140	亚热带季风	气候垂直变化大，气候类型多	成都、绵阳、德阳、眉山、雅安、西昌	
	重庆	9~32	1000~1350	100~140	亚热带季风	气候资源丰富，气象灾难频繁	重庆	
东南地区	湖南	7~31.5	1200~1700	120~180	亚热带季风	气候年内变化较大	长沙、株洲、湘潭、衡阳、邵阳、岳阳	年平均气温在 13~19℃，属亚热带湿润季风气候，气候温和，雨量适中，四季分明
	江西	7.5~31.5	1341~1943	120~180	亚热带季风		南昌、景德镇、萍乡、九江、新余、吉安	
	浙江	5.5~31	980~2000	120~180	亚热带季风		杭州、宁波、台州、嘉兴、湖州、绍兴	
	江苏（南部）	5.5~31.5	1112.7	120~180	亚热带与暖温带过渡性	气候温和，雨量适中，四季气候分明	南京、无锡、常州、苏州、南通、扬州、镇江、泰州	

续表

地区	省（区、市）	月均温度/°C	年均降水量/mm	日用水量/（L/人）	气候类型	气候特点	典型城市（地区）	区域特点总结
东南地区	安徽（南部）	6.5～31	1315	120～180	暖温带与亚热带过渡		合肥、芜湖、马鞍山、铜陵、安庆、黄山、六安、宣城、池州	年平均气温在13～19°C，属亚热带湿润季风气候，气候温和，雨量适中，四季分明
	上海	6～31.5	1173.4	120～180	亚热带季风		上海	
	湖北	4.5～30.5	1119	120～180	亚热带季风		武汉、九江、宜昌、十堰、襄阳、荆门	
华北地区	陕西	1～30	340～1240	85～140	横跨三个气候带，南北气候差异较大	春暖干燥，夏季炎热多雨，秋季凉爽，冬季寒冷干燥	西安、铜川、宝鸡、咸阳、渭南、延安	年平均气温在9～17°C，属暖温带半湿润大陆性季风气候，气候具有四季分明、雨热同步、降水集中的特点
	山西	-3.5～25.5	358～621	85～140	温带大陆性季风	四季分明、雨热同步、光照充足、南北气候差异显著	太原、大同、阳泉、长治、晋中、运城	
	河南	1.5～29.5	408～1296	85～140	北亚热带向暖温带过渡的大陆性季风	四季分明、雨热同期、气象灾害频繁	郑州、开封、南阳、洛阳、鹤壁、新乡	
	河北	-1.5～29	484.5	85～140	温带大陆性季风	四季分明	石家庄、唐山、秦皇岛、承德、邯郸、邢台	
	山东	0.5～29.5	676.5	85～140	暖温带季风	降水集中，雨热同季	济南、青岛、威海、烟台、日照、临沂	
	北京	-1.5～28.5	483.9	85～140	暖温带半湿润大陆性季风	夏季高温多雨，冬季寒冷干燥	北京	
	天津	-1.5～29.5	360～970	85～140	暖温带半湿润大陆性季风	四季分明	天津	
	江苏（北部）	2.2～29.1	831～1115	120～180	温带向亚热带的过渡性	雨量适中，四季分明	徐州、连云港、淮安、盐城、宿迁	
	安徽（北部）	3.1～30.1	773～1670	120～180	暖温带与亚热带的过渡地区	季风明显，四季分明	蚌埠、淮南、淮北、阜阳、宿州、滁州	
东北地区	黑龙江	-19.5～24.5		80～135	寒温带与温带大陆性季风	气候地域性差异大	哈尔滨、齐齐哈尔、鸡西、鹤岗、双鸭山	年平均气温在2～8°C，属温带大陆性季风气候，气候地域性差异大，四季分明
	吉林	-15～23	400～600	80～135	温带大陆性季风	春季干燥风大，夏季高温多雨，秋季天高气爽，冬季寒冷漫长	长春、吉林、白山、四平、辽源	

续表

地区	省（区、市）	月均温度/°C	年均降水量/mm	日用水量/（L/人）	气候类型	气候特点	典型城市（地区）	区域特点总结
东北地区	辽宁	−12～26	600～1100	80～135	温带大陆性季风	雨热同季，日照丰富，积温较高，四季分明	沈阳、丹东、鞍山、大连、抚顺、本溪	年平均气温在2～8°C，属温带大陆性季风气候，气候地域性差异大，四季分明
	内蒙古（东部）	−15～22.5		80～135	温带大陆性	春季气温骤升，夏季短促而炎热，秋季气温剧降，霜冻往往早来，冬季漫长严寒	赤峰、通辽、呼伦贝尔、兴安盟、锡林郭勒盟	
西北地区	西藏	0～18		75～125		西北严寒干燥，东南温暖湿润	拉萨、日喀则、林芝	年平均气温在7～10°C，属温带大陆性季风气候，气温温差较大、日照时间长、辐射强
	新疆	−4～24	150	75～125	温带大陆性	气温温差较大，日照时间充足，降水量少，气候干燥	乌鲁木齐、喀什、和田、阿勒泰、阿克苏	
	青海	−7～19		75～125	高原大陆性	日照时间长，气温日较差大，年较差小	西宁、海北、玉树、海西	
	内蒙古（西部）	−8.5～23		80～135	温带大陆性	春季气温骤升，夏季短促而炎热，秋季气温剧降，霜冻往往早来，冬季漫长严寒	包头、乌海、鄂尔多斯、巴彦淖尔、乌兰察布、阿拉善盟、呼和浩特	
	宁夏	−5.5～26	150～600	85～140	温带大陆性干旱、半干旱	气温变化起伏大	银川、石嘴山、吴忠、固原	
	甘肃	−3～25	36～735	85～140	温带大陆性气候和高原高寒气候等四大气候类型		兰州、酒泉、嘉峪关、张掖、金昌、陇南	

① 港澳台地区数据暂缺。

注：气温和降水量数据来自中国天气网（www.weather.com.cn）与天气网（www.tianqi.com）等网站；日用水量数据来自《城市居民生活用水量标准》（GB/T 50331—2002）。

3.2　我国各区域城市水环境分区特征

本节从气候、人口、经济和基础设施等多方面对我国各地区城市水环境的特征进行总结，有针对性地制定我国城市水环境综合整治方案和技术路线图。

3.2.1　气候特征

气温和降雨对城市水环境的影响具有显著的地区差异。图 3-1 统计了全国 31 个省

（区、市）约 290 个主要城市降雨和气温数据（来自《中国城市年鉴 2018》），可以看出，不同区域城市在图中占据了相对集中的位置。东北地区城市年均气温较低，在 0～12℃ 范围，降水量在 200～1000 mm；华北地区城市气温高于东北地区，而降水量范围相差不大；西北地区气温整体高于东北地区，降水量普遍在 0～600 mm；南部地区城市气温最高，在 20～28℃ 的范围，降水量最大在 1000～2000 mm；东南地区城市受季风和纬度的影响，降水量与气温均较高；西南地区城市降水量和气温值分布更广泛，变化差异比较大，可能与区域地形地貌复杂有一定关系。

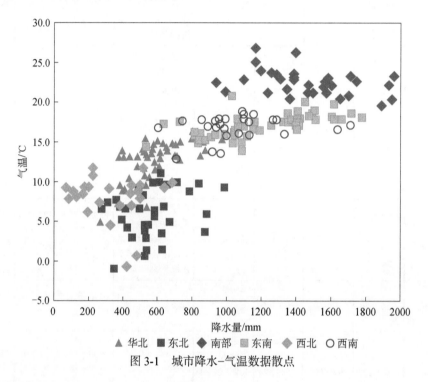

图 3-1　城市降水-气温数据散点

3.2.2　人口经济特征

　　城市的人口经济可以从侧面影响该城市污水产生和处理能力，因此城市人口经济是影响城市水环境的重要因素之一。通过对各分区的人口经济现状进行比较，可得到不同区域城市水环境的重要特征。

　　随着我国社会经济发展，城镇化进程不断加快，城镇化率逐年增长，城市人口和经济也持续增加，但不同区域之间的增长速度存在一定的差别。如图 3-2 所示，全国各分区之间的建成区面积和人口密度差异明显，但城镇化率方面的差异不大，东北和东南地区领先全国，西南和西北地区则相对低于全国平均值。

　　各区域在城镇建成区面积、单位建成区面积、财政收入以及人口密度方面差异显著。其中，东北地区的城镇化率虽然较高，但其财政收入和人口密度低于全国平均值，尤其是财政收入处于最低。西南和西北地区情况类似，较低的城镇化率和人口密度导致了较低的财政收入，其城镇化建设还有很大发展空间，这也对城市水环境质量改善带来不利的一面。

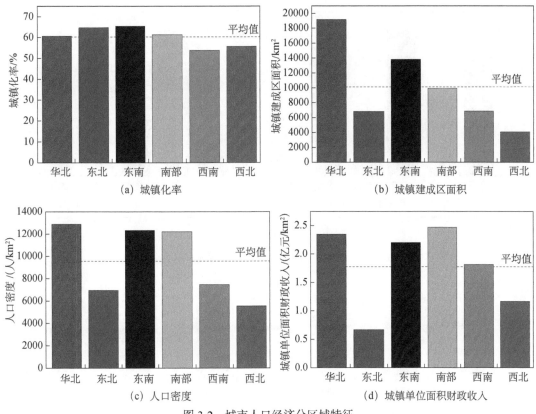

图 3-2　城市人口经济分区域特征

资料来源：中华人民共和国住房和城乡建设部，2021

3.2.3　排水管网特征

城市排水管网系统的建设和运行情况直接影响到污水收集与处理情况，对城市水环境质量具有较为直接的影响。图 3-3 分别从城市建成区管道密度（建成区排水管长/建成区面积）、雨污合流管道占比（雨污合流管道长度/排水管长度）、再生水管道密度（再生水管道长度/建成区面积）以及再生水利用比例（再生水利用量/污水处理量）对各分区进行了比较。

由图 3-3（a）可知，东北和西北地区的城市排水管道密度较低，排水基础设施相对较差。结合图 3-3（b）可以看出，东北和西北地区排水管道中雨污合流管道占比较高；南部地区的排水管网系统基础较好，但是雨污合流管道占比也较高，对于降雨丰沛的南部地区城市而言，存在面源污染和内涝的隐患。由图 3-3（c）可知，城市再生水管道建设做得较好的区域为华北地区和西北地区，与这些地区极度缺水有关。结合图 3-3（d）可知，南部地区城市的再生水管道密度最低，但是再生水利用比例最高，这是因为该地区城市污水处理厂出水水质较好，再生水主要直接排入河湖，用于城市河湖的生态流量补充和景观用水。

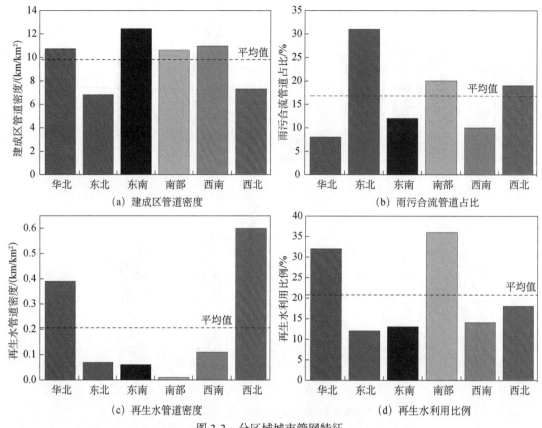

图 3-3　分区域城市管网特征

资料来源：中华人民共和国住房和城乡建设部，2021

3.2.4　综合特征分析

通过对不同区域城市水环境及其相关因素多维数据的统计分析，对各区域城市水环境特征归纳总结如下。

1）华北地区

华北地区总体为暖温带半湿润大陆性季风气候，降水量低于全国平均水平，且相对集中在 7 月、8 月。该地区特征如下：城市以平原为主，多数城市河流落差不大；水资源总量低，城市水体生态流量不足，非常规水源补给占比超过 60%；城市人口和产业密集，城镇化率处于全国平均水平，财政收入仅次于南部地区；城市差异较大，北京和天津等超大城市的排水、再生水基础设施较完善，但部分中小城市较为落后。

2）东北地区

东北地区总体为温带大陆性季风气候，气温低，冬季结冰期长，春季 4 月、5 月易出现桃花汛。该地区特征如下：降雨相对集中在 7 月、8 月，易形成内涝；城市以平原为主，大多河流落差小；水资源相对短缺；城市重化工企业多；城市合流制排水管道占比高，排水管道密度低，再生水利用率和再生水管道密度也较低；城镇化率高，但财政收入较低，城市水环境治理工艺应充分考虑其经济性。

3）东南地区

东南地区总体为亚热带湿润季风气候，地区气温较高，降水量充沛。东南地区以平原丘陵为主，平均海拔落差小，各城市地势多平缓。该地区特征如下：水资源总量丰富，河网密布，但水流缓滞或流向不明；城市人口高度密集，人均日用水量普遍较高；城市工业高度集中，产业结构复杂；城市经济发达，财政充盈，治理投入有保障，排水基础设施好，但再生水利用基础设施和利用率均较低。

4）南部地区

南部地区属亚热带季风气候，雨水充沛，降雨月际分布较平均，地形较为复杂多样，河流流量大。该地区特征如下：天然水资源丰富，但水资源利用效率较低；城市人口稠密但分布悬殊，主要集中在区域重点发展城市，其中广州市和深圳市人口超过千万，排水基础设施较完善，但合流制管道占比高，城市面源污染较严重；城市工业较发达且主要集中在珠江三角洲城市群，工业废水中含有大量重金属和有毒有害物质；财政充盈，治理投入有保障。

5）西南地区

西南地区属于亚热带湿润季风气候。地区城市夏季降水量占全年降水量的一半以上，5~10月的片区平均降水量明显高于全国平均水平。该地区特征如下：城市地势落差大，具有降水集中、产汇流速度快、河流流速快等特点，容易产生洪水和内涝；城市人口增加速度快，产业大多为资源依赖型；城镇化率低于全国平均水平，财政收入人口密度较低，未来城市化压力可能较大；城市管道密度较高，但再生水管道密度低，再生水利用率偏低。

6）西北地区

西北地区属于温带大陆性气候，局部属于高寒气候，地区降水稀少，主要集中在夏季，气候干旱、水汽蒸发较大。该地区特征如下：城市水资源压力较大，河流生态基流流量不足，季节性断流严重；城市涉水基础设施建设滞后，城市污水处理厂集中处理率低，再生水未得到充分有效的利用；城镇人口密度和财政收入低，近年来城镇化率不断提高，但仍低于全国平均水平。

在城市水环境综合整治方案和分阶段技术路线图制定时，可参照上述分区特征进行更有针对性的对策方案设计。

第4章 城市水环境综合整治方案
编制内容及方法

由第3章可知，我国城市水环境在气候、地理、人口、社会经济等多方面因素的影响下，呈现出较为显著的区域特征，可分为六个区域。城市水环境综合整治分类指导方案的编制，应针对各区域城市水体的具体特征提出针对性的整治方案和具体措施，即"一城一策"。本章主要介绍如何编制城市水环境综合整治方案，将从方案编制总体思路、方案编制资料基础、方案编制内容、方案编制技术路线、方案编制过程及所涉及的方法体系方面分别进行阐述。

4.1 方案编制总体思路

城市水环境综合整治方案的编制应全过程统筹考虑水资源、水生态和水环境质量，按照"一点两线"框架性思路分析和解决城市水生态环境保护问题。其中，"一点"是指水生态环境质量状况，"两线"是指污染减排和生态扩容。方案编制需考虑以下六个层面的问题。

（1）空间框架：根据城市水体所在的地理位置，明确水体功能，按水体的功能属性及与周边水系的关系，建立城市水体生态环境功能保护的空间管控体系。

（2）问题分析：识别城市水环境存在的问题，解析其问题成因。

（3）目标确定：统筹水环境质量、水生态、水资源"三水"兼顾的目标指标，充分考虑目标的必要性和可达性，在减少污染负荷的外排和不断改善城市水生态环境质量的同时，逐步恢复城市水体生态系统的结构和功能。

（4）方案与措施：各城市针对其水生态环境的特点和存在的问题，进行城市水体综合整治的总体设计，有针对性地提出不同城市的差异化方案和具体任务措施，即"一城一策"，强化城市水体综合整治的系统性，体现水体综合整治的协调性。

（5）规划项目：根据目标和方案，提出城市水生态环境改善的项目，工程项目要考虑水体上下游、左右岸的协同治理。

（6）政策措施：分析现有管理政策和技术政策是否能够保障综合整治方案顺利实施，必要时可提出修订升级的政策措施。建立和完善城市水体的日常维护、监督评估、监测预警和公众参与机制。

4.2　方案编制资料基础

为编制城市水环境综合整治方案，需进行必要基础资料的收集。按上述方案编制总体思路需考虑不同层面问题，方案编制应在研究以下基础资料的前提下进行。

（1）城市概况：涵盖自然地理特征、城市分布特点、城市人口和经济特征、城市水系概况等。

（2）城市水环境概况：城市水资源需求、城市水功能区划、城市污染源分布、城市水生态环境质量现状等。

（3）城市水环境污染特征：城市水环境污染时空分布特征、城市水环境主要污染指标等。

（4）城市水环境治理需求：国家政策方针，地方规划对城市水环境质量、水生态、水资源具体规划要求以及周边居民民意调查。

（5）城市水环境治理技术需求：多维度治理技术的评估与筛选。

4.3　方案编制内容

城市水环境综合整治方案的编制需包含以下四个方面的内容。

（1）问题识别与解析。各城市在收集长时间序列水环境方面基础数据的基础上，从水环境、水资源、水生态和水安全等维度分析识别城市水生态环境存在的主要问题，追根溯源，解析城市水生态环境问题成因机理及时空和内在演变规律，确定制约城市水生态环境的难点和重点问题。

（2）综合整治目标确定。各城市应体现以人为本的基本理念，要按照资源环境承载能力合理确定城市规模和空间结构，统筹规划人口规模、城市建设、产业发展、生态涵养、基础设施和公共服务与城市水生态环境的相互影响，确定城市水环境、水生态、水资源、水安全兼顾的目标指标，统筹考虑这些方面的有机联系，保证城市水生态环境质量改善的目标在某时间段内能够完成。

（3）方案与措施的制定。各城市要按照"三线一单"、环境功能区达标等要求科学划定城市水生态环境控制单元，建立各控制单元水生态环境分区管控体系，推进控制单元产业布局优化和转型升级，加强污染物排放控制和环境风险防控，确保控制单元生态环境功能只增不减；各城市要细化落实目标要求的任务措施，有针对性地提出城市水环境综合整治方案和具体措施，即"一城一策"。在精准治污方面，做到问题、时间、区域、对象、措施"五个精准"；通过工程减排、结构减排和管理减排等措施，保证阶段性目标能够实现。方案与措施主要考虑以下两个内容。

第一，确定水环境容量与污染负荷削减方案。

在确定城市水环境污染整治目标的基础上，对城市各水体功能区控制单元的水环境容量进行计算，确定各控制单元的水环境容量；还要对各控制单元的污染负荷进行计算，以确定各控制单元污染负荷削减量；进而采用合适的污染负荷削减分配方法确定各控制单元污染负荷的削减方案。明确城市污染负荷减什么污染物、在哪里减、减多少。

第二，选择合适的污染削减技术。

解决用什么办法减负荷的问题。依据控制单元污染负荷削减方案，筛选合适的技术进行污染负荷削减。实践证明，已实施的大量治理工程选用的治理技术和措施不尽合理，是当前城市水生态环境治理水平低的主要原因之一，具体表现在工程措施与环境问题不匹配、技术不成熟、技术经济性不强，甚至引发新的生态环境问题等方面，工程措施运维管理不到位是另一个主要原因。技术选择需双向考量，一方面需从城市自身特点出发，结合所在城市的土地利用情况、经济发展状况和水生态环境保护要求筛选出合适的技术；另一方面需从技术自身特点出发，结合该技术在技术、经济和环境等几个维度的优势，通过双向考量筛选出合适的技术。

（4）阶段重点任务的确定。根据目标和方案，提出城市水生态环境改善的阶段性重点任务清单，科学安排任务量和时序进度，根据时间节点集中力量实施一批重点工程，包括控源截污、生态流速保障、生态修复和监管养护等工程。

4.4 方案编制技术路线

城市水体污染物来源主要包括：城市外源（上游客水输入）、城市点源（分散点源、污水处理厂尾水、工业点源）、城市面源（降雨径流）、河湖内源（底泥释放）四类。通过上述来源进行主要水环境问题识别和成因解析，据此结合国家及地方规划等形成综合整治方案。城市水环境综合整治方案编制应遵循如下技术路线（图4-1）。

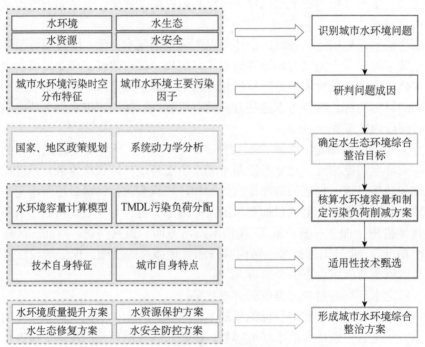

图 4-1　城市区域水环境综合整治方案编制路线图

TMDL 为最大日负荷总量

1. 城市水生态环境问题识别

根据基础资料中的城市概况和城市水环境概况，确定城市水生态环境总体状况，并收集长时间序列基础数据，从水环境、水生态、水资源和水安全等方面分析城市水体存在的问题。

（1）水环境方面：城市水体按照功能区划分情况，通过城市水体中优于Ⅲ类水体和劣Ⅴ类水体的占比，确定是否存在黑臭水体。

（2）水生态方面：城市河湖生物完整性状况，湖库富营养化状况，河湖缓冲带状况，河湖水体自净能力。

（3）水资源方面：万元工业产值用水量情况，城市再生水利用率达标情况，建成区海绵设施建设与运行情况，城市河湖生态流量状况。

（4）水安全方面：涵盖城市内涝、供水安全、饮用水水源地安全风险、航运码头安全风险、工业安全风险等方面。

2. 城市水生态环境问题成因分析

对于城市水环境所识别出的问题，追根溯源，明晰时空和内在演变规律，解析环境问题成因机理。

（1）水环境问题解析：从城市水体污染时空分布特征及城市水体主要污染因子两方面解析水体污染的主要原因，研判城市水体污染成因。

（2）水生态问题解析：分析城市水生态体系的完整性，从城市自身发展的原因、城市上游水利工程建设和工农业生产等人类活动的影响来解析城市水生态退化和破坏的原因。

（3）水资源问题解析：分析城市水资源总体状况，从城市水资源时空分布、常规水资源开发利用强度、非常规水资源开发利用情况、水资源浪费情况和水环境质量等多方面解析城市水资源短缺的原因。

（4）水安全问题解析：分析城市水安全风险，从城市饮用水水源地、码头航运、工业、内涝等方面解析城市水安全风险的突出原因。

上述有关城市水环境特征及问题解析的具体方法见第 5 章。

3. 方案目标制定

城市水环境综合整治目标应在参考国家在城市管网系统、污水处理提质增效、黑臭水体治理、海绵设施建设、再生水利用等涉及城市水系统方面的政策和规划的基础上，结合具体城市的水文地质、人口发展、城市建设、土地开发、产业结构与发展、生态涵养、基础设施和公共服务与城市水生态环境相互影响进行确定。城市水环境综合整治目标构建的具体方法见第 6 章。

4. 水环境容量与污染负荷削减方案的确定

在确定城市水环境综合整治目标的基础上，对城市水体水环境容量或水环境承载力进行核算，确定城市水环境容量或水环境承载力；对城市水体的污染负荷进行核算，以确定城市水体污染负荷削减量；采用科学合理的污染负荷削减分配方法确定城市各类主要污染物的负荷削减方案。城市水环境容量和污染负荷削减量分配计算的具体方法见第7章。

5. 城市水环境综合整治适用性技术筛选

采用科学合理的方法对适用技术进行筛选。技术选择需双向考量，一方面需从城市自身特点出发，结合所在城市的土地利用情况、经济发展状况和环境保护要求筛选治理技术；另一方面需从技术自身特征出发，结合该技术在技术、经济和环境维度的优势所在。有关城市水环境综合整治适用性技术筛选的具体方法见第8章。

6. 城市水环境综合整治方案的确定

各城市应针对其水环境特征、水环境存在的问题、城市水生态环境保护目标等，系统施策、综合治理，参考所属区域的城市水体综合整治指导方案，有针对性地提出城市的具体整治方案和措施，即"一城一策"。在精准治污方面，做到问题、时间、区域、对象、措施"五个精准"；通过协同治理，保证城市水环境质量提升、水生态修复、水资源保护和水安全保障等阶段性目标能够实现。具体而言，水环境质量方面，以满足群众对美好环境的向往为目标导向，有针对性地改善城市水环境质量，在"人水和谐"上实现突破；水生态方面，按照区域生态环境功能需求，力争在"有鱼有草"上实现突破；水资源方面，以区域水体生态流量保障为重点，力争在"有河有水"上实现突破；水安全保障方面，需要在预防城市内涝和暴雨行洪方面具有足够的能力。有关全国各地区城市水环境综合整治的具体指导方案见第9~14章。

4.5 方案编制过程

城市水环境综合整治方案编制应遵循以下过程。

1. 成立编制工作领导小组

由市级人民政府成立城市水环境综合整治方案编制工作领导小组。成员单位包括生态环境局、水利局、住房和城乡建设局或水务局、财政局、自然资源和规划局等部门。

编制工作领导小组下设办公室，具体负责方案的起草、征求意见、审查、报批和日常管理等工作。

2. 水体分区确定

依据城市所处地理位置确定城市所属分区。城市分区结果见表3-2。

3. 基础资料收集与调查

由编制工作领导小组组织各成员单位进行基础资料的收集与调查，方案编制所需基础资料见4.2节。

4. 形成综合整治方案初稿

依据城市水环境综合整治方案编制技术路线形成城市水环境综合整治方案初稿。

5. 方案编制工作流程

方案编制首先根据编制要求，编制出方案的初稿，用来广泛征求意见；对方案初稿进行修改完善；经过多轮的意见征求和修改完善，形成方案的送审稿，送审稿需通过主管部门组织的专家评审；然后根据专家评审意见进一步修改完善，形成方案的报批稿，报批稿经过各级主管部门专题审阅后再进行修改完善，最终形成方案的终稿。方案编制工作流程图见图 4-2。

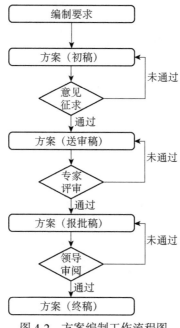

图 4-2　方案编制工作流程图

第5章　城市水环境特征及问题解析方法

如前所述，城市水环境的综合整治首先应对城市水环境的特征及所存在的问题进行科学合理的解析。本章主要介绍城市水体水生态环境特征分析及问题解析方法以及城市水体主要污染指标的确定和污染源的识别。

5.1　城市水体水生态环境特征分析方法

城市水体水生态环境特征分析旨在探究城市水体水质、水生态、水资源的特点和存在的问题，为后续主要污染指标的确定、主控因子识别和制定城市水环境综合整治方案提供支撑。

5.1.1　城市水环境相关信息收集

收集的信息应能反映该城市所处的地域和行政区划、发展水平和自然资源禀赋，具体包括①城市基本信息：城市人口数量、土地使用情况；②气候、自然地理信息：年际降水变化和年际温度变化、地形地貌；③城市水体基本信息：城市水体组成及水文、水质、水生态和水资源特征，水体断面水生态环境监测数据，城市水源地信息；④城市涉水基础设施信息：排水体制概况、合流制信息、污水管道密度、雨水管道密度、初期雨水处理设施概况、海绵城市措施面积、城市雨水径流信息、城市污水量和处理信息；⑤工业组成结构和布局、工业污染治理信息、工业废水排放量和排放特征等；⑥城市航运码头信息。

5.1.2　城市水体水质监测与评价

1）城市水体水质监测

依据《河流水生态环境质量监测与评价技术指南》及《湖库水生态环境质量监测与评价技术指南（征求意见稿）》对城市水体水质状况进行监测。监测步骤如下：①确定城市水体水质监测方案，内容包括城市水体基础资料收集、监测断面和采样点的设置以及监测项目的确定；②按照城市水体水质监测方案实施采样；③制作标签并填写采样记录表，而后按要求进行水样运输和交接；④对于底质基质需要在确定底质样品点位的基础上，进行底质样品采集。

2）城市水体水质评价

在得到城市水体水质监测结果后，对城市水体水质进行评价，以确定城市水环境质量状况。目前采用的主要评价方法为单因子评价法，通常是根据《地表水环境质量标准》（GB 3838—2002）确定该水体评价标准后，将各参数浓度与评价标准进行比较，以水质参数超标倍数是否大于 1 来评价该水体是否达到了相应的水质标准，从而判定评价指标的水质类别（评价等级和赋分如表 5-1 所示）。单因子指数的计算公式为

$$P_i = \frac{C_i}{S_i} \tag{5-1}$$

式中，P_i 为第 i 类水质参数的超标倍数；C_i 为第 i 类水质参数的实测浓度，mg/L；S_i 为第 i 类水质参数的评价标准，mg/L。

表 5-1　单因子指数评价等级与赋分

水质类别	I～II类	III类	IV类	V类	劣V类
水质状况	优	良好	轻度污染	中度污染	重度污染
赋分	5	4	3	2	1

5.1.3　城市水体水生态监测与评价

1. 城市水体水生态监测

依据《水生态健康监测与评价技术指南》对城市水体水生态健康状况进行监测与评价。具体操作步骤如下：①确定监测方案，内容包括监测频次及时间、监测点位布设以及样品采集准备工作；②进行生境调查，内容包括点位基本信息、天气条件、河岸水域特征、常规沉积物、底层环境特征以及河道特征；③开展底栖动物监测，内容包括不同水体样品的采集以及对浮游植物、浮游动物、大型水生植物和着生藻类的采集、固定和保存（具体内容详见《湖库水生态环境质量监测与评价技术指南》《河流水生态环境质量监测与评价技术指南》）。

2. 城市水体水生态评价

在城市水体水生态监测的基础上，对城市水体水生态进行评价，主要包括生境评价和生物评价。

1）生境评价

依据上述生境调查获得的生境监测数据，可参照《水生态健康评价技术规范》（DB11/T 1722—2020）中表 4 和表 8 分别对河流和湖泊生境指标进行赋分和评价。

2）生物评价

按照上述"底栖动物""浮游植物""浮游动物""着生藻类"内容要求对监测区域样品进行定性、定量采集和鉴定分析，并记录分析数据。在我国生物监测中经常用到的可适用于所有上述生物类群的生物评价指标为香农-维纳（Shannon-Wiener）多样性指数，该方法通过利用水生生物定量监测数据，从物种多样性角度对水环境质量进行评价。

Shannon-Wiener 多样性指数结果按照式（5-2）计算：

$$H = -\sum_{i=1}^{S} \left(\frac{n_i}{N}\right) \log_2 \left(\frac{n_i}{N}\right) \qquad (5\text{-}2)$$

式中，H 为 Shannon-Wiener 多样性指数；n_i 为物种 i 的个体数；N 为生物总体个数；S 为物种数。

Shannon-Wiener 多样性指数评价分级如表 5-2 所示。

表 5-2　多样性指数评价分级

等级	很差	较差	中等	良好	优秀
Shannon-Wiener 多样性指数	$H=0$	$0<H\leqslant1$	$1<H\leqslant2$	$2<H\leqslant3$	$H>3$
赋分	1	2	3	4	5

5.1.4　城市水体水生态综合评价

基于上述城市水体水质评价、生境评价和生物评价结果，采用综合指数法进行水生态环境质量综合评估，通过水质指标、生境指标和水生生物指标加权求和，构建城市水体水生态环境质量综合评价指数 WEQI，表示各评估单元和水环境整体的质量状况。

水生态环境质量综合评价指数 WEQI 按照式（5-3）计算：

$$\text{WEQI} = \sum X_i W_i \qquad (5\text{-}3)$$

式中，WEQI 为水体中水生态环境质量综合评价指数；X 为评价指标值；W_i 为评价指标 i 的权重；i 为水体水质、生境、水生生物指标。

综合评价时如缺少数据可暂时考虑水质指标和水生生物指标，其中后者又分为底栖动物指标、浮游植物指标和浮游动物指标，其分值范围及建议权重见表 5-3。

表 5-3　水生态环境质量综合评价公式说明

指标	分值范围	湖泊建议权重	水库建议权重	河流建议权重
水质指标 [a]	1～5	0.4	0.6	0.4
水生生物指标 [b]	1～5	0.4	0.4	0.4
生境指标 [c]	1～5	0.2	—	0.2

[a] 水质指标赋分取水质评价和营养状态评价中赋分最低的一项作为赋分结果。

[b] 水生生物指标若单独用底栖动物、浮游植物或浮游动物评价，建议权重为 0.4；若同时使用 2 种及以上生物类群评价，建议采用最差评价结果代表水生生物评价结果，深水湖泊和水库建议优先选择浮游植物和浮游动物评价结果。

[c] 湖心点位因其不做生境评价，进行水生态环境质量综合评价时只考虑水质指标和水生生物指标即可，这两项指标建议权重分别为 0.5。

根据 WEQI 的分值大小，将水生态环境质量状况等级分为五级，具体指数分值和质量状况分级详见表 5-4。

表 5-4　城市水生态环境质量状况分级标准

水生态环境质量状况	优秀	良好	中等	较差	很差
WEQI	WEQI>4	4≥WEQI>3	3≥WEQI>2	2≥WEQI>1	WEQI≤1

5.2　城市水环境问题解析

首先对影响城市水环境污染指标进行识别，包括采用单因子污染指数法和污染指标指数评价法，然后确定影响城市水环境质量的主要污染指标。在此基础上，对确定出的主要污染指标采用调查统计的方法进行溯源分析，按不同污染源的污染负荷贡献率确定其主控因子。

5.2.1　城市水环境主要污染指标识别

1. 城市水体单因子污染指数法

采用式（5-1）对城市水体断面进行评价，即将某种污染指标实测值与该污染指标的标准值相比，即可获得某种污染指标的单因子指数。求解目标水体所有污染指标的单因子指数，单因子指数大于 1 则作为该城市水体的主要污染指标。对于所有污染指标的单因子指数均小于等于 1 的情况，将各项单因子指数降序排列，取序列前三项作为该城市水体主要污染指标。

2. 城市水体污染指标指数评价法

为综合评价某区域城市水体的共同污染程度及主要污染指标，提出区域污染指标削减需求指数的评价方法。这里所指的"区域"，既可以大到全国范围，也可以针对某一地理区域或某一省域，还可以小至某一个城市的建成区域。该指数的计算方法和步骤如下：

首先，使用城市水体监测断面水质计算某项污染物的超标倍数，污染物指标选取，对于城市河流，推荐参与评价的污染指标包括 COD、氨氮、总磷；对于城市内湖，推荐参与评价的污染指标包括 COD、氨氮、总氮、总磷。城市水体评价根据需要也可增加高锰酸盐指数、生化需氧量、石油类、挥发酚、汞、铅、铜、锌、氟化物、硒、砷、镉、铬（六价）、氰化物、阴离子表面活性剂和硫化物等多项指标。污染物超标倍数计算公式如式（5-4）所示：

$$\alpha = \frac{C_{测} - C_{标}}{C_{标}} \tag{5-4}$$

式中，α 为水体污染指标削减倍数；$C_{测}$ 为水体水质现状浓度值，mg/L；$C_{标}$ 为水体水质浓度标准值，mg/L。

该区域城市水体第 i 种污染物总体削减需求指数 θ_i：

$$\theta_i = \frac{\sum_{1}^{l} \alpha_{III, i} + 1.5 \sum_{1}^{m} \alpha_{IV, i} + 2 \sum_{1}^{n} \alpha_{V, i}}{l + m + n} \tag{5-5}$$

式中，θ_i 为区域内第 i 种污染物总体削减需求指数；$\alpha_{III, i}$ 为区域内水体水质目标为Ⅲ类的某断面第 i 种污染物超标倍数；$\alpha_{IV, i}$ 为区域内水体水质目标为Ⅳ类的某断面第 i 种污染物超标倍数；$\alpha_{V, i}$ 为区域内水体水质目标为Ⅴ类的某断面第 i 种污染物超标倍数；l 为区域内水体水质目标为Ⅲ类的监测断面数；m 为区域内水体水质目标为Ⅳ类的监测断面数；n

为区域内水体水质目标为V类的监测断面数。

在计算得出各个污染物总体削减需求指数的基础上，利用式（5-6）计算各污染指标的总污染负荷贡献率。

$$\psi_i = \frac{\theta_i}{\sum_1^x \theta_i} \times 100\% \qquad (5-6)$$

式中，ψ_i 为第 i 种污染物负荷贡献率；x 为区域水体主要污染指标数量。

最后，对 x 项污染指数按占总污染负荷贡献率 ψ_i 从大到小进行排序，并计算累积贡献率（表 5-5）。当累积到某个指标 ψ 时，累积贡献率超过了 80%，则该指标及其之前的指标均为该区域城市水体主要污染指标。

表 5-5　某区域城市水体主要污染指标计算表

污染指标	总体超标指数 θ	占总污染负荷贡献率 Ψ	累积贡献率
氨氮	$\theta_{NH_3\text{-}N}$	$\Psi_{NH_3\text{-}N}$	$\Psi_{NH_3\text{-}N}$
COD	θ_{COD}	Ψ_{COD}	$\Psi_{NH_3\text{-}N}+\Psi_{COD}$
TP	θ_{TP}	Ψ_{TP}	$\Psi_{NH_3\text{-}N}+\Psi_{COD}+\Psi_{TP}$
……	……	……	……

5.2.2　城市水环境主控因子识别

目前，造成城市水环境问题的主要污染源包括：①由城市生活和工业排放导致的点源污染；②由城市降雨径流导致的面源污染；③由城市水体自身所积累污染物导致的内源污染。其中，城市生活污水和工业废水导致的城市水环境点源污染还可细分为通过水厂监测到的可收集处理部分和通过直排口监测到的未收集处理直排部分。

在城市水环境主要污染指标识别的基础上，继续开展主要污染指标的污染源解析工作，即主控因子识别工作。

1. 城市污染源识别

1）城市直排污染源识别

城市区域入河湖排口是连接水上功能区和陆上污染源的纽带，由于不少城市各类排口、排水管道与检查井的建设和维护不当，存在一定程度的污水直排现象。这部分直排污水的存在成为城市的重要污染源。因此，需要对引发城市污水直排的污染源进行识别，重点关注对城市水体直排的各类排口。本部分涉及的排口主要包含分流制污水直排口、合流制直排口和沿河湖排口三类。以上述三类排口调查为基础的城市直排污染源识别技术的流程如下。

（1）调查排口所在水体水域名称、所处代表性监测断面位置、入河湖排口顺序与位置。需要注意入河湖排口要对应到水环境功能区，以便与污染源和水环境质量相衔接。

（2）调查排口各污染物入河湖浓度。可以根据实际情况，按照入河湖系数法进行估算或实测入河废污水量。在无实测资料情况下，可根据污染源排放口与入河湖排口的距离（L）及土壤透水性、蒸发系数等，在污染源排放总量确定的基础上，综合确定入河系数以及入河量，计算公式如式（5-7）所示，其中入河系数取值参考《全国水环境容量核定技术指南》。

$$W_{\mathrm{d}} = Q_{\alpha}\beta_{\mathrm{L}}\beta_{\mathrm{S}}\beta_{\mathrm{T}} \qquad (5\text{-}7)$$

式中，W_{d} 为入河排口污染物排污量，kg/a；Q_{α} 为直排口污染物排放量，kg；β_{L} 为入河系数；β_{S} 为渠道修正系数；β_{T} 为温度修正系数。

2）城市点源污染识别

（1）工业点源污染识别。工业点源与生活点源具有明显不同的污染物组成特征，与当地工业企业的产业结构、工业废水排放方式等具有明显的相关性。其中，工业企业废水经过初步处理后进入市政管网并经污水处理厂处理部分，已在以生活点源为主的污水处理厂排污情况中加以计算。因此，工业点源调查主要是针对初步处理后直接排入城市水体的工业企业废水产生的污染。其过程主要分为以下几步：①调查并汇总城市水体区域内工业企业排污情况；②筛选出废水经初步处理后直接排入城市水体的工业企业；③依据这些工业企业的废水排放量和具体排放水质，按照式（5-8）核算工业点源对城市水体污染的贡献量。

$$W_{\mathrm{g}} = CQ_{\mathrm{g}} + C_{\mathrm{g1}}Q_{\mathrm{g1}} \qquad (5\text{-}8)$$

式中，W_{g} 为工业点源污染物产生量，kg/a；C 为城市污水处理厂出水污染物浓度，kg/t；Q_{g} 为城市污水处理厂收纳工业企业废水量，t/a；C_{g1} 为工业企业废水初步处理后污染物浓度，kg/t；Q_{g1} 为工业企业废水初步处理后直接排放量，t/a。

（2）生活点源污染识别。生活点源是城市水体污染的主要来源之一，其中既涉及居民生活污水排放，又涉及商业场所和公共场所污水排放。为确定生活点源对城市水体污染的贡献，通常需对城市水体区域范围内的污水处理厂进行调查。根据各个污水处理厂实际处理量和处理后污水污染物浓度，按照式（5-9）进行核算，可以确定经由污水处理厂排放进入城市水体的不同种类污染物总量。据此，可大致反映生活点源对城市水体污染的贡献。

$$W_{\mathrm{s}} = C(Q_{\mathrm{t}} - Q_{\mathrm{g}}) \qquad (5\text{-}9)$$

式中，W_{s} 为生活点源污染物排放量，kg/a；C 为城市污水处理厂出水污染物浓度，kg/t；Q_{t} 为城市污水处理厂实际污水排放量，t/a；Q_{g} 为城市污水处理厂收纳工业企业废水量，t/a。

3）城市面源污染识别

城市中的面源污染主要来源于降雨径流，径流面源污染是由降雨裹挟城市区域下垫面的污染物导致的。为评估径流面源对城市水体污染的贡献，明确径流面源污染总量及污染物特征，通常需要以下几步：①首先调查流域内水文资料、降雨资料（主要包括降水量和降雨强度）、城市初期雨水水质等内容；②然后通过城市布局和土地利用情况，收集城市建成区内不同类型下垫面的面积；③依据不同类型下垫面的径流系数和产流污染物浓度（相关系数可参考《全国水环境容量核定技术指南》），利用面源输出系数法［式（5-10）

计算出城市径流面源污染物产生总量。

$$W_j = \sum W_{ji} = \sum (C \cdot A \cdot R \cdot \Psi) \tag{5-10}$$

式中，W_j 为城市径流面源污染物产生总量，kg/a；W_{ji} 为第 i 种类型下垫面径流面源污染物产生量，kg/a；C 为第 i 种类型下垫面产流污染物浓度，kg/L；A 为第 i 种类型下垫面类型的面积，km^2；R 为第 i 种类型下垫面年平均降水量，mm；Ψ 为第 i 种类型下垫面径流系数，$m^3/(s \cdot km^2)$。

4）城市内源污染识别

内源污染是指城市水体底泥中污染物释放造成的水体污染，城市水体沿线排入的污水中的颗粒物、降雨冲刷进入城市水体的地表沉积物和管道沉积物、沉积到水底的各种堤岸垃圾、水生植物及落叶，都是城市水体底泥的主要来源。内源污染是产生城市水体富营养化和水体黑臭现象的重要原因。由于内源污染通常需要城市水体和底泥污染物释放速率进行计算，因此，对城市水体内源污染的调查实质上是对城市水体水下湿周面积和底泥污染物释放速率的调查。调查内容主要包括：①收集城市水体近年来的水文数据，包括水体体积和水下湿周面积、降雨气候的变化等；②治理河道近年来的水质监测数据，并根据工程需要对重点区域水质进行验证检测，分析现状河道环境容量；③调查现状河道底泥有机污染物与重金属污染情况，特别是单位面积每日底泥释放量、水体营养物质浓度现状值等；④查阅相关文献确定城市水体的底泥污染物释放速率和污染物水体净化速率。调查方法主要有水质检测、流量监测、底泥采样方式等。城市内源污染计算如式（5-11）。

$$W_r = (\delta - \lambda) \cdot A \cdot T \tag{5-11}$$

式中，W_r 为城市内源污染物产生量，kg/a；δ 为不同类底泥污染物释放速率，$mg/(m^2 \cdot d)$；λ 为第 i 类污染物水体净化速率，$mg/(m^2 \cdot d)$；T 为监测时间，d；A 为水体湿周面积，m^2。

2. 城市水环境主控因子解析方法

城市水环境主控因子解析的目的是找出影响城市水生态环境质量的关键污染源，为正确制定城市水体综合整治方案打下基础。水环境主控因子解析方法主要步骤如下：

（1）首先确定主要污染源。按照 5.2.1 节确定的主要污染指标，从点源（排口、生活、工业）污染排放、面源污染排放和内源污染排放三个维度，对主要污染指标的各个污染源排放量进行计算，并分别求解各污染源排放量贡献率［式（5-12）～式（5-16）］。之后按占比大小排序并计算累积贡献率，当不同污染源污染物排放量累积贡献率达到 80% 时，即可把这些污染源作为城市水环境主控因子。

排口排放污染的总排放量贡献率：

$$\theta_d = \frac{W_d}{W_r + W_j + W_g + W_s + W_d} \times 100\% \tag{5-12}$$

生活点源污染的总排放量贡献率：

$$\theta_s = \frac{W_s}{W_r + W_j + W_g + W_s + W_d} \times 100\% \tag{5-13}$$

工业点源污染的总排放量贡献率：

$$\theta_g = \frac{W_g}{W_r + W_j + W_g + W_s + W_d} \times 100\%$$ （5-14）

面源污染的总排放量贡献率：

$$\theta_j = \frac{W_j}{W_r + W_j + W_g + W_s + W_d} \times 100\%$$ （5-15）

内源污染的总排放量贡献率：

$$\theta_r = \frac{W_r}{W_r + W_j + W_g + W_s + W_d} \times 100\%$$ （5-16）

式中，W_d 为入河排口污染物排污量，kg/a；W_s 为生活点源污染物产生量，kg/a；W_g 为工业点源污染物产生量，kg/a；W_j 为城市径流面源污染物产生量，kg/a；W_r 为内源污染物产生量，kg/a；$\theta_{(d, s, g, j, r)}$ 为各类污染源污染物占总排放量的贡献率，%。

（2）确定城市主要污染负荷源后，需进一步细化溯源。依据 5.1 节对城市水体水生态环境特征解析，结合城市涉水基础设施建设、排口、排水管网情况等，可将城市水体的污染源进一步分解为有组织排放点源（工业污染源、城市污水处理厂出水等）、无组织排放点源（直排/暗排污水、合流制溢流污染、分流制雨水管渠径流污染等）、面源（雨水散排地表径流污染、大气干湿沉降等）和其他污染源（排污管道渗漏等导致经由土壤进入水体的污染等）。有组织排放点源污染物排放量采用调查统计法，主要统计城市区域污水处理厂的地理位置、出水的主控污染指标的浓度与流量，数据精确到全天 24 h 排放量和逐月排放量，这样便于对有组织污染点源从时间和空间等维度进行分析，我国城市污水处理厂相关数据信息可参考近几年的《城镇排水统计年鉴》。无组织排放点源和面源污染物排放量采用模型法计算，需要收集大量城市基础数据，如城区人口、人均日生活用水量、城镇综合生活污水产生量、城镇综合生活污水平均浓度等，相关模型公式和系数范围参考《全国水环境容量核定技术指南》《第二次全国污染源普查 生活污染源产排污系数手册（试用版）》《第二次全国污染源普查 集中式污染治理设施产排污系数手册（试用版）》。其他污染类型排放量结合水环境容量核算结果采用估算法计算，模型估算方法和环境容量核算方法参考第 7 章。

5.2.3　案例分析——无锡市民丰河水环境问题解析

以无锡市民丰河为例进行主控污染指标及主控因子识别。该案例中监测数据参考长江生态环境保护项目无锡驻点组材料。

民丰河是无锡市梁溪区的一条城市骨干河道，长度约 2830 m，地处水网发达地区，支流众多。2018 年 7 月，民丰河各支流及支流上下游的水质检测结果如表 5-6 所示。

表 5-6　2018 年 7 月民丰河水质　　　　（单位：mg/L）

点位	总磷	氨氮	COD	高锰酸盐指数
1	0.313	2.727	18.35	5.92
2	0.312	3.108	17.26	5.6
3	0.531	5.273	12.26	3.81

续表

点位	总磷	氨氮	COD	高锰酸盐指数
4	0.459	4.242	18.21	5.98
5	0.494	4.902	15.36	5.41
6	0.557	5.144	15.61	4.38
7	0.337	3.278	16.24	5.15
8	0.396	4.005	16.19	5.04
9	0.158	2.688	16.38	5.2
10	0.301	4.856	16.32	4.98
11	0.433	5.052	16.54	5.68
12	0.421	3.861	15.72	4.9
13	0.522	4.325	15.13	4.51

民丰河水质目标为地表水Ⅲ类，通过式（5-4）计算各污染指标超标倍数，结果见表 5-7。

表 5-7　2018 年 7 月民丰河污染指标超标倍数

点位	总磷	氨氮	COD	高锰酸盐指数
1	0.565	1.727	−0.0825	−0.01333
2	0.56	2.108	−0.137	−0.06667
3	1.655	4.273	−0.387	−0.365
4	1.295	3.242	−0.0895	−0.00333
5	1.47	3.902	−0.232	−0.09833
6	1.785	4.144	−0.2195	−0.27
7	0.685	2.278	−0.188	−0.14167
8	0.98	3.005	−0.1905	−0.16
9	−0.21	1.688	−0.181	−0.13333
10	0.505	3.856	−0.184	−0.17
11	1.165	4.052	−0.173	−0.05333
12	1.105	2.861	−0.214	−0.18333
13	1.61	3.325	−0.2435	−0.24833

由表 5-7 可知，民丰河 COD 和高锰酸盐指数达到地表水Ⅲ类标准，总磷和氨氮超标严重。依据式（5-5）计算的总磷和氨氮两种污染指标的总体削减需求指数为 $\theta_{总磷}=1.01$，$\theta_{氨氮}=3.11$。通过式（5-6）计算两种污染指标的负荷贡献率分别为 $\psi_{氨氮}=75.44\%$，$\psi_{总磷}=24.56\%$。按照累积贡献率超过 80% 的判断标准可知，氨氮和总磷是民丰河的主控污染指标。

在城市水体主控污染指标识别的基础上，继续开展主控污染指标的主要污染源解析工作。解析范围包括直排污染源、点源污染、面源污染及内源污染。

1）直排污染源解析

根据资料和现场踏勘结果，民丰河存在污水排口 18 处，雨污混合排口 2 处，雨水排口 99 处。

2）点源污染解析

民丰河周边大都为居民区，主要为生活污水，因此在计算点源污染时工业点源忽略不计，即式（5-8）中 W_g 为 0，只计算生活点源。此处可使用污染物产生系数法对点源污染物产生量进行估算。

　　根据《第二次全国污染普查 集中式污染治理设施产排污系数手册（试用版）》中的城镇污水处理厂水污染物产排污参考值，无锡市污水处理厂氨氮和总磷出水浓度参考值为 2.74 mg/L 和 0.47 mg/L。民丰河附近人口约 2.7 万人，根据人口及无锡市城市人均日生活用水量，估算出污水厂处理水量为 5280 m³/d，根据式（5-9）计算得民丰河的生活点源氨氮和总磷负荷量分别为 5280 kg/a 和 906 kg/a。

　　3）面源污染解析

　　民丰河周围不同下垫面的年负荷污染物浓度参数见表 5-8。

表 5-8　年负荷污染物浓度参数　　　［单位：kg/（cm·km²）］

污染物浓度参数	土地类型			
	生活区	商业区	工业区	其他
总磷	1.5	3.3	3.1	0.4
氨氮	5.8	13.1	12.2	2.7

　　民丰河周边多为居民生活区，资料显示年降水量为 1048 mm，根据式（5-10），民丰河地区地表径流污染负荷计算结果为氨氮 14380 kg/a，总磷 3720 kg/a。

　　4）内源污染解析

　　民丰河底泥中氨氮和总磷的释放速率分别为 189.9 mg/(m²·a) 和 24.75 mg/(m²·a)。底泥面积为 51000 m²，此处忽略氮磷自净能力，则民丰河底泥中氨氮和总磷的年释放量分别为 3530 kg/a 和 460 kg/a。

　　各污染来源负荷量汇总见表 5-9。城市面源、生活点源和河道内源对于氨氮的贡献率分别为 62.01%、22.77% 和 15.22%，对于总磷的贡献率分别为 73.29%、17.65% 和 9.06%。

表 5-9　各污染来源负荷量汇总

污染类型	氨氮/（kg/a）	累积贡献率/%	总磷/（kg/a）	累积贡献率/%
城市面源	14380	62.01	3720	73.29
生活点源	5280	84.78	906	90.94
河道内源	3530	100.00	460	100.00

　　根据表 5-9 可知，按照累积贡献率大于 80% 计，民丰河氨氮和总磷的主要污染来源为城市面源和生活点源，因此确定民丰河的主控因子为城市面源和生活点源。

第6章　城市水环境综合整治目标的构建

6.1　城市水环境综合整治目标的确定

6.1.1　综合整治目标构建的原则

我国城市的水环境综合整治的中长期目标需要结合我国国情和国家对城市发展的具体定位来制定。城市水环境综合整治中长期目标制定的原则如下：

（1）科学性。目标的制定应有充分的科学依据，需要利用科学方法对未来城市社会发展的趋势及水环境的可能演变过程进行分析，充分保证目标设立的科学性。本书给出了城市水环境综合整治目标预设后，利用系统动力学（system dynamics，SD）方法构建该城市的水环境系统动力学模型，模拟不同策略条件下城市水环境的未来发展过程，用以分析目标设置的科学性。

（2）合理性。城市水环境综合整治目标应与该城市经济社会的发展预测相适应。各城市应参考水环境历史演变趋势，按照党的十九大报告和《中华人民共和国国民经济和社会发展第十四个五年规划和2035年远景目标纲要》提出的2035年远景目标，合理确定城市水环境综合整治的各阶段目标，实现"主要污染物排放总量持续减少，森林覆盖率提高到24.1%，生态环境持续改善，生态安全屏障更加牢固，城乡人居环境明显改善"的目标。

（3）协调性。城市水环境综合整治是个长期的过程，目标设立应考虑整体利益与局部利益、长远利益和近期利益之间的协调。与城市人口、经济、资源、社会发展及规划等相协调，在不违背城市总体发展及当地资源经济能力的前提下确定城市水环境综合整治的分阶段目标。在城市水环境综合整治目标确立时需要统筹考虑水环境、水资源、水生态三方面的协调，充分协调发展与保护的关系，制定城市水生态空间格局优化、水资源利用安全高效、水生态环境质量改善、水安全保障水平提升等方面的规划目标。

（4）整体性。城市是一个物质的、和谐的有机整体。城市河流水系作为城市大系统中的一个重要构成，需要注意与其他用地类型和城市组成要素的相互影响和作用。因此目标必须面向城市整体系统，整合与城市水体相关的各个要素，求得整体平衡。

（5）地域性。城市水环境综合整治目标确立时需考虑城市自然地理状况（包括降雨、水资源、地形、地貌等）及土地开发利用情况等城市结构。依据"以水定城"的思想，在确定城市水环境综合整治目标时不仅需要考虑河湖水系的自身功能形态，而且需要重视水体空间周围的环境以及历史背景、文化条件和建筑风格等，同时城市的功能结构、人口分布及密度等也是应当考虑的因素，以公众健康、生态环保、环境宜居为核心目标。

6.1.2　城市水环境综合整治总体目标

制定目标需要考虑水环境、水生态和水资源各方面，在目标制定时还需遵循以下国家相关文件要求。

《国务院关于实行最严格水资源管理制度的意见》(国发〔2012〕3 号)中提出的主要目标为：确立水资源开发利用控制红线，到 2030 年全国用水总量控制在 7000 亿 m³ 以内；确立用水效率控制红线，到 2030 年用水效率达到或接近世界先进水平，万元工业增加值用水量(以 2000 年不变价计)降低到 40 m³ 以下，农田灌溉水有效利用系数提高到 0.6 以上；确立水功能区限制纳污红线，到 2030 年主要污染物入河湖总量控制在水功能区纳污能力范围内，水功能区水质达标率提高到 95% 以上。

《水利部关于加快推进水生态文明建设工作的意见》(水资源〔2013〕1 号)中提出水生态文明建设目标是：最严格水资源管理制度有效落实，"三条红线"和"四项制度"全面建立；节水型社会基本建成，用水总量得到有效控制，用水效率和效益显著提高；科学合理的水资源配置格局基本形成，防洪保安能力、供水保障能力、水资源承载能力显著增强；水资源保护与河湖健康保障体系基本建成，水功能区水质明显改善，城镇供水水源地水质全面达标，生态脆弱河流和地区水生态得到有效修复；水资源管理与保护体制基本理顺，水生态文明理念深入人心。

《水污染防治行动计划》中要求到 2030 年，力争全国水环境质量总体改善，水生态系统功能初步恢复。到 21 世纪中叶，生态环境质量全面改善，生态系统实现良性循环。主要指标：到 2030 年，城市建成区黑臭水体总体得到消除，城市集中式饮用水水源水质达到或优于Ⅲ类比例总体为 95% 左右。

《国务院办公厅关于推进海绵城市建设的指导意见》(国办发〔2015〕75 号)工作目标为：通过海绵城市建设，综合采取"渗、滞、蓄、净、用、排"等措施，最大限度地减少城市开发建设对生态环境的影响，将 70% 的降雨就地消纳和利用。到 2020 年，城市建成区 20% 以上的面积达到目标要求；到 2030 年，城市建成区 80% 以上的面积达到目标要求。

2021 年发布的《中华人民共和国国民经济和社会发展第十四个五年规划和 2035 年远景目标纲要》中"十四五"时期主要目标为：生态文明建设实现新进步。国土空间开发保护格局得到优化，生产生活方式绿色转型成效显著，能源资源配置更加合理、利用效率大幅提高，单位国内生产总值能源消耗和二氧化碳排放分别降低 13.5%、18%，主要污染物排放总量持续减少，森林覆盖率提高到 24.1%，生态环境持续改善，生态安全屏障更加牢固，城乡人居环境明显改善。其中，"十四五"时期经济社会发展主要指标包括 2025 年地表水达到或好于Ⅲ类水体比例达到 85%。2035 年远景目标为生态环境根本好转，美丽中国建设目标基本实现。

《城镇生活污水处理设施补短板强弱项实施方案》中实施目标要求到 2023 年，县级及以上城市设施能力基本满足生活污水处理需求。生活污水收集效能明显提升，城市市政雨污管网混接错接改造更新取得显著成效。城市污泥无害化处置率和资源化利用率进一步提高。缺水地区和水环境敏感区域污水资源化利用水平明显提升。主要任务有："京津冀地区、粤港澳大湾区和长江干流沿线城市和县城，黄河干流沿线城市实现生活污水集中处理设施全覆盖。长三角地区和粤港澳大湾区城市、京津冀地区和长江干流沿线地级及以上城市、黄河流域省会城市、计划单列市生活污水处理设施全部达到一级 A 排放标准。缺水地区、水环境敏感区域，要结合水资源禀赋、水环境保护目标和技术经济条件，开展污水处理厂提升改造，积极推动污水资源化利用，推广再生水用于市政杂用、工业用水和生态补水等。长江流域及以南地区，在完成片区管网排查修复改造的前提下，因地制宜推进合流制溢流污水快速净化设施建设。积极推进建制镇污水处理设施建设。""现有进水生化需氧量浓度低于 100 mg/L 的城市污水处理厂，要围绕服务片区管网开展'一厂一策'系统化整治。除干旱地区外，所有新建管网应雨污分流。长江流域及以南地区城市，因地制宜采取溢流口改造、截流井改造、破损修补、管材更换、增设调蓄设施、雨污分流改造等工程措施，对现有雨污合流管网开展改造，降低合流制管网溢流污染。"

《"十四五"污染减排综合工作方案编制技术指南》的减排目标为：基于"十四五"水环境质量改善要求，初步考虑全国 COD 和氨氮减排比例目标为 8%～10%，后续将根据"十四五"有关规划要求和减排潜力测算情况进行优化调整。COD 和氨氮重大减排工程减排量原则上不低于总减排潜力的 80%。结合本地区城镇新增人口及生活排水新增量等情况预测主要水污染物新增排放量，确保减排目标的可达性。

《关于推进污水资源化利用的指导意见》（发改环资〔2021〕13 号）中要求总体目标为到 2025 年，全国污水收集效能显著提升，县城及城市污水处理能力基本满足当地经济社会发展需要，水环境敏感地区污水处理基本实现提标升级；全国地级及以上缺水城市再生水利用率达到 25%以上，京津冀地区达到 35%以上；工业用水重复利用、畜禽粪污和渔业养殖尾水资源化利用水平显著提升；污水资源化利用政策体系和市场机制基本建立。到 2035 年，形成系统、安全、环保、经济的污水资源化利用格局。

《"十四五"城镇污水处理及资源化利用发展规划》中主要目标要求到 2025 年，基本消除城市建成区生活污水直排口和收集处理设施空白区，全国城市生活污水集中收集率力争达到 70%以上；城市和县城污水处理能力基本满足经济社会发展需要，县城污水处理率达到 95%以上；水环境敏感地区污水处理基本达到一级 A 排放标准；全国地级及以上缺水城市再生水利用率达到 25%以上，京津冀地区达到 35%以上，黄河流域中下游地级及以上缺水城市力争达到 30%；城市和县城污泥无害化、资源化利用水平进一步提升，城市污泥无害化处置率达到 90%以上；长江经济带、黄河流域、京津冀地区建制镇污水收集处理能力、污泥无害化处置水平明显提升。到 2035 年，城市生活污水收集管网基本全覆盖，城镇污水处理能力全覆盖，全面实现污泥无害化处置，污水污泥资源化利用水平显著提升，城镇污水得到安全高效处理，全民共享绿色、生态、安全的城镇水生态环境。

综合上述国家相关要求，本书归纳总结我国城市水环境综合整治总体目标如下。

近期目标（到 2025 年）：城市水环境质量持续改善，生态系统恶化趋势得到遏制，重点解决点源污染，城市建成区黑臭水体总体消除，推进海绵设施建设及污水再生利用，水环境、水资源、水生态统筹推进格局基本形成。

中期目标（到 2030 年）：城市水环境质量大幅度提升并持续保持稳定，城市水生态系统得到初步恢复，进一步加强海绵设施建设及污水再生利用，实施全行业节水，持续推进水环境、水资源、水生态统筹治理。

　　远期目标（到 2035 年）：水环境质量持续稳定，城市水生态系统基本恢复，再生水利用率大幅提升，生态基流得到保障；市区内水体基本实现"清水绿岸、鱼翔浅底""有河有水、有鱼有草、人水和谐"。

6.1.3　城市水环境综合整治目标分解

　　城市水环境是一个复杂的系统，在城市水环境目标设置时应充分考虑城市水环境的自然与社会属性，结合国家规划及政策规定，从水环境质量提升、水生态恢复、水资源保护三个方面设置目标指标体系。

　　水体水质的好坏是城市水体有效发挥其功能的关键，在水体水质目标指标选取时要考虑到我国地表水是依据水质浓度划分为五类水体，且根据水域的自然属性、经济社会需求、水资源开发利用和保护、各城市整体和局部的关系将不同水域划分为不同类别和功能。因此确定出反映城市水体水质的三个指标分别为受城市影响控制断面优良（达到或优于Ⅲ类）比例、城市水体劣Ⅴ类和黑臭水体比例以及城市水体水功能区达标比例。

　　生态环境部指出，"十四五"期间的水生态环境保护工作要在水环境改善的基础上，更加注重水生态保护修复，注重"人水和谐"，让群众拥有更多生态环境获得感和幸福感。因此城市水体的治理要更加注重生态要素，在未来治理过程中逐步实现满足"有河要有水，有水要有鱼，有鱼要有草，下河能游泳"的要求，通过努力让断流的河流逐步恢复生态流量，生态功能遭到破坏的河湖逐步恢复水生态功能，形成良好的生态系统，进一步改善水环境质量，满足群众亲水要求。建立统筹水环境、水生态、水资源的规划指标体系，在目标设置上考虑量化难易程度，本书在第 5 章论证确定水生生物完整性指数为水生态指标。

　　考虑到经济发展与水环境之间的关系，本书确定万元工业产值用水量为水资源目标指标之一。海绵设施建设能够加强雨水资源化利用、降低地表径流，因此将城市建成区达到海绵设施建设目标的比例确定为水资源目标指标之一。城区再生水利用率直接影响城市水体的循环功能及对有限水资源的利用效率，因此将城区再生水利用率也列为水资源方面的目标指标之一。

　　综上，确定出城市水环境质量方面 3 个目标指标、水生态方面 1 个目标指标以及水资源方面 3 个目标指标共计 7 个目标指标的城市水生态环境保护目标指标体系，如表 6-1 所示。

表 6-1　城市水生态环境保护目标指标体系

序号	类别	目标指标
1		受城市影响控制断面优良（达到或优于Ⅲ类）比例（%）
2	水环境质量	城市水体劣Ⅴ类和黑臭水体比例（%）
3		城市水体水功能区达标比例（%）
4	水生态	水生生物完整性指数
5		城区再生水利用率（%）
6	水资源	建成区海绵城市建设占比（%）
7		万元工业产值用水量（m³）

6.2 城市水环境综合整治目标的优化

根据国家相关政策确定出城市水环境综合整治总体目标及水环境质量、水生态、水资源三方面的目标指标体系后，在具体的某一城市或城市内某一区域的水环境综合整治过程中，首先根据城市定位及国家、地方相关规划预设量化目标的具体值，但不能简单将此预设目标值确定为最终目标值，目标的最终确定应考虑不同对策方案实施的实际情况，通过优化和可达性分析论证。目标和对策的优化过程可采用系统动力学方法进行模型模拟。本节具体介绍城市水环境综合整治系统动力学模型如何构建及目标与对策如何优化。

6.2.1 城市水环境综合整治目标优化模型的构建

系统动力学是一门分析研究信息反馈系统的学科，也是一门认识和解决系统问题的交叉性综合性学科。系统动力学是以现实存在的世界为前提，来寻求改善系统行为的机会和途径；其分析问题的角度，是从系统行为与其内在原理间的相互依存关系为出发点，以数学模型为表现形式，依据对系统实际的观测所获得的信息建立动态模型，并通过模型的计算模拟对系统未来行为进行描述。

系统动力学模型擅长处理数据相对缺乏的复杂系统问题，通过计算机模拟来展示内部系统宏观行为，并进行长期的、动态的、战略性的定量分析研究，有效模拟复杂系统内部联系，避免了主观直觉的判断失误，为人们模拟社会经济、生态环境等复杂系统的行为和发展规律提供了可能。

系统动力学模型的特点主要有以下几个方面。

（1）系统动力学模型可以容纳大量的变量，一般可以达到数千个，这样使得研究多变量、高阶数的复杂系统变得更加具有实用性。

（2）系统动力学模型是一种结构化模型，可以更加直观充分地认识系统结构，这样可以更好地把握系统的行为，而不只是依赖各种数据来研究系统行为的变化情况。

（3）系统动力学模型是实际系统的仿真实验室。凭借研究者的理解、分析、推理、创造能力，再加上计算机的高速计算和适时跟踪能力，通过人机合一的合作，模拟和分析系统的各种要素，从而获得丰富的系统信息。

（4）系统动力学模型是通过仿真模拟对系统进行计算与分析，模拟的结果是未来一定时期的某种变量随时间变化的曲线。由此可见，模型能处理非线性、高阶次、多重反馈的复杂时变系统的相关问题，如经济发展系统，环境资源变化系统等。

因此，鉴于系统动力学模型的以上特点及优势，城市水环境综合整治目标优化可利用该方法构建城市水环境系统动力学模型，模拟不同整治对策下的城市水环境动态变化过程，进而优化出适用于该城市需求的对策方案，通过不同方案的模拟结果确定最优方案，并对目标的可达性进行论证以实现目标的优化。

系统动力学建模是一个反复循环、逐步深化、逐渐趋向目标的过程。掌握了模型基本的元素符号和熟悉方程之后，可以按照一定的原则进行模型构建。模型是对真实的复杂系统进行反射的基本工具，代表着经过简化处理之后的真实系统。但是模型构建过程并不是简单地复制实际系统，应该根据不同系统的特征，综合运用合理正确的原理对其进行分解，避免一一对应地依照现实情况去构建模型。总之，模型的构建应该以面向应用、面向过程、面向问题、明确目的为基本原则。

一般来说，系统动力学建模的主要步骤有以下几个方面。

（1）明确模拟目的。首先明确要解决的问题是通过对城市水环境综合治理，实现不同阶段城市水生态环境保护目标。

（2）确定系统边界。系统的边界是指哪部分应该划入模型，哪部分在模型之外。因为系统动力学所分析的系统行为是基于系统内多种因素相互关联而产生的，所以假设系统外部因素不对系统行为产生对应影响，同时也不受系统内部因素的制约。应尽量把与建模关系密切的量列入系统内部，形成相应的界限。

（3）确定子系统和主要变量。对于研究的复杂复合系统，运用系统动力学对系统内部各个子系统的发展与变化进行预测和评估，根据各子系统间的重要联系和因果反馈关系，确定研究的子系统。针对系统的结构来确定涉及的各变量，并根据系统中各要素之间的相互关系，画出因果关系图。

（4）设计系统流程图，建立相关关系式。整个系统的核心部分是系统流程图，它是建立模型方程的基本依据。根据系统动力学原理以及大量的历史数据，对系统主要变量及其特征、相互关系仔细分析，利用系统动力学的基本变量和对应方程式，将因果关系图转化为系统流程图。但是系统流程图并不能显示定量关系，需要建立相关关系式，即系统动力学方程。

（5）输入参数，进行仿真模拟。在模型进行模拟之前，需要对模型中涉及的所有变量赋值，选择合适的参数进行仿真模拟，模型最终得到的结果是由参数值及模型整体结构来决定的。

（6）系统模拟与检验。在模拟初期，需要通过已搜集的历史数据对模型的模拟结果进行初步调试，可以调整某个或某些参数，使模拟结果与历史数据基本吻合。

（7）情景及结果分析。在上述构建模型具备情景模拟情况下，设定几种可实现目标的情景，不同情景下给出城市水生态环境保护目标指标体系中的各指标预设数值，设置过程中参考指标现状、指标历史发展趋势、国家及地区相关要求等。调整相关参数对所构建的模型进行运行，将不同运行结果进行比较，分析对应不同情景下城市水生态环境保护目标中各项指标预设值的可达性，根据可达性分析进行目标修正；通过对情景方案参数的不断调试达到各项指标的预期目标。实现如图 6-1 所示的目标体系和策略方案相互矫正、协同优化的过程。

常用的系统动力学建模软件有 DYNAMO、Stella、Ithink、Powersim、Vensim 等，在建立系统动力学模拟平台方面，它们有各自特点。早期的 DYNAMO 软件是一种用来翻译和运算一组微分或者差分方程式，并且能够连续模拟的系统动力学建模软件，但是它不能用图形化的界面进行编辑；Stella 和 Ithink 软件可以利用图形界面进行编辑，通过绘制系统动力学模型的因果关系图，输入相关关系式建模并进行模拟，但是使用者不能对系统生成的 DYNAMO 语言进行编辑；Powersim 软件也具有图形界面编辑功能，它的运算和

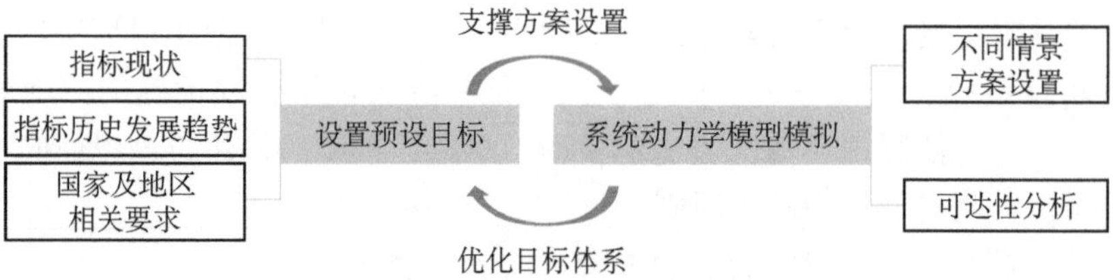

图 6-1　目标优化过程

统计分析功能较为完善，可以直接存取 Excel 表格；Vensim 软件可以通过图形和编辑语言两种方式建模，具有建模容易、可人工编辑 DYNAMO 语言的优点，还具有政策最优化的功能，因此，Vensim 软件在现阶段的模型建模过程中得到了普遍应用。

在系统动力学模拟环境个人学习版本 Vensim（Ventana Simulation Environment Personal Learning Edition，Vensim PLE）软件中，"编程"实际上并不存在，只有建模的概念。使用时只要在软件窗口中画出积流图，再通过 Equations 输入对应参数和方程，就可以进行仿真模拟。同时用户可使用 Mode Document 工具条查看有关方程和参数；另外，Vensim 软件还提供了丰富而灵活的输出信息和方式，并且较其他软件具有较强的输出兼容性，同时还可以给用户保存（save）和复制（copy）功能。对模型结构建立以后，模拟仿真的结果可以进行数据分析，展示随时间的变化趋势线。最后依据基本常识和原则，可以进行真实性检验，通过建立某些约束条件来判断模型运行过程中是否违反情况，从而调整某些参数，达到优化结果的目的。

6.2.2　案例分析

按照 6.2.1 节所述方法，给出城市水环境综合整治目标优化案例如下。

1. 明确目的

首先要明确案例城市水环境综合治理的主要任务，建立不同阶段水生态环境保护目标，通过系统动力学模型模拟，优化影响城市水环境综合治理效果的参数。

2. 确定系统边界

模型边界为系统研究目标与外界的隔区，同时它又作为外界系统对于目标模型影响的途径而存在。一般模型边界选择为各城市行政边界。

模型的时间边界为 2010～2035 年，其中 2010～2019 年为模型检验时间段，模拟时间间隔为 1 年。

3. 确定子系统和主要变量

人口和经济是一个城市发展的基础，随着人口和经济的发展，人类活动对于水资源的利用以及向水环境中排放的污染物也会随之变化，根据城市水环境特征及影响因素，将城市水环境系统划分为 4 个子系统，分别为：人口子系统、经济子系统、水资源子系统和水环境子系统。在此基础上构建城市水环境系统动力学模型，模型中包含若干变量，利用各变量之间的相互关联与作用反映城市水环境系统的动态变化以及各子系统之间的反馈响应关系，城市水环境系统主要影响因素如表 6-2 所示。

表 6-2　城市水环境系统主要影响因素

	主要参数	主要影响因素
人口子系统	城镇人口	常住人口、城镇人口比例、城镇化率增长率
经济子系统	地区生产总值	地区生产总值增长速度、地区生产总值增量
	工业总产值	地区生产总值、工业产值比重
水资源子系统	生活需水量	城镇人口、城市人均日综合生活用水量
	工业需水量	工业总产值、万元工业产值用水量
	总需水量	生活需水量、工业需水量、生态需水量
	取水量	总需水量、城区再生水利用率、中水回用量
水环境子系统	污水总量	工业废水排放系数、工业废水排放量、生活污水排放系数、生活污水排放量
	二级出水水质参数量	城市污水集中处理率、二级出水排放量、二级出水 COD 浓度、二级出水氨氮浓度
	未处理污水水质参数量	未处理污水量、单位污水水质参数浓度
	城镇地表径流水质参数量	居住用地面积、工业用地面积、商业及服务业用地面积、绿地及广场面积、道路交通面积、人口修正系数、面源削减系数
	进入水体水质参数总量	二级出水水质参数量、未处理污水水质参数量、城镇地表径流水质参数量

　　城市总需水量包括工业需水量、生态需水量和生活需水量。本模型构建时将第三产业需水量包含在生活需水量内，即包含在城市人均日综合生活用水量中。系统总需水量因果关系如图 6-2 所示。

　　城市取水量由总需水量和中水回用量决定，指人类活动及经济发展过程中需从城市水环境中汲取的水量，包括地表水及地下水，未对地表水及地下水做区分，综合反映城市对水资源的汲取程度。取水量因果关系如图 6-3 所示。

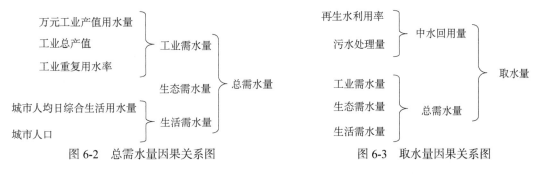

图 6-2　总需水量因果关系图　　　　　图 6-3　取水量因果关系图

　　城市进入水体的 COD、氨氮等水质参数总量包括经过污水处理厂集中处理后二级出水中含有的 COD、氨氮等参数含量，未处理污水未经处理直排中含有的 COD、氨氮等参数含量以及城镇地表径流进入水体的 COD、氨氮等参数含量，其中地表径流水质参数含量与城市不同类型用地面积有关。城市进入水体 COD、氨氮等水质参数总量因果关系如图 6-4 所示。

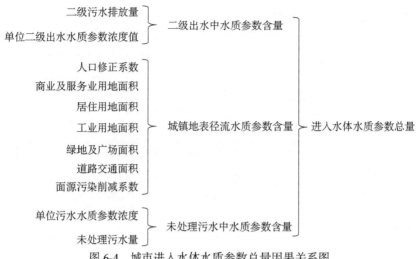

图 6-4　城市进入水体水质参数总量因果关系图

4. 设计系统流程图，建立相关关系式

本书中系统动力学模型的建立使用 Vensim PLE 7.3.5。整个系统的核心部分是系统流程图，它是建立模型方程的基本依据。根据城市水环境系统特征，对系统主要变量及相互关系仔细分析，上述步骤中已将城市水环境系统分为人口、经济、水资源和水环境四个子系统，各子系统包含若干个变量（表 6-2），利用城市水环境系统动力学模型中的基本变量和影响因素之间的相关关系绘制主要变量的因果关系图，根据各子系统内部的变量关系将因果关系图转化为流程图，并补充四个子系统之间变量的影响关系，完成所有变量之间的联系构建，形成城市水环境系统动力学流程如图 6-5 所示。但是流程图只是反映各变量之

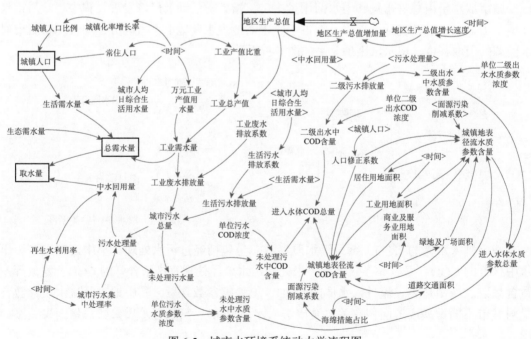

图 6-5　城市水环境系统动力学流程图

间的定性联系，并不能显示定量关系，因此需要建立相关关系式，将变量之间的关系用数学公式表达出来，即系统动力学方程。本书中城市水环境系统主要变量方程如表 6-3 所示。

表 6-3　城市水环境系统主要变量方程

变量名称	公式
城镇人口	城镇人口比例×常住人口
地区生产总值增加量	地区生产总值×地区生产总值增长速度
地区生产总值	INTEG（地区生产总值增加量，地区生产总值初始值）
工业总产值	地区生产总值×工业产值比重
生活需水量	城镇人口×城市人均日综合生活用水量×365
生活污水排放量	生活需水量×生活污水排放系数
工业需水量	工业总产值×万元工业产值用水量
工业废水排放量	工业需水量×工业废水排放系数
总需水量	工业需水量+生态需水量+生活需水量
污水总量	工业废水排放量+生活污水排放量
中水回用量	污水处理量×城区再生水利用率
取水量	总需水量−中水回用水量
污水处理量	污水总量×城市污水集中处理率
二级污水排放量	污水处理量−中水回用量
未处理污水量	污水总量−污水处理量
二级出水水质参数量	二级污水排放量×单位二级出水水质参数浓度
未处理污水水质参数量	未处理污水量×单位污水水质参数浓度
城镇地表径流水质参数量	（居住用地面积×水质参数输出系数+工业用地面积×水质参数输出系数+商业及服务业用地面积×氨氮/水质参数输出系数+绿地及广场面积×氨氮/水质参数输出系数+道路交通面积×水质参数输出系数）×人口修正系数×（1−面源削减系数）
进入水体水质参数总量	二级出水水质参数量+未处理污水水质参数量+城镇地表径流水质参数量

案例城市水环境系统动力学模型的上述四步基本相同，从输入参数开始，进行仿真模拟；系统模拟与检验；情景分析和结论分析的过程要根据具体城市特点进行。

城市水环境系统动力学流程图见图 6-5。获取模型参数的主要方法有以下几种情况：调查获取第一手数据资料；根据对系统的了解估计参数值；从模型中部分变量之间的关系中确定参数取值；根据模型的参考行为特性估计参数。以下案例的城市水环境系统动力学模型中的参数主要是根据指标变量的历史趋势预测、规划文件要求及经验值来确定。输入所有参数之后，整个系统即可利用计算机运算进行仿真模拟，得到各变量的模拟值。

5. 具体城市案例

选取东南地区长三角城市群代表性城市无锡和东北地区代表性城市沈阳进行具体案例展示。

1）无锡市案例

（1）模型检验。本模型历史检验时间段为 2010～2019 年，模型参数较多，本模型选取城镇人口、地区生产总值和工业总产值作为检验变量。模型状态变量初值选取 2010 年数据。无锡市历史值检验结果如表 6-4 所示。

表 6-4　无锡市历史值检验结果

年份	城镇人口			地区生产总值			工业总产值		
	模拟值/万人	历史值/万人	RE/%	模拟值/亿元	历史值/亿元	RE/%	模拟值/亿元	历史值/亿元	RE/%
2010	452.6	452.6	0.00	5779.2	5779.2	0.00	3236.4	3236.0	0.01
2011	458.8	464.4	1.22	6878.4	6799.9	1.16	3769.4	3729.9	1.06
2012	465.0	471.3	1.34	7762.4	7446.4	4.24	4168.4	4003.2	4.13
2013	471.4	477.9	1.37	8313.4	7919.9	4.97	4397.8	4187.7	5.02
2014	477.8	484.3	1.34	8783.0	8359.0	5.07	4453.0	4242.6	4.96
2015	484.2	490.9	1.36	9227.4	8681.4	6.29	4371.9	4122.7	6.05
2016	490.1	494.9	0.97	9639.8	9340.2	3.21	4567.3	4425.9	3.20
2017	496.1	498.0	0.39	10342.6	10313.1	0.29	4900.3	4853.0	0.97
2018	502.1	501.6	0.09	11491.6	11203.0	2.58	5444.7	5309.9	2.54
2019	508.2	508.2	0.00	12535.8	11852.3	5.77	5939.5	5627.9	5.54

注：RE 表示相对误差。

由表 6-4 可以看出，所构建的无锡市城市水环境系统动力学模型对城镇人口、地区生产总值和工业总产值的模拟值与历史值之间的相对误差均小于 10%，满足系统动力学模型所要求的误差范围。因此，可认为该模型基本符合所要研究的无锡市城市水环境系统。

（2）无锡市城市水环境综合整治目标。根据表 6-1 城市水生态环境质量目标指标体系查阅无锡市水质现状，包括受城市影响控制断面优良（达到或优于Ⅲ类）比例和城市水体劣Ⅴ类和黑臭水体比例（城市水体水功能区达标比例未查到具体数据）。无锡市总体水质现状情况较好，因此未来目标设置也应较高，未来应保证城市水体水功能区全部达标，受城市影响的控制断面中劣Ⅴ类水体比例现状已为 0，因此无锡市城市水生态环境质量保护目标不包含此项。虽然东南地区万元工业产值用水量高，但无锡市万元工业产值用水量在东南地区内属于较低水平，因此在目标设置时每一阶段的削减程度与东南地区的总体目标设置差距较大。无锡市水生生物完整性现状为"一般"水平，鉴于其水资源总量较丰富，生境提升空间较大，因此对无锡市水生态提出较高要求。

根据无锡市各指标现状及相关规划文件，制定出无锡市城市水生态环境保护指标的预设目标值，具体指标及目标值如表 6-5 所示。

表 6-5　无锡市城市水生态环境保护指标及预设目标值

指标	2020 年现状	2025 年目标	2030 年目标	2035 年目标
受城市影响控制断面优良（达到或优于Ⅲ类）比例/%	88.4	>93	>97	100
城市水体水功能区达标比例/%	—	100	100	100
城区再生水利用率/%	33	40～50	50～55	55～60
建成区海绵城市建设占比/%	20	50	60	70
万元工业产值用水量/m³	25	23	21	19
水生生物完整性指数	中等	中等	良好	优秀

　　针对上述指标目标要求和达标时限，通过设计方案对策，分析目标的可达性，其中水体水质目标利用水质Ⅲ类及以上水体和劣Ⅴ类水体的比例推算排入水体污染物量，根据未来水质目标得到污染物减排比例，利用模型中入水环境 COD、氨氮量分析水体水质目标的可达性。

　　地表水质量标准中Ⅱ类水质 COD 浓度值为 15 mg/L，氨氮浓度值为 0.5 mg/L；Ⅲ类水质 COD 浓度值为 20 mg/L，氨氮浓度值为 1.0 mg/L；Ⅳ类水质 COD 浓度值为 30 mg/L，氨氮浓度值为 1.5 mg/L；Ⅴ类水质 COD 浓度值为 40 mg/L，氨氮浓度值为 2.0 mg/L。假设无锡市境内流经城市建成区的地表水总量为 Q，2020 年水质为Ⅲ类及以上的水体占 88.4%，无劣Ⅴ类水体，剩下的 11.6%水体为Ⅳ类/Ⅴ类。由于城市内水体水质Ⅱ类及以上占比较小，大多为Ⅲ类水体，因此Ⅲ类及以上水体 COD 浓度值取 20 mg/L，氨氮浓度值取 1.0 mg/L，Ⅳ类/Ⅴ类浓度值取Ⅳ类、Ⅴ类水体平均值，即Ⅳ类水体标准下限值，COD 浓度值取 30 mg/L，氨氮浓度值取 1.5 mg/L。经计算得无锡市 2020 年现状城市水体内接纳污染物为 COD $21.16Q$，氨氮 $1.058Q$；按照目标设定，2025 年目标为无锡市地表水受城市影响的控制断面中Ⅲ类及以上水体占比达到 93%，计算得 2025 年进入无锡市城市水体内 COD 和氨氮均应较 2020 年现状削减 2.2%；2030 年目标为无锡市地表水受城市影响的控制断面优良（达到或优于Ⅲ类）水体占比达到 97%（其中 10%水体污染物浓度按照Ⅱ、Ⅲ类水质标准平均值，且剩余水体全部达到Ⅳ类，污染物浓度取Ⅲ、Ⅳ类水质标准下限平均值），同理计算得 2030 年进入无锡市城市水体内 COD 应再削减 5.1%，氨氮再削减 3.9%；2035 年目标为无锡市地表水受城市影响的控制断面优良（达到或优于Ⅲ类）水体占比达到 100%（其中 30%水体污染物浓度按照Ⅱ、Ⅲ类水质标准平均值），2035 年进入无锡市城市水体内 COD 应再削减 3.3%，氨氮再削减 5.9%。

　　模型中城区再生水利用率、建成区海绵城市建设占比和万元工业产值用水量与目标体系相对应，并利用模型中取水量分析城市未来水资源状况；水生态目标难以在模型中进行量化，依托水环境质量和水资源状况进行分析。后续考虑区域城市特点确定区域未来城市水体综合整治过程的重点方向，通过不同的措施及技术实现人均日综合生活用水量、万元工业产值用水量、城市污水集中处理率、城区再生水利用率、建成区海绵城市建设占比的阶段性提升，进而达到城市水生态环境的治理目标。

　　（3）情景方案设置和结果分析。模型选用人均日综合生活用水量、万元工业产值用水量、城市污水集中处理率、城区再生水利用率、建成区海绵城市建设占比作为系统调控参数，根据不同阶段的水环境目标设置近期、中期、远期三个阶段，并基于各阶段初始值设计不同发展方案（情景），即对调控参数赋值时采用不同的策略。

　　近期阶段（2021~2025 年）方案如下。

　　近期方案 1：按照预设目标值提高城区再生水利用率，达到海绵城市建设目标的城市建成区比例及万元工业产值用水量。

　　近期方案 2：在近期方案 1 的基础上适当提高城市污水集中处理率。

　　近期方案 3：在近期方案 1 的基础上控制人均日综合生活用水量。

　　近期方案 4：近期方案 2 与近期方案 3 叠加。

　　近期方案 5：在近期方案 2 的基础上缓慢控制人均日综合生活用水量。

各方案参数设置值如表 6-6 所示。

表 6-6　近期阶段（2021～2025 年）方案参数值

指标	2020 年现状	近期方案 1	近期方案 2	近期方案 3	近期方案 4	近期方案 5
城区再生水利用率/%	33.1	44	44	44	44	44
建成区海绵城市建设占比/%	20	50	50	50	50	50
万元工业产值用水量/m³	25.38	23	23	23	23	23
城市污水集中处理率/%	96.67	96.67	97	96.67	97	97
人均日综合生活用水量/L	232	254	254	240	240	245

将上述方案参数输入模型中并利用计算机进行模拟，相应模拟结果及分析如下。

根据图 6-6（a）所示的模拟结果，在近期方案 1 的发展模式下排入水体 COD 量总体呈现不断增加的状态；近期方案 3 的发展模式下排入水体 COD 量总体呈现比较平稳的波动状态；近期方案 2、近期方案 4 和近期方案 5 的发展模式下排入水体 COD 量总体呈现降低趋势，但降低幅度不同，其中近期方案 4 和近期方案 5 两种方案下能够使 2025 年无锡市排放至水体中的 COD 量满足 2025 年水环境质量目标。

根据图 6-6（b）所示的模拟结果，在近期方案 1 和近期方案 3 的发展模式下排入水体氨氮量总体呈现不断增加的状态；近期方案 2 的发展模式下排入水体氨氮量呈现比较平稳的波动状态，到 2025 年表现为较 2020 年略有下降；近期方案 4 和近期方案 5 的发展模式下排入水体氨氮量均呈现降低趋势，但降低幅度略有不同，其中近期方案 4 能够使 2025 年无锡市排放至水体中的氨氮量满足 2025 年水环境质量目标。

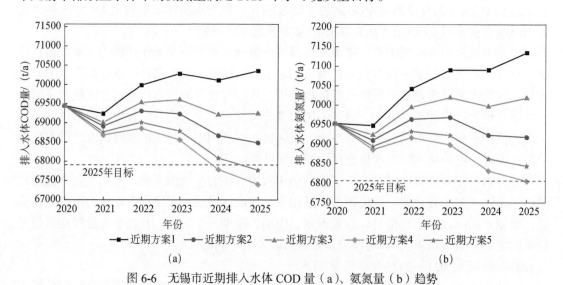

图 6-6　无锡市近期排入水体 COD 量（a）、氨氮量（b）趋势

由图 6-7 所示的模拟结果可以看到，5 种近期方案下无锡市未来 5 年的取水量均呈现缓慢上升的状态，但上升幅度很小，其中近期方案 4 的取水量上升最小。

综上所述，通过模型模拟结果对近期五种不同方案进行比较，其中近期方案 4 为最优方案，排入水体 COD 和氨氮量均能够达到 2025 年水环境质量目标，但取水量呈现略有增长的趋势。

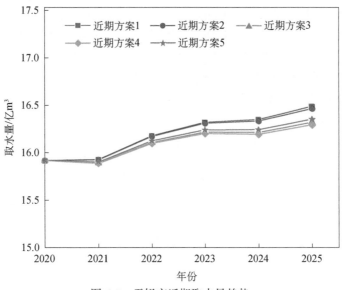

图 6-7　无锡市近期取水量趋势

中期阶段（2026～2030 年）方案如下。

中期方案 1：按照目标体系提高城区再生水利用率，达到海绵城市建设目标的城市建成区比例及万元工业产值用水量，且控制人均日综合生活用水量。

中期方案 2：在中期方案 1 的基础上进一步降低万元工业产值用水量。

中期方案 3：在中期方案 1 的基础上进一步提高城市污水集中处理率。

中期方案 4：在中期方案 1 的基础上严格控制人均日综合生活用水量不增长。

中期方案 5：在中期方案 2 和中期方案 4 叠加的基础上适当提高城市污水集中处理率。

各方案参数设置值如表 6-7 所示。

表 6-7　中期阶段（2026～2030 年）方案参数值

指标	2025 年最优	中期方案 1	中期方案 2	中期方案 3	中期方案 4	中期方案 5
城区再生水利用率/%	44	55	55	55	55	55
建成区海绵城市建设占比/%	50	60	60	60	60	60
万元工业产值用水量/m³	23	21	20	21	21	20
城市污水集中处理率/%	97	97	97	97.5	97	97.3
人均日综合生活用水量/L	240	245	245	245	240	240

中期阶段方案是在近期方案 4 的基础上设置了不同情景开展进一步预测模拟，将表 6-7 参数值输入模型中并利用计算机进行模拟，相应模拟结果及分析如下。

中期排入水体 COD 量模拟结果如图 6-8（a）所示，五种方案中中期方案 1 和中期方案 4 条件下的排入水体 COD 量均呈现先平稳后缓慢下降的趋势，但下降程度非常小；但中期方案 2、中期方案 3 和中期方案 5 均呈现不断下降的趋势，且排入水体 COD 量均能够在 2030 年达到预设水环境质量目标，其中中期方案 5 条件下的排入水体 COD 量下降最快。

中期排入水体氨氮量模拟结果图 6-8（b）所示，显示出与排入水体 COD 量相似的变化趋势，五种方案中中期方案 1 和中期方案 4 条件下的排入水体氨氮量呈现先增长后下降的趋势，但无论增长或下降，其速度都比较缓慢，到 2030 年总体可以认为与 2025 年状态保持一致；中期方案 2、中期方案 3 和中期方案 5 三种方案下排入水体氨氮量均呈现不断下降的趋势，下降幅度及速度有所差别，其中中期方案 3 能够勉强达到 2030 年预设水环境质量目标，中期方案 5 条件下排入水体氨氮量优于 2030 年预设水环境质量目标。

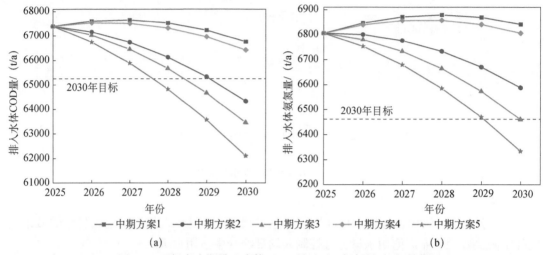

图 6-8 无锡市中期排入水体 COD 量（a）、氨氮量（b）趋势

五种中期方案下的无锡市取水量变化趋势差别较大（图 6-9），其中中期方案 1、中期方案 3 和中期方案 4 均表现出取水量不断提高的趋势；中期方案 2 和中期方案 5 均表现为取水量先增加后减少，在 2030 年取水量较 2025 年有所减少，但减少程度均不大，其中中期方案 5 取水量下降更明显。

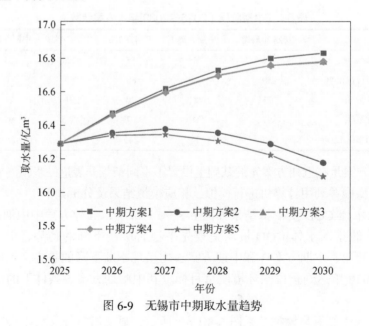

图 6-9 无锡市中期取水量趋势

综上所述，通过模型模拟结果对中期五种不同方案进行比较，其中中期方案 5 为中期最优方案，排入水体 COD 量和氨氮量均能达到 2030 年预设水环境质量目标，且取水量表现为下降趋势。

远期阶段（2031～2035 年）方案如下。

远期方案 1：按照目标体系达到海绵城市建设目标的城市建成区比例，提高城区再生水利用率，且进一步控制万元工业产值用水量。

远期方案 2：在远期方案 1 的基础上进一步提高城市污水集中处理率。

远期方案 3：在远期方案 1 的基础上严格控制人均日综合生活用水量下降。

远期方案 4：远期方案 2 与远期方案 3 叠加。

各方案参数设置值如表 6-8 所示。

表 6-8　远期阶段（2031～2035 年）方案参数值

指标	2030 年最优	远期方案 1	远期方案 2	远期方案 3	远期方案 4
城区再生水利用率/%	55	60	60	60	60
建成区海绵城市建设占比/%	60	70	70	70	70
万元工业产值用水量/m³	20	17	17	17	17
城市污水集中处理率/%	97.3	97.3	97.6	97.3	97.6
人均日综合生活用水量/L	240	240	240	230	230

远期阶段方案是在中期方案 5 的基础上设置了不同情景开展进一步预测模拟，将上述方案设置值输入模型中并利用计算机进行模拟，相应模拟结果及分析如下。

无锡市远期发展设置四种不同方案，排入水体 COD 量模拟结果如图 6-10（a）显示，排入水体 COD 量在四种方案下均呈现下降趋势，但不同方案的下降速度和幅度有所差别，远期方案 1 和远期方案 3 的下降趋势较小，远期方案 2 和远期方案 4 排入水体 COD 量均能够达到 2035 年预设水环境质量目标。

排入水体氨氮量模拟结果图 6-10（b）显示，无锡市远期四种发展方案下的排入水体氨氮量的发展趋势与排入水体 COD 量趋势相似，四种方案均表现出无锡市排入水体氨氮量不断下降的趋势，但不同方案中下降速度和幅度有所差别，其中远期方案 4 的发展模式下排入水体氨氮量能够达到 2035 年预设水环境质量目标。

四种远期方案下的无锡市取水量变化趋势差别较大（图 6-11），均表现出先增加后减小的趋势，其中远期方案 3 和远期方案 4 发展模式下表现为 2035 年取水量较 2030 年下降明显。

综上所述，通过模型模拟结果对远期四种不同方案进行比较，其中远期方案 4 为远期最优方案，排入水体 COD 量和氨氮量均能够达到 2035 年预设水环境质量目标，且取水量总体表现为下降趋势。

（4）可达性分析。根据上述近中远期模拟结果分析，选出一套无锡市未来近中远不同阶段发展的最优方案，具体方案指标如表 6-9 所示。

《无锡市海绵城市专项规划（2016—2030 年）》中明确功能目标达到、城市水环境全面达标、城市水生态有机修复、城市排水安全有效保障、城市水资源集约利用，该文件要求

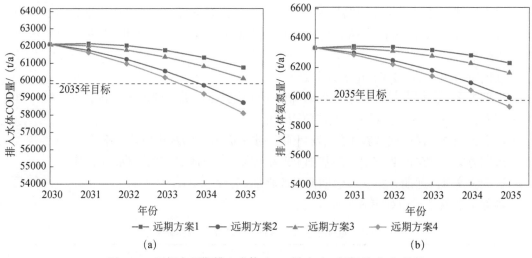

图 6-10　无锡市远期排入水体 COD 量（a）、氨氮量（b）趋势

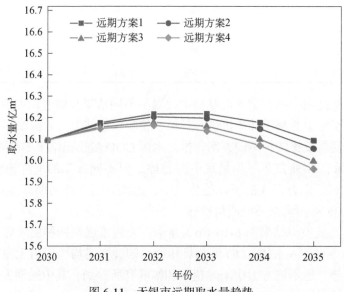

图 6-11　无锡市远期取水量趋势

至 2030 年城市建成区 80%以上的面积达到海绵城市建设目标，生态岸线比例不低于 80%，污水再生利用率不低于 55%。

表 6-9　无锡市近中远期不同阶段最优发展方案

指标	2020 年现状	近期最优方案	中期最优方案	远期最优方案
城区再生水利用率/%	33.1	44	55	60
建成区海绵城市建设占比/%	20	50	60	70
万元工业产值用水量/m³	25.38	23	20	17
城市污水集中处理率/%	96.67	97	97.3	97.6
人均日综合生活用水量/L	232	240	240	230

最优方案中城区再生水利用率 2025 年目标为 44%，2030 年目标为 55%，2035 年为 60%，无锡市城区再生水利用率从 2015 年的 27% 增长到 2020 年 33.1%，按照此发展趋势，结合《无锡市海绵城市专项规划（2016—2030 年）》中对无锡市提出污水再生利用率 2030 年不低于 55% 的要求，最优方案中再生水利用率目标具有较强可达性。

尽管《国务院办公厅关于推进海绵城市建设的指导意见》《无锡市海绵城市专项规划（2016—2030 年）》中目标值更高，但考虑实际海绵城市建设过程中的经济及其他约束条件，最优方案中建成区海绵城市建设占比 2025 年目标为 50%，2030 年目标为 60%，2035 年目标为 70%。在政策导向的促进作用和实际压力下，略低于文件要求的海绵城市建设目标值具有更强的可达性。

最优方案中万元工业产值用水量 2025 年目标为 23 m³，2030 年目标为 20 m³，2035 年目标为 17 m³。无锡市万元工业产值用水量历年来总体趋势为不断减小，但 2014～2016 年呈上升趋势（图 6-12），2010 年高于 60 m³，2017 年较 2016 年急剧下降，2020 年为 25.38 m³，根据历史趋势预测未来下降幅度会减小，而目标值恰恰较现状下降程度小，符合历史发展趋势，具有极强可达性。

最优方案中城市污水集中处理率 2025 年目标为 97%，2030 年目标为 97.3%，2035 年目标为 97.6%。无锡市城市污水集中处理率历年来不断增长，2010 年为 87.23%，2020 年为 96.67%，其中 2015 年和 2018 年分别有一次大幅提升（图 6-12），其他年份之间提升幅度较小，且随着其值不断靠近最大值，增长速度必然放缓，方案目标值为未来发展下限，按照历史发展趋势看目标具有较强可达性。

最优方案中人均日综合生活用水量 2025 年目标为 240 L，2030 年目标为维持在 240 L，2035 年目标为 230 L。如图 6-12 所示，无锡市人均日综合生活用水量 2010 年 197.6 L，2011 年下降为 142.7 L，之后总体呈现升高趋势，2019 年为 228 L（略高于全国平均 225 L），历年来总体增加。2025 年目标为控制在 240 L，仍然为增长趋势；2030 年目标为控制在

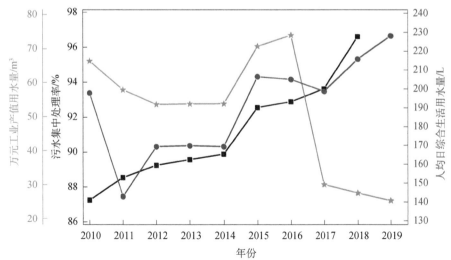

图 6-12　无锡市污水集中处理率、万元工业产值用水量、人均日综合生活用水量历史变化
资料来源：《中国城市年鉴》《中国城市建设统计年鉴》《江苏统计年鉴》《无锡市水资源公报》

240 L，2035 年目标为下降至 230 L，即控制其在 2025～2030 年保持稳定不增长，进一步在 2030～2035 年阶段下降，通过节水措施实现城市人均日综合生活用水量在未来 15 年近、中、远期三个阶段从增长到下降的过渡，具有较强可达性。

综上所述，无锡市水环境质量目标可达性强，通过提高污水收集、处理率，加强海绵城市建设等各种点源、面源治理手段的实施，同时适当控制城市人均日综合生活用水量、万元工业产值用水量，实现预设水环境质量目标是可行的；但是从模型中取水量这一指标来看，近期阶段的水资源情况不乐观，中远期略有改善，综合来说需要实行严格的生活及工业节水技术、政策管理等手段，实现预设水资源目标需要综合各方面措施。水生态目标以水环境质量及水资源状况为依托，在后两者改善带来的更好的物理生境前提下，需要进一步人为实施一系列水体生态修复手段，更大可能性实现水生态目标。

2）沈阳市案例

（1）模型检验。本模型历史检验时间段为 2010～2019 年，模型参数较多，本模型选取城镇人口、地区生产总值和工业总产值作为检验变量。模型状态变量初值选取 2010 年数据。沈阳市历史值检验结果如表 6-10 所示。

表 6-10　沈阳市历史值检验结果

年份	城镇人口			地区生产总值			工业总产值		
	模拟值/万人	历史值/万人	RE/%	模拟值/亿元	历史值/亿元	RE/%	模拟值/亿元	历史值/亿元	RE/%
2010	624.2	624.7	0.09	5036.6	5036.6	0.00	1712.4	1725.7	0.77
2011	632.5	632.6	0.01	5892.8	5927.8	0.59	1944.6	1971.4	1.36
2012	639.2	641.7	0.39	6541.0	6595.0	0.82	2093.1	2118.6	1.20
2013	643.8	649.8	0.92	6704.5	6762.9	0.85	2212.5	2258.3	2.03
2014	647.9	658.2	1.57	7039.8	7102.6	0.89	2252.7	2312.5	2.59
2015	651.9	667.8	2.38	7180.6	7269.2	1.22	2082.4	2142.0	2.78
2016	655.3	667.9	1.88	5529.0	5525.7	0.06	1879.9	1900.9	1.10
2017	658.7	673.6	2.21	5750.2	5784.7	0.60	1897.6	1918.9	1.11
2018	662.2	674.1	1.77	6037.7	6101.9	1.05	2052.8	2085.5	1.57
2019	665.4	674.1	1.29	6305.2	6292.4	0.20	2143.8	2178.6	1.60

由表 6-10 可以看出，本章构建的沈阳市城市水环境系统动力学模型对城镇人口、地区生产总值和工业总产值的模拟值与历史值相对误差均小于 10%，符合系统动力学所要求的误差范围，因此，可认为该模型符合所要研究的系统。

（2）沈阳市城市水环境综合整治目标。沈阳市地表水环境质量状况较差，略低于东北地区平均水平。该城市在东北地区属于比较发达的工业城市，存在大量的水资源浪费、城区再生水利用率偏低等问题，城市水资源供需矛盾比较突出，节水潜力较大。虽然近年新建了引浑济辽、引松入长等调水工程，在一定程度上缓解了用水矛盾，但仍不能满足城市的用水要求。沈阳市海绵城市建设比例较低，存在生态功能脆弱、生态基流保障不足等问题。

因此，根据沈阳市各指标现状及相关规划文件，制定出沈阳市城市水生态环境保护指标的预设目标，具体指标及目标值如表 6-11 所示。

表 6-11　沈阳市城市水生态环境保护指标及预设目标值

指标	2020 年现状	2025 年目标	2030 年目标	2035 年目标
受城市影响控制断面优良（达到或优于Ⅲ类）比例/%	60～65	70～75	80～85	90～95
城市水体劣Ⅴ类和黑臭水体比例/%	0	0	0	0
城区再生水利用率/%	20	25	30	40
建成区海绵城市建设占比/%	10	15	30	50
万元工业产值用水量/m³	21	18	15	13
水生生物完整性指数	中等	中等	良好	优秀

根据沈阳市现状及预设目标值，2025 年沈阳市地表水Ⅲ类及以上水体比例应达到 75%，2030 年沈阳市地表水Ⅲ类及以上水体比例应达到 85%，2035 年沈阳市地表水Ⅲ类及以上水体比例应达到 95%，同上计算得，2025 年排入沈阳市城市水体内污染物应较 2020 年现状削减 4.2%，2030 年排入沈阳市城市水体内污染物应较 2020 年现状削减 8.5%，2035 年排入沈阳市城市水体内污染物应较 2020 年现状削减 12.8%。

（3）情景方案设置和结果分析。

近期阶段（2021～2025 年）方案如下。

近期方案 1：保持现状，不进行任何规划。

近期方案 2：单独提高城区再生水利用率。

近期方案 3：单独降低万元工业产值用水量。

近期方案 4：近期方案 2 和近期方案 3 进行叠加。

近期方案 5：在近期方案 2 的基础上改变人均日综合生活用水量。

近期方案 6：在近期方案 4 的基础上按照目标体系达到建成区海绵城市建设占比。

近期方案 7：在近期方案 6 的基础上改变人均日综合生活用水量。

近期方案 8：在近期方案 2 的基础上改变污水集中处理率，再按照目标体系达到建成区海绵城市建设占比。

各方案参数设置值如表 6-12 所示。

表 6-12　沈阳市近期方案设置

指标	近期方案 1	近期方案 2	近期方案 3	近期方案 4	近期方案 5	近期方案 6	近期方案 7	近期方案 8
人均日综合生活用水量/L	250	250	250	250	240	250	240	250
城区再生水利用率/%	20	25	20	25	25	25	25	25
万元工业产值用水量/m³	21	21	18	18	21	18	18	21
城市污水集中处理率/%	96	96	96	96	96	96	96	97
建成区海绵城市建设占比/%	10	10	10	10	10	15	15	15

将上述方案参数设置值输入模型并利用计算机进行模拟，相应模拟结果如图 6-13 和图 6-14 所示。

根据模拟结果显示，保持现状或仅对城区再生水利用率、万元工业产值用水量的规划值进行修改，近期阶段内排入水体 COD 量、氨氮量会持续增加，城市水环境状况不会改善，无法达到预设的 2025 年水环境质量改善目标。因此，需要在近期方案 2 和近期方案 3 的基础上进一步改变人均日综合生活用水量、建成区海绵城市建设占比等参数，并进行系统模拟。模拟结果显示在通过方案叠加后，排入水体 COD 量、氨氮量的上升幅度变缓，近期方案 7 的设定可以满足 2025 年沈阳市对 COD、氨氮水环境质量目标体系规划值的要求，而且取水量也呈下降趋势。因此，沈阳市要达到 2025 年设定的目标值，需要提高城区再生水利用率，降低万元工业产值用水量，加强海绵城市建设，适当降低人均日综合生活用水量。

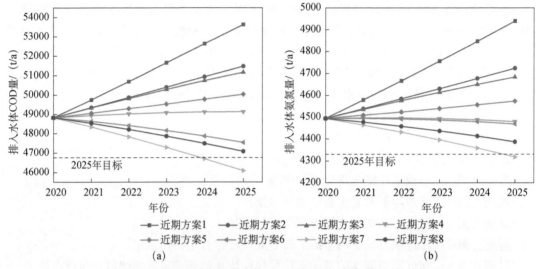

图 6-13　沈阳市近期排入水体 COD 量（a）、氨氮量（b）趋势

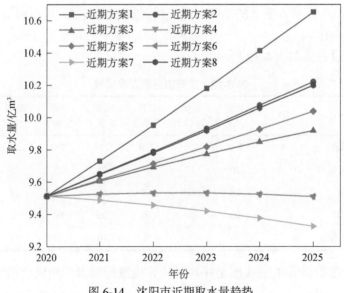

图 6-14　沈阳市近期取水量趋势

中期阶段（2026～2030 年）方案如下。

中期方案 1：保持现状，不进行任何规划。

中期方案 2：单独提高城区再生水利用率。

中期方案 3：单独降低万元工业产值用水量。

中期方案 4：中期方案 2 和中期方案 3 进行叠加。

中期方案 5：在中期方案 2 的基础上改变人均日综合生活用水量。

中期方案 6：在中期方案 4 的基础上按照目标体系达到建成区海绵城市建设占比。

中期方案 7：在中期方案 6 的基础上改变人均日综合生活用水量。

中期方案 8：在中期方案 2 的基础上改变污水集中处理率，再按照目标体系达到建成区海绵城市建设占比。

各方案参数设置值如表 6-13 所示。

表 6-13　沈阳市中期方案设置

指标	中期方案 1	中期方案 2	中期方案 3	中期方案 4	中期方案 5	中期方案 6	中期方案 7	中期方案 8
人均日综合生活用水量/L	240	240	240	240	230	240	230	240
城区再生水利用率/%	25	30	25	30	30	30	30	30
万元工业产值用水量/m³	18	18	15	15	18	15	15	18
城市污水集中处理率/%	96	96	96	96	96	96	96	97
建成区海绵城市建设占比/%	15	15	15	15	15	30	30	30

将上述方案设置值输入模型中并利用计算机进行模拟，相应模拟结果如图 6-15 和图 6-16 所示。

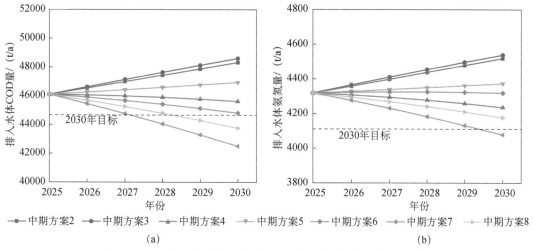

图 6-15　沈阳市中期排入水体 COD 量（a）、氨氮量（b）趋势

中期阶段方案是在近期方案 7 的基础上设置了不同情景开展进一步预测模拟。模拟结果显示，到 2030 年中期方案 2 至中期方案 6 的排入水体 COD 量均达不到预设的目标值，中期方案 7 和中期方案 8 满足要求；而其中能达到 2030 年入水体氨氮预设目标值的只有中期方案 7，且取水量也呈下降趋势，即中期方案 7 为该阶段最优方案。因此，沈阳市要

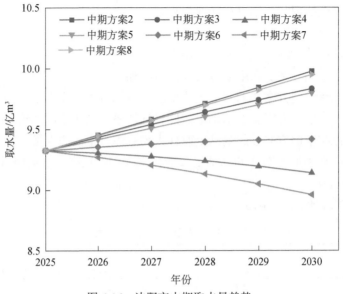

图 6-16 沈阳市中期取水量趋势

达到 2030 年设定的水环境质量目标值，需要进一步提高城区再生水利用率，降低万元工业产值用水量，加强海绵城市建设，适当降低人均日综合生活用水量。

远期阶段（2031～2035 年）方案如下。

远期方案 1：保持现状，不进行任何规划。

远期方案 2：单独提高城区再生水利用率。

远期方案 3：单独降低万元工业产值用水量。

远期方案 4：远期方案 2 和远期方案 3 进行叠加。

远期方案 5：在远期方案 2 的基础上改变人均日综合生活用水量。

远期方案 6：在远期方案 4 的基础上按照目标体系达到建成区海绵城市建设占比。

远期方案 7：在远期方案 6 的基础上改变人均日综合生活用水量。

远期方案 8：在远期方案 2 的基础上改变污水集中处理率，再按照目标体系达到建成区海绵城市建设占比。

各方案参数设置值如表 6-14 所示。

表 6-14 沈阳市远期方案设置

指标	远期方案 1	远期方案 2	远期方案 3	远期方案 4	远期方案 5	远期方案 6	远期方案 7	远期方案 8
人均日综合生活用水量/L	230	230	230	230	220	230	220	230
城区再生水利用率/%	30	40	30	40	40	40	40	40
万元工业产值用水量/m³	15	15	13	13	15	13	13	15
城市污水集中处理率/%	96	96	96	96	96	96	96	97
建成区海绵城市建设占比/%	30	30	30	30	30	50	50	50

将上述方案设置值输入模型中并利用计算机进行模拟，相应模拟结果及分析如图 6-17 和图 6-18。

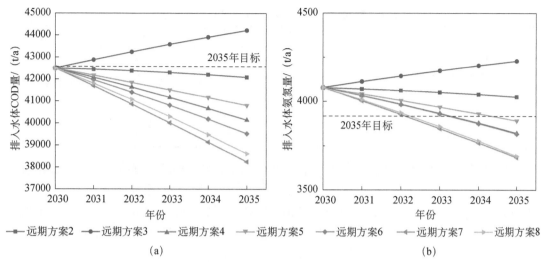

图 6-17　沈阳市远期排入水体 COD 量（a）、氨氮量（b）趋势

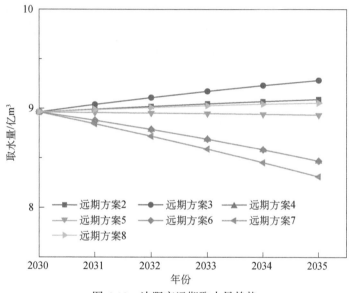

图 6-18　沈阳市远期取水量趋势

　　远期阶段的方案是在中期方案 7 的基础上设置了不同情景开展进一步预测模拟。模拟结果显示，到 2035 年远期方案 3 未达到预设的排入水体 COD 量目标值，远期方案 2 和远期方案 3 未达到预设的排入水体氨氮量目标值，远期方案 2、远期方案 3、远期方案 5 和远期方案 8 取水量不满足下降趋势，因此可以选取远期方案 4、远期方案 6 和远期方案 7。通过考虑沈阳市相关规划文件要求到 2030 年海绵城市建设比例达到 80% 以上，按此趋势到 2035 年将海绵城市的建设比例提升至 90%，因此选取最优远期方案 6，即提高城区再生水利用率，降低万元工业产值用水量，提高建成区海绵城市建设占比。

　　（4）可达性分析。根据上述近中远期模拟结果分析，选出一套沈阳市未来近期、中期、远期不同阶段的最优发展方案，具体方案指标如表 6-15。

表 6-15　沈阳市近中远期不同阶段最优发展方案

指标	2020 年现状	近期最优方案	中期最优方案	远期最优方案
城区再生水利用率/%	20	25	30	40
建成区海绵城市建设占比/%	10	15	30	50
万元工业产值用水量/m³	21	18	15	13
城市污水集中处理率/%	96	96	96	96
人均日综合生活用水量/L	250	240	230	230

《沈阳市海绵城市建设管理办法》中提出改善城市生态环境，规范海绵城市建设管理活动，构建"全市域推广、全流程管控"的海绵城市建设格局，通过"渗、滞、蓄、净、用、排"等综合措施，最大限度地减少城市开发建设对生态环境的影响，将 80% 以上的降雨就地消纳和利用。到 2020 年，城市建成区 20% 以上的面积达到海绵城市目标要求；到 2030 年，城市建成区 80% 以上的面积达到海绵城市目标要求。

最优方案中城区再生水利用率 2025 年目标 25%，2030 年目标 30%，2035 年目标 40%，沈阳市相关文件规定，到 2025 年沈阳市城区再生水利用率和国家线保持一致，即从 2020 年的 20% 增长到 2025 年的 25%，趋势为不断增长，结合规划文件中的要求，最优方案中城区再生水利用率目标具有较强可达性（图 6-19）。

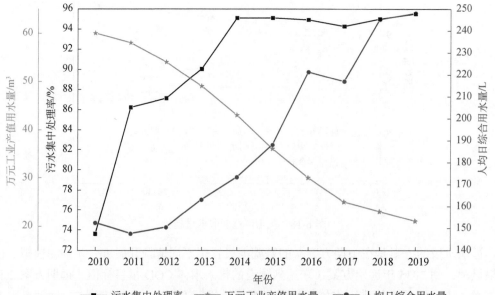

图 6-19　沈阳市污水集中处理率、万元工业产值用水量和人均日综合用水量历史变化

尽管《国务院办公厅关于推进海绵城市建设的指导意见》和《沈阳市海绵城市专项规划》中目标值更高，但考虑实际海绵城市建设过程中的经济和其他约束条件，最优方案中建成区海绵城市建设占比 2025 年目标为 15%，2030 年目标为 30%，2035 年目标为 50%。在政策导向的促进作用和实际压力下，略低于文件要求的海绵城市建设目标值具有更强的可达性。

最优方案中万元工业产值用水量 2025 年目标为 18 m³，2030 年目标为 15 m³，2035 年目标为 13 m³。沈阳市万元工业产值用水量历年来不断减小，2010 年达到 60 m³，2020 年为 21 m³，目标值符合历史发展趋势，具有极强可达性。

最优方案中城市污水集中处理率在 2020 年已经达到 96%，预设未来十五年污水收集率可保持现状或继续增长，目标值符合历史发展趋势，具有极强可达性。

最优方案中人均日综合生活用水量 2025 年目标为 240 L，2030 年目标为 230 L，2035 年目标为 230 L。沈阳市人均日综合生活用水量 2010 年及 2011 年分别为 152 L 和 147 L，2018 年为 245 L，总体趋势不断升高，但增长幅度越来越慢。2025 年目标控制在 240 L，使人均日综合生活用水量有一个缓慢下降；2030 年目标为控制在 230 L，2035 年目标保持不变，由于沈阳市水资源浪费比较严重，节水潜力较大，在未来 15 年近中远期三个阶段，通过节水措施使城市人均日综合生活用水量下降，具有较强可达性。

综上所述，沈阳市受城市影响控制断面优良（达到或优于Ⅲ类）比例和城市水体劣 V 类和黑臭水体比例两项水环境质量目标可达性强，通过提高污水收集处理率，加强海绵设施建设，适当控制城市人均日综合生活用水量、万元工业产值用水量等，实现预设水环境质量目标是可行的；沈阳市水资源浪费比较严重，需要实行严格的生活及工业节水等手段，来达到预设水资源目标；水生态目标以水环境质量及水资源状况为依托，需要进一步实施水体生态修复手段，达到预设的水生态目标。

值得注意的是，案例城市方案里水质现状均参照市生态环境局官方网站公布的省考断面水质类别，无法查阅市控甚至更具体的断面水质情况，但在具体进行城市规划时，可以综合城市内市控断面或城市小区域内街镇水质断面等更精确的水质情况进行分析研判；另外同样由于资料有限，为简化问题本案例对城市地表水量及水质进行了理想假设，具体城市实施时建议有针对性地对水量水质进行具体统计以达到更接近真实污染物现状的模拟效果。

第 7 章　城市水环境容量和污染负荷削减量分配计算

城市水环境目标确定以后，需要对城市水生态环境保护目标中各项指标的实现进行规划。其中，为了实现城市水生态环境保护目标中三个水环境质量目标[受城市影响控制断面优良（达到或优于Ⅲ类）比例、城市水体水功能区达标比例、城市水体劣Ⅴ类和黑臭水体比例]，需要对城市各功能区单元水环境容量进行计算，超过水环境容量的部分，进行污染负荷削减分配。本章给出了城市水环境容量计算方法和污染负荷削减量分配计算方法。

7.1　城市水体功能区及主控污染指标确定

城市水体功能区是满足城市水资源合理开发利用和保护不同要求的功能水域。依据地表水水域环境功能和保护目标，结合各个城市工业生产结构布局、城镇布局、人口分布、污水排放量以及相关部门的发展规划，将地表水依次划分为五类功能［详见《地表水环境质量标准》（GB 3838—2002）］。根据城市水体具体所处的水域功能区类别，确定执行相应类别的水质标准值。城市水域功能划分主要由地方相关政府部门完成，有关流域机构负责指导、协调工作。

城市水环境容量的计算，首先需要按照第 5 章所载方法确定该城市水环境主控污染指标，之后选取合适的水环境容量计算方法对主控污染指标进行水环境容量计算和主控污染指标削减分配。例如，由第 5 章无锡市民丰河水体水生态环境特征解析案例可知，利用主控污染超标评价指数法，无锡市民丰河主控污染指标为氨氮和总磷，所以需要对无锡市民丰河水体氨氮和总磷进行水环境容量和污染负荷分配计算。

7.2　城市水体功能区环境容量计算

7.2.1　城市水体水质浓度预测

城市水体污染负荷预测实质是对城市水体水质参数浓度的预测，是在考虑上游污染物输入量、沿程点面源污染排放量和水体水文条件下，对城市水体沿程水质参数浓度变化的模拟，并用已知监测点位数据进行模型和结果值的率定和校准。通常以水体功能区和控制监测点位为空间载体，建立污染源、排口、水质断面（水功能区和控制单元）的输入响应关系，精细化掌握断面污染指标浓度和通量。城市水体沿程水质参数浓度预测为城市水环境容量的精确核算打下基础。

1. 城市水环境数据调查

城市水环境调查包括调查与评价水域水文（流速、流量、水位等）和水质资料（多项水质参数的浓度值），同时收集水域内的排口资料（废水排放量与污染物浓度）、支流资料（支流水量与水质参数浓度）、取水口资料（取水量与取水方式）、污染源资料等（排污量、排污去向与排放方式），形成数据库。

2. 城市水体水质参数浓度预测方法

为了实现城市各功能区单元水质参数浓度达标，需对各单元功能区水质参数浓度进行预测。水质参数浓度预测的方法为水质模型法，依据不同城市水体特点和水质的差异，水质模型又可分为零维水质模型、一维水质模型和二维水质模型，其中，零维水质模型和一维水质模型在城市水体参数浓度预测中较为常用。

1）城市河流零维水质模型

（1）河流零维水质模型适用条件。城市河流水体符合下列四个条件之一的可概化为零维问题：①河水流量与污水流量之比大于 10～20；②不需考虑污水进入水体的混合距离；③不考虑混合距离的重金属污染物、部分有毒物质等其他保守物质的下游浓度预测与允许纳污量的估算；④有机物降解性物质的降解项可忽略时，可采用零维水质模型。需要注意的是：对于有机物降解性物质，当需要考虑降解时，可采用零维水质模型分段模拟，但计算精度和实用性较差，最好用一维水质模型求解。

（2）河流零维水质模型计算方法。

第一，零维点源。对于点源，河水和污水的稀释混合方程为

$$C_{河} = \frac{C_u Q_u + C_E Q_E}{Q_u + Q_E} \quad (7-1)$$

式中，$C_{河}$ 为评价河段末端（完全混合后）的河流水质参数浓度，mg/L；Q_u、C_u 分别为上游来水水量（m³/s）与水质参数浓度（mg/L）；Q_E、C_E 分别为点源污水流量（m³/s）与污水参数浓度（mg/L）。

第二，零维面源。对于沿程有面源分布入流时，可按下式计算河段污染物的浓度：

$$C_{河} = \frac{C_u Q_u + C_E Q_E}{Q_x} + \frac{W_S}{86.4 Q_x} \quad (7-2)$$

$$Q_x = Q_u + Q_E + \frac{Q_S}{X} x \quad (7-3)$$

式中，X 为计算河段总长度，km；x 为计算点位距离计算河段起点的沿程距离，km；W_S 为计算河段起点到计算点位范围内（0～x）非点源汇入的污染物总负荷量，kg/d；Q_x 为下游距离 x 处的河段流量，m³/s；Q_S 为沿程河段内（$x=0$ 到 $x=X$）汇入的非点源流量，m³/s。

汤洁等（2010）选取总磷、总氮、COD$_{Mn}$ 等监测数据，运用河流零维水质模型，对西流松花江沿岸三个主要城市（吉林市、长春市、松原市）9 个代表性监测断面进行了评

价，分析其取排水量和径流变化对河流水质的影响。研究结果表明，虽然位于西流松花江干流的吉林市和松原市取、排水量较大，但因河流径流量大和自净能力强，故水质良好，而位于西流松花江支流伊通河的长春市因取、排水量大和河流径流量小等原因，水质较差，并影响汇入西流松花江干流后的下游水质，零维河流完全混合水质模型有效地反映了污染物完全混合状态下的自然稀释情况。

2）城市湖库零维水质模型

（1）湖库零维水质模型适用条件。城市湖库水体符合下列条件可概化为零维问题：①污染物不存在分层现象；②无须考虑城市范围湖库富营养化问题和热污染问题；③停留时间很长、水质相对稳定的湖泊和水库，其环境问题均可按零维水质模型处理。

（2）湖库零维水质模型计算方法。当以年为时间尺度来研究城市湖库的污染物变化过程时，往往可以把湖库看作一个完全混合反应器即箱式模型，考虑到水质组分在反应器内的反应符合一级反应动力学，这种箱式模型的计算方程为

$$Q_湖 C_入 - Q_湖 C_湖 - K C_湖 V_湖 = 0 \tag{7-4}$$

$$C_湖 = C_入 \left(\frac{1}{1 + Kt} \right) \tag{7-5}$$

式中，$V_湖$ 为湖库中水的体积，m^3；$Q_湖$ 为平衡时流入与流出湖库的流量，m^3/a；$C_入$ 为流入湖库的水量中水质参数浓度，mg/L；$C_湖$ 为湖库中水质参数浓度，mg/L；K 为一级反应速率常数，$1/s$；t 为水力停留时间，s。

惠州西湖属于典型的浅水型城市湖泊。应文晔等（2005）在对惠州西湖实地调查获得2003～2005 年监测数据的基础上，建立了零维总磷模型，并对模型参数进行了率定和校正，采用该模型对 2003 年 10 月到 2004 年 9 月进行了总磷浓度的验证，表明该模型适用于惠州西湖水质的预测。在此基础上，根据西湖底泥磷释放率特征对模型进一步修正，大大降低了原模型模拟误差，更精确地拟合了惠州西湖总磷浓度的动态变化，有助于西湖长期预测工作的进一步开展。

3）城市河流一维水质模型

（1）河流一维水质模型适用条件。对于城市河流而言，一维水质模型假定水质参数浓度仅在河流纵向上发生变化，主要适用于同时满足以下条件的河段：①若河段长度大于式（7-6）计算的结果时，可以采用一维水质模型进行模拟；②污染物在较短的时间内基本能混合均匀；③横向和垂向的水质参数浓度梯度可以忽略。

$$l = \frac{(0.4B - 0.6a) Bu}{(0.058H_河 + 0.0065B) \sqrt{gH_河 J}} \tag{7-6}$$

式中，l 为混合过程段长度，km；B 为河流宽度，m；a 为排放口距岸边的距离，km；u 为河流断面平均流速，m/s；$H_河$ 为平均河流水深，m；g 为重力加速度，m/s^2；J 为河流坡度。

（2）河流一维水质模型计算方法。在忽略弥散作用时，描述河流污染物一维稳态水质模型方程为

$$C_河 = C_0 e^{-Kx/u} \tag{7-7}$$

式中，C_0 为前一个节点后水质参数浓度，mg/L。

金文婧（2020）通过一维水质模型对石碣镇内河涌水环境容量进行计算，得到不同单元的水环境容量。结果表明：石碣镇一、二单元 2019 年 COD 水环境容量分别为 831.73 t、971.22 t，氨氮水环境容量分别为 43.13 t、41.70 t。结合 2019 年污染物排放量可得当年各单元的排污量均大幅度超过了相应的水环境容量允许范围。

4）城市湖库一维水质模型

（1）湖库一维水质模型适用条件。在一个深且存在强烈热分层现象的湖库中，一般认为纵向的温度和浓度梯度是影响水质的主要因素，此时湖泊水库的水质变化可用一维水质模型来模拟。

（2）湖库一维水质模型计算方法。

第一，春夏季分层期（$0 \leqslant t/86400 < t_1$），考虑分层现象，上下各层内视为完全混合。

$$C_E = \frac{C_{PE} Q_{PE} / V_E}{K_{mE}} - \frac{\left(C_{PE} Q_{PE} / V_E - K_{mE} C_{湖}\right)}{K_{mE}} \exp\left(-K_{mE} t\right) \qquad (7\text{-}8)$$

$$C_H = \frac{C_{PH} Q_{PH} / V_H}{K_{mH}} - \frac{\left(C_{PH} Q_{PH} / V_H - K_{mH} C_{湖}\right)}{K_{mH}} \exp\left(-K_{mH} t\right) \qquad (7\text{-}9)$$

$$K_{mE} = \frac{Q_{PE}}{V_E} + \frac{K}{86400} \qquad (7\text{-}10)$$

$$K_{mH} = \frac{Q_{PH}}{V_H} + \frac{K}{86400} \qquad (7\text{-}11)$$

式中，t_1 为分层期天数，d；C_E 为分层湖库上层水质参数平均浓度，mg/L；C_{PE} 为排入分层湖库上层的水质参数浓度，mg/L；Q_{PE} 为排入分层湖库上层的废水流量，m³/s；V_E 为分层湖库上层体积，m³；K_{mE} 为上层均匀混合后的反应常数，1/s；C_H 为分层湖库下层水质参数平均浓度，mg/L；C_{PH} 为排入分层湖库下层的水质参数浓度，mg/L；Q_{PH} 为排入分层湖库下层的废水流量，m³/s；V_H 为分层湖库下层体积，m³；K_{mH} 为下层均匀混合后的反应常数，1/s。

第二，秋冬季非分层期（$t_1 \leqslant t/86400 < t_2$），不考虑分层现象，视为完全混合：

$$C_M = \frac{C_P Q_P / V_{湖}}{K_m} - \frac{\left(C_P Q_P / V_{湖} - K_m C_{湖}\right)}{K_m} \exp\left(-K_m t\right) \qquad (7\text{-}12)$$

$$K_m = \frac{Q_P}{V_{湖}} + \frac{K}{86400} \qquad (7\text{-}13)$$

式中，t_2 为分层期起始时间到非分层期结束的天数，d；C_M 为湖库水质参数平均浓度，mg/L；C_P 为排入湖库的水质参数浓度，mg/L；Q_P 为排入湖库的废水流量，m³/s；K_m 为湖库均匀混合后的反应常数，1/s。

杨传智（1991）根据分层型水库水质变化特点，综合分析了龙滩水库流态、进出水流特性、界面热交换、水体自净作用等众多因素的影响，建立反映水体污染物迁移转化规律的分层垂向一维水库水质模型，根据龙滩水库水温、生化需氧量（BOD）和溶解氧（DO）的计算结果分析，获得了一批有价值的规律性成果。

3. 水质模型软件推荐

水质模型应用是通过一系列的数学公式来描绘和预测水环境现状和变化的过程，具有推导未知、分析现状、预测未来的作用，具有便利性、高效性、准确性的特点。在城市水环境综合整治的水环境容量计算过程中，主要依靠水质模型软件来实现沿程水质参数浓度的模拟。目前水质模型主要分为集水区水质模型和受纳水体水质模型，各类模型代表性软件介绍如下。

1）集水区水质模型

（1）HSPF水质模型。HSPF水质模型是由美国国家环境保护局开发维护的一个半分布式综合性流域模型。HSPF水质模型将常见的污染物和毒性有机物模拟纳入模型中，能够实现多种污染物地表、壤中流过程及蓄积、迁移、转化的综合模拟，同时能够实现不同时空尺度的降雨、下渗等过程的动态和连续模拟。其优点是软件全面、精度高、模拟不同时间维度，局限性是只限均匀混合河流、对数据要求较高、无下垫面模拟。

孙滔滔等（2020）构建了一个基于HSPF的分布式模型，利用东江流域407个子流域的12个水文站数据来研究东江流域径流和氮磷的时空分布与迁移演化规律，模型模拟结果表明：①东江干流上游龙川站氨氮浓度最低，河源站最高。从龙川站到博罗站氨氮浓度年际间变化不大，但是月与月之间浓度变化较大；②东江干流的总氮浓度上下游变化不大，表明上游的氨氮部分转化为硝态氮。各个站的总氮浓度年际间变化不大，主要受降雨径流及面源污染的影响；③东江干流总磷浓度上游龙川站浓度最低，河源站最高。从河源站到岭下站再到博罗站总磷浓度递次降低。各个站的总磷浓度年际变化不大，汛期（4~9月）浓度高于非汛期表明水质受汛期来水和面源污染的影响很大；④分布式流域模型为研究东江流域复杂的水文水质及各种污染因子的时空分布特征提供了一个有效的方法。可靠的数据是构建模型的关键，因此应该把监测和收集流域内的水文水质数据作为东江流域未来污染研究的一个重点。

（2）SWAT水质模型。SWAT水质模型是由美国农业部（United States Department of Agriculture，USDA）的农业研究中心在1994年开发的，是一种基于地理信息系统（geographic information system，GIS）的分布式流域水文模型，可用于模拟多种不同的水文物理化学过程，如水量、水质，以及杀虫剂的输移与转化过程。其优点是空间适用广、应用广泛、操作界面友好，局限性是数据要求高、数据库主要针对北美地区（即部分固定参数需本土化）。

景梦园等（2021）在七台河市万宝河开展基于SWAT水质模型的水质模拟，在此基础上，开展了河道清水源工程治理万宝河黑臭水体成效分析。模拟期为2017年1月至2020年11月，以月为模拟步长。结果显示，模型拟合度较高，可以保证模型的准确性。$NH_3\text{-}N$与BOD浓度随着清水源工程补水量的提高而降低，DO浓度随着清水源工程补水量的提高而增高。

（3）SWMM水质模型。SWMM水质模型是一个动态的降水–径流模拟模型，主要用于模拟城市某一单一降水事件或长期的水量和水质。自1971年开发以来，已经经历过多次升级。在世界范围内广泛应用于城市地区的暴雨洪水、合流式下水道、排污管道以及其他排水系统的规划、分析和设计，在其他非城市区域也有广泛的应用。其优点是为海绵设施建设提供支持、模拟细节、功能强大、有下垫面模拟，局限性在于数据要求较高（管网、构筑物高程等），可能导致模型不确定性。

孙许（2021）针对水库上游河流水质污染物状态演化特征引入 SWMM 水质模型，以饱和污染物累积常数与指数常数分别作为累积/冲刷模型，研究降雨强度、城市工业化程度下水质参数浓度变化，得到了以下结论：①研究了河流水质受水量与冲刷两方面因素影响，以 SWMM 水质模型作为模拟计算，实测值与模拟值一致性良好，模型适用性较佳；②获得了降雨强度对水质影响特征，各降雨强度下化学污染物浓度随降雨时间均呈先增后减变化，降雨强度愈大，化学污染物峰值浓度与增长速率均愈高，COD 含量、TP 含量的峰值浓度出现时间节点随降雨强度增大逐渐提前，而氨氮含量的峰值浓度出现时间节点基本一致；③各污染物含量峰值浓度均位于同一时间节点，在降雨第 56～59 min，工业化程度愈高，污染物峰值浓度愈大。

2）受纳水体水质模型

（1）QUAL2K 模型。QUAL2K 模型是美国国家环境保护局推出的一个综合性、多用途的河流一维横向稳态综合水质模型，是国内外河流水质模拟及河流规划管理实践中应用最广泛的模型之一。QUAL2K 模型构建主要基于以下假设：①河流河段可分成一系列连续的一维计算单元水体，且各个单元水体内污染物混合均匀；②单元水体内污染物沿水流方向平流迁移，紊流和扩散等作用均发生在主流方向，与浓度梯度一致；单元内流量和旁侧入流不随时间变化；③相同的单元水体内具有相同的水力特性（坡度、过流面积和表面糙率）与生化反应速率、沉降速率等；④单元水体内生物转化反应和沉降过程符合一级反应动力学方程。

浙江大学方晓波（2009）利用 QUAL2K 模型和一维水质模型模拟了 2009 年钱塘江流域的水质，估算了 COD、NH_3-N 和 BOD 在水体中的容量。利用 TMDL 管理模型对整个流域典型河段 COD、NH_3-N 和 BOD 负荷的减少和分布进行研究，为流域总量控制提供理论依据；南昌大学黄学平（2005）采用 QUAL2K 模型和一维重金属迁移转化水质模型，于 2013 年对江西省贫瘠河流环境进行了全面测量。该模型模拟了 COD、NH_3-N、Cu、Pb 等河流中水质参数采用分析方法和功能区第一控制方法进行定量计算，为当地地方政府开展水污染防治提供了技术依据；河海大学周益娟（2006）根据秦淮河水质特征，选择 DO、NH_3-N 和 COD 作为模拟因子，采用 QUAL2K 模型构建了秦淮河水质优化管理模型。自 1970 年以来 QUAL-Ⅱ系列模型已应用于国外许多河流和河流的水质模拟的实际应用中。除了一些河段，误差一般在 20%以内，模拟结果相对较好地匹配了实际监测值。

（2）WASP 模型。1983 年美国国家环境保护局发布了 WASP 模型，经多次修订，目前最新版本是 WASP8.32，能够在 64 位 Mac、Windows 7 或更高版本系统下运行且具有可视化操作界面。其优点是应用广泛、属于多维度动态模型、精度较高；局限性在于数据要求高。

WASP 模型可以应用到突发水污染事故中，对各种水体中的污染物质进行模拟，应用较多较成熟的污染物指标包括水温、pH、总氮、溶解氧、生化需氧量等。张青梅等（2014）采用 WASP 模型模拟湘江株洲段丰水期镉浓度，并进行镉污染负荷测算与分配，较好地反映了镉浓度变化规律。高鹏（2011）采用 WASP 模型对松花江酚类污染物迁移转化过程进行模拟，为评估酚类污染物在水环境的迁移转化做出了贡献。

WASP 模型被广泛应用于水体富营养化问题的研究中，模拟营养物富集、富营养化和消耗溶解氧的过程。杨平等（2011）运用 WASP 模型研究河流富营养化问题。其研究表明较以往的经验回归等统计模型，WASP 模型更能反映河流富营养化问题的动态变化规律。

（3）CE-QUAL-W2 模型。CE-QUAL-W2 模型是二维横向平均水动力学和水质模型，由美国陆军工程兵团水道实验站研发，该模型假设横向流动状况相同，尤其适用于相对狭长的水体的水质评估，对于河流、湖泊、水库及河口均适宜，其优点是精度高、模拟不同时间维度、操作界面友好，但只限于二维水质和水动力模拟。

方爱红等（2012）通过 CE-QUAL-W2 模型来模拟上海市江心水库的水质状况，初步模拟了水库中不同深度水层的水质状况，并将实验期间采集到的地表径流数据作为入流源。其研究得到以下结论：①模型预测水质状况的模型计算值与实测值接近，呈正相关关系，AME 和 RMS 值较好，模型计算值也基本与实际情况吻合。利用 CE-QUAL-W2 模型可以较为方便地模拟出水库的水动力学和水质状况。②通过实测值与预测值拟合情况对比得出，地表径流挟带的污染物与水库水质状况呈正相关的关系。面源污染是影响水库水质的一个重要因素。

（4）EFDC 模型。1996 年美国弗吉尼亚州海洋所开发出三维地表水水质数学模型 EFDC 模型，可实现河流、湖泊、水库、湿地系统、河口和海洋等水体的水动力学和水质模拟。其优势是应用范围广，适用于多维度非稳态模拟；局限性是开发软件难以获得且数据要求高。

卢诚等（2020）基于 EFDC 模型，建立了十堰市重污染河流神定河的水动力水质模型，同时考虑点源和面源污染输入，通过对率定期和验证期模拟值与实测值的相对误差、R^2、纳什效率系数（NSE）等进行统计分析，表明该模型能够较好地反映神定河的水动力水质过程。通过设计新建项目，研究其对下游及出口的水质影响。研究结果表明，新建项目只要实现达标排放，在水流的扩散、稀释等作用下，对下游 NH_3-N 的影响不明显。情景分析可为评估新建项目的水环境影响提供思路。神定河水动力水质模型的构建，形成了本地化的水动力和水质参数库，可为神定河的水质预报预警业务化运行、突发水污染事故应急模拟、水环境容量评估、污染源减排措施评估等提供基础模型技术，为神定河的水污染防治发挥重要作用。

林晓晟等（2020）在 EFDC 模型的基础上构建流域水动力模型，开展了饮马河流域水体 COD 和氨氮两种污染物的迁移规律的研究，分别从不同时期的变化规律和空间迁移规律两方面进行分析，最后对模型的准确性进行验证。研究结果表明，流域上游地区水质较好，COD 和氨氮的浓度属于Ⅰ～Ⅲ类，中下游和下游地区水质为劣Ⅴ类，河流水体具有一定的自净能力，但当污染源汇入较多时，导致水体污染加剧。EFDC 模型模拟精度较高，适用于模拟饮马河流域水体污染物的迁移规律。

7.2.2　城市水环境容量计算

城市水环境容量是指城市水体所能容纳的污染物的量或自身调节净化并保持生态平衡的能力，也叫水体纳污能力，是制定地方性、专业性水域排放标准的依据。根据城市不同水功能区的水质目标，使用 7.2.1 节水质模型软件模拟得出的城市河流沿程和湖库具体点位的水质参数浓度，进而可以求得城市水环境容量。

1. 城市河流水环境容量计算流程

城市河流水体的零维和一维水环境容量计算方法相同，计算公式如下：

$$M_{河} = \left(C_{河} - C_{河目标} \right) \left(Q_{入} + Q_{u} \right) \tag{7-14}$$

式中，$M_{河}$ 为河流水环境容量，g/s；$C_{河目标}$ 为河流水质参数目标浓度，mg/L；$Q_{入}$ 为污染物入河流量，m³/s。

2. 城市湖库水环境容量计算流程

1）均匀混合湖库水环境容量计算流程

城市均匀混合湖库的水环境容量计算方法适用于使用零维水质计算的小型城市湖库，其计算公式如下：

$$M_{湖} = \left(C_{湖} - C_{湖目标} \right) V_{湖} \tag{7-15}$$

式中，$M_{湖}$ 为湖库水环境容量，g；$C_{湖目标}$ 为湖库水质参数目标浓度，mg/L。

2）非均匀混合湖库水环境容量计算流程

城市非均匀混合湖库的水环境容量计算方法适用于大、中型城市湖库，并且针对当污染物排入湖库后，污染仅出现在排口附近水域的湖库容量计算，其计算公式如下：

$$M_{湖} = \left(C_{湖} - C_{湖目标} \right) \exp\left(\frac{K\Phi H_{湖} r^{2}}{2Q_{P}} \right) Q_{P} \tag{7-16}$$

式中，Φ 为扩散角，由排口附近地形决定；$H_{湖}$ 为湖库平均水深，m；r 为计算水域边界到入河排口的距离，m。

3）分层湖库水环境容量计算流程

城市分层湖库水环境容量计算方法适用于考虑温度和污染浓度梯度导致纵向水质变化的城市湖库，分层期和非分层期湖库水环境容量计算公式分别如下：

$$M_{湖} = \left(C_{E} - C_{湖目标} \right) V_{E} + \left(C_{H} - C_{湖目标} \right) V_{H} \tag{7-17}$$

$$M_{湖} = \left(C_{M} - C_{湖目标} \right) V_{湖} \tag{7-18}$$

城市水资源的有限性和环境容量的稀缺性决定了水环境对污染物的容量具有可分配和可交易的性质。水污染防治和水质管理是水环境保护的核心内容，而控制水污染物排放总量和确定削减或分配指标是水污染防治和水质管理的重点。

7.3 城市污染负荷分配原则

对城市污染负荷进行总量分配需遵循以下原则。

（1）考虑水环境容量原则。水环境在自身环境中或与其他环境不断进行着物质循环、能量转换和信息传递等，且对排入其中的污染物质具有一定的可承载能力和自身调节作用，若超出其可承载和调节范围，水环境将面临破坏不可恢复的严峻问题，这就决定了水环境容量的稀缺性。地区经济社会状况不同、河床条性不同、河流水文及水资源状况不同，地区水环境容量会出现不同程度的差异现象。因此，水环境容量在进行流域水污染物总量控制和分配过程中显得尤为重要。

（2）公平性原则。作为社会个体的每一单位或公民享有拥有平等利用水资源的权利，相应地，在解决社会生活或经济活动所引发的水环境问题时也应体现出社会公平性。这意味着水环境污染物容量总量的控制和分配应体现出公平原则，即每一污染源在一定的约束条件下获得各自相应量的排污权限。这些约束条件包括了对水环境容量地区差异的承认、对地区经济社会发展阶段和水平的考虑、对排污现状和水质现状的考虑等。

（3）经济性和可操作性原则。社会、经济、环境三者的可持续发展决定了水环境污染物总量控制和分配须具有一定的经济性和可操作性。因此，为了尽可能地避免水环境污染总量控制和分配方案最终沦为形式化，以及尽可能避免方案方法的实施给管理者和承担者造成过重经济负担，应在达到控制目标的同时最大限度地简化分配流程、减轻成本，以及在分配过程中选取数据易于获取和量化的分配所需指标。

（4）科学性原则。确保得出的水环境容量总量控制和分配方法较真实地反映出污染物–污染源–控制单元水体–城市流域的内在联系，确保获取数据时的实验方法符合相应的标准要求。

7.3.1 城市水环境污染负荷分配模式

为了使城市水环境达到或维持水质目标，超出水环境容量的入河/湖污染物需要削减。理论上，污染物削减量理论上应该大于或等于污染物入河/湖总量与水环境容量之差。但在现实的操作过程中应该考虑实际情况，从水体主要污染物种类、点源和非点源排放以及安全余量入手，合理进行污染负荷削减分配总量计算。目前国内外常用 TMDL 模型进行污染负荷分配。TMDL 模型在水质目标的确定、非点源污染控制，以及安全因素设置等方面具有更重要的意义。

TMDL 可由式（7-19）来表示：

$$TMDL = LC = \sum WLA + \sum LA + MOS \qquad （7-19）$$

式中，LC 为复合容量，即水体在满足水质标准的情况下所能接收的最大负荷；WLA 为点源污染负荷分配部分，包括现在以及将来可能出现的点源污染负荷；LA 为非点源污染负荷分配部分，包括现在以及将来可能出现的非点源或内源污染负荷；MOS 为安全因素，该值通过一个保守假设分析得到，以此抵消污染负荷削减过程中由污染负荷与受纳水体水质关系产生的不确定性。

进行 TMDL 实施，需要进行如下 5 个步骤。

（1）识别问题：确定水体的关键因素，弄清水体的背景信息，掌握受污染情况，这涉及城市水环境污染主控因子的识别，详见第 5 章。

（2）确定水质目标：通过城市水功能区划并参考《地表水环境质量标准》（GB 3838—2002）确定水体污染指标的目标值，同时比较当前水质状况和目标值之间的差距。

（3）污染源评价：弄清楚导致水体破坏的污染源情况以及排放的污染物种类、强度以及位置，污染源评价相关计算和方法参见第 5 章。

（4）建立水质目标与污染源关联：需要确定各个指标以及目标值与污染源之间关联，即确定污染源排放污染物与水质目标之间的相应关系，这一步可通过水质模型软件，调整输入数据来实现，在此基础上依照上节公式计算水环境容量，可以估算出总的允许负荷量，计算方法和模型选取参见 7.2 节。

（5）负荷分配：负荷分配是 TMDL 的关键步骤，在保证水质达标的情况下，将污染负荷在污染源之间进行分配，包括 WLA 在各点源之间的分配，LA 在非点源污染之间的分配，以及为不确定因素所设的安全因数 MOS。

7.3.2　城市水环境污染负荷分配方法

在 7.3.1 节 TMDL 实施步骤中的第五步涉及负荷分配方法的选择，这是 TMDL 的关键步骤。目前，水环境污染负荷分配的方法很多，各有优缺点，根据立足点和侧重点的不同可主要分为等比例分配法、按贡献率削减分配法、层次分析污染分配法和环境基尼系数分配法。

1. 等比例分配法

将各分配单元（排污单元或者辖区）水质污染现状作为总量分配的基准，计算出每一分配单元水质污染物排放量占区域（辖区或者流域）水质污染物排放总量的比例，以此占比作为需要削减或还可以纳污总量分配到各个分配单元的权重值，见式（7-20）和式（7-21）。

$$q_i = \frac{D_i}{\sum_{i=1}^{n} D_i} \qquad (7\text{-}20)$$

$$Q_i = \Delta Q q_i \qquad (7\text{-}21)$$

式中，n 为分配区域内分配单元数；q_i 为分配区域中第 i 个分配单元水质污染物总量分配权重值；D_i 为分配区域中第 i 个分配单元水质污染物排放量，t/a；Q_i 为第 i 个分配单元污染物需削减或还可以纳污分配量，t/a；ΔQ 为分配区域水污染需要削减或还可纳污的总量，t/a。

该分配方法简单易行，相关数据较易获取，考虑了分配单元的排污现状，使水污染物排放总量严格控制在容量总量控制目标之下，在一定程度上体现了分配的公平性，但在排污单位治污的经济技术水平方面欠缺考虑。

刘巧玲和王奇（2012）重点考虑各地区在污染物结构减排、工程减排和环境质量状况等方面的差异，基于熵权法建立了体现区域差异的"改进的等比例分配方法"，对跨省水体 COD 污染总量进行基于区域差异的削减分配研究。研究发现：这种改进的等比例分配方法，在考虑公平的基础上兼顾了各省市之间的差异性，比较符合我国当前发展的实际情况，为我国各种类型污染物的削减总量分配提供了一种新的思路与方法。

2. 按贡献率削减分配法

该分配方法主要是将各个污染源所排放的污染物对相应河段水质影响程度的大小（即贡献率）作为总量分配的基准。贡献率大的污染源需要削减或还可以纳污总量相对较多，反之较少。该方法主要通过污染物在某一河段迁移过程中的传输距离比来体现其对河段控制监测断面水质的影响大小，其假设条件是该河段内污染物的衰减系数大小变化极不显著或不变。按贡献率分配需削减或还可纳污总量的计算式见式（7-22）和式（7-21）。

$$q_i = \frac{x_i}{\sum_{i=1}^{m} x_i} \tag{7-22}$$

式中，m 为分配区域内污染源数量；x_i 为分配区域中第 i 个污染源距对应河段下游控制监测断面的距离，km。

鉴于计算需求，该分配方法简单易行，相关数据较易获取，但该分配方法在实际操作过程欠缺一定的公平性，主要是由于该方法并未把排污现状纳入考虑范围。

3. 层次分析污染分配法

水污染物排放总量负荷分配涉及经济、社会、技术和环境等多种因素，在每种因素中往往又包含了若干种定性和定量因子。因此，它属于定性与定量相结合的一类问题，适合运用层次分析法（analytic hierarchy process，AHP）进行研究。其具体操作步骤如下。

（1）首先构建层次分析污染分配法决策系统。将允许排放的污染物总量作为层次分析的目标层 A，区域内各分区评价因子作为层次分析的基准层 B 和准则层 C，区域各分区为决策层 D，建立 AHP 系统结构模型，如图 7-1 所示。

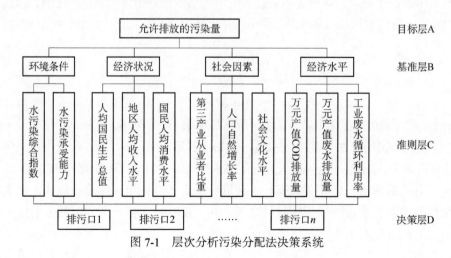

图 7-1 层次分析污染分配法决策系统

（2）构造判断矩阵。分别对指标两两比较，在咨询有关专家意见的基础上运用评分办法判断其相对重要或优劣程度，并采用 1～9 标度法（表 7-1）进行指标重要程度赋值，进而形成判断矩阵 C［式（7-23）］。

表 7-1　指标重要程度 1～9 标度表

相对重要程度	得分	说明
同等重要	1	两者对目标贡献相同
相对重要	3	较重要
明显重要	5	重要
非常重要	7	程度明显
极端重要	9	程度非常明显
相邻两程度之间	2、4、6、8	需要折中时使用

$$C = \begin{bmatrix} C_{11} & C_{12} & \cdots & C_{1i} & \cdots & C_{1n} \\ C_{21} & C_{22} & \cdots & C_{2i} & \cdots & C_{2n} \\ \vdots & \vdots & \ddots & \vdots & \vdots & \vdots \\ C_{i1} & C_{i2} & \cdots & C_{ii} & \vdots & C_{in} \\ \vdots & \vdots & \vdots & \vdots & \ddots & \vdots \\ C_{n1} & C_{n2} & \cdots & C_{ni} & \cdots & C_{nn} \end{bmatrix} \quad (i=1,2,3,\cdots,n) \tag{7-23}$$

式中，n 为指标个数。判断矩阵应该满足：$C_{11}=C_{22}=C_{33}=\cdots=C_{nn}=1$ 且 $C_{in}=1/C_{ni}$。

（3）求特征向量及最大特征根，采用方根法计算各层次判断矩阵的最大特征根及其对应的量。

（4）进行一致性检验。为了度量判断矩阵是否偏离了一致性，引入 CI 作为一致性检验指标，其中 λ 为判断矩阵 C 的唯一特征值。

$$CI = \frac{|\lambda - n|}{n-1} \tag{7-24}$$

为了度量不同阶判断矩阵是否具有完全的一致性，引入判断矩阵的平均随机一致性指标 RI 值（表 7-2）。

表 7-2　平均随机一致性指标查询

指标个数 n	1	2	3	4	5	6	7	8	9
RI	0.00	0.00	0.58	0.90	1.12	1.24	1.32	1.41	1.45

判断矩阵的一致性指标 CI 与其同阶的平均随机一致性指标 RI 之比便是随机一致性比率 CR：

$$CR = \frac{CI}{RI} \tag{7-25}$$

当 CR＜0.10 时，即认为判断矩阵具有完全的一致性，否则就需要重新调整判断矩阵，使其满足的一致性结果。

幸娅等（2011）将层次分析污染分配法应用于太湖流域典型区域（常州市武进区）水污染物排放总量分配，结果表明，本书提出的分配方法，可以克服等比例分配的不公平性，并且兼顾各分区间的实际差异，是一种较理想的分配方法，为制定科学合理的总量方案提供了一种新思路。贺俊卿（2013）综合考虑环境现状、经济发展、社会公平、科技水平等多种因素，运用层次分析法构建农业源污染排污权分配体系，并以阿什河流域为例，对阿什河流域城区段需削减的农业面源污染物 COD、TN 和 TP 的排放负荷量在 10 个乡镇进行分配。结果表明，在阿什河流域城区段排污权初始分配中环境现状、经济发展因素权重较大，而社会公平权重较小；玉泉得到最多的排污权，交界分配得到最少的排污权。为保证分配方案的有效实施，其从法律、监测、技术和资金投入、发展循环农业等方面提出了建议。

虽然运用层次分析污染分配法进行水污染物总量分配时所考虑影响因素较为全面，但在实际操作过程中获取全面的数据相对困难，且由专家打分来判断各指标对分配准则影响的重要程度也使得分配方案中的分配权重具有较弱的客观性。

4. 环境基尼系数分配法

基尼系数最早是经济学中的一个重要概念，广泛被用来衡量居民收入分配的差异程度。作为评价分配公平性的有效方法，其逐渐成为国内外环境研究者进行环境污染物总量分配公平程度评价的重要方法之一，钱塘江是我国最早将环境基尼系数引进水污染物总量分配工作中的流域。

环境基尼系数在水污染物总量分配中可进行区域层次（行政区或辖区）的总量分配，其实施步骤为：①在众多自然、社会、经济影响因素中选取具有典型代表性的指标作为环境基尼系数指标；②将研究流域各行政区或辖区水质污染物现状排放量和某一环境基尼系数指标的现状值按升序方式排序；③分别计算经排序后的各行政区或辖区的环境基尼系数指标累计比重、水质污染物排放量累计比重；④以水质污染物排放量累计比重为 y 坐标，以某一环境基尼系数指标累计比重为 x 坐标，绘制环境洛伦茨曲线；⑤使用梯形计算法［式（7-26）］计算出各指标的环境基尼系数，据此对按该指标计算比重进行水污染物总量分配的公平性做出评价。

参照经济基尼系数对公平区间划分的有关规定，将环境基尼系数的公平区间设定为：①系数≤0.2 为分配合理；②（0.2～0.3］为分配比较合理；③（0.3～0.4］为分配相对合理；④（0.4～0.5］为分配不合理，应调整至合理范围内；⑤系数＞0.5 为分配非常不合理，应调整至合理范围内。

$$G = 1 - \sum_{i=1}^{n}(X_i - X_{i-1})(Y_i + Y_{i-1}) \qquad (7-26)$$

式中，G 为水环境基尼系数；n 为水污染总量分配对象个数（n=1，2，3，…，n）；X_i 为某环境基尼系数指标累计比重（若 i=1，X_{i-1}=0；X_n=100%）；Y_i 为某水质污染物排放量累计比重（若 i=1，Y_{i-1}=0；Y_n=100%）。

蔺照兰等（2011）以乌梁素海流域为例，分别以流域内各分区人口、水资源量和地区生产总值作为流域内环境基尼系数的分配指标，绘制各分配指标与主要污染物的环境洛伦茨曲线。根据流域内经济、社会发展和水环境承载力的实际情况，以水资源量为主要限制指标，对该流域污染物排放总量的分配方案进行调整，同时提出相应的削减方案。结果表明，基于环境基尼系数的污染物分配方法能够根据流域内各分区的实际情况较公平合理地分配排污指标。程一鑫等（2020）以典型平原河网地区——张家港市为例，构建与人口、资源、经济和水污染物承受能力相协调的单因子环境基尼系数模型，并通过贡献系数判断引起不公平的主要污染物分配单元，利用环境基尼系数最小化模型确定张家港市各乡镇基于多元公平性原则的氨氮总量分配方案。结果表明，在水污染物总量分配过程中，污染物削减比例的大小和污染物现状排放量之间并不具有一致性，最终的分配方案要综合考虑多方因素确定，本章构建的熵值-环境基尼系数最小化模型综合考虑了研究区域社会、经济、资源等多种客观因素。对于平原河网地区，由于其特殊的地理位置和自然条件人口资源等分布相对比较均匀，故基于该模型所得到的分配方案充分表现了多元公平性原则，更公平合理。

第8章 城市水环境综合整治适用性技术筛选

在城市水环境综合整治具体实施过程中，需要针对具体的水生态环境问题和水环境综合整治目标，研究筛选出满足城市水环境综合整治目标需求的适用性技术，用于水环境综合整治。本章据此构建了一套体现水污染治理目标需求为导向的技术适用性评估方法，在对技术筛选评估所构建的指标体系中，既要将水污染治理目标分解为评估指标，又同时包含技术本身的性能指标；然后采用层次分析法对指标体系中每一项指标赋权，再采用优劣解距离法（technique for order preference by similarity to an ideal solution，TOPSIS）对备选技术进行综合性能评估，进而筛选出满足水污染治理目标需求的适配性推荐技术。

8.1 技术筛选工艺流程

基于城市水环境综合整治目标需求的适用性技术筛选流程如图 8-1 所示，主要包含备选技术库构建、技术综合评估指标体系构建、适用性技术初筛以及技术综合性能评估四个步骤，各步骤具体内容如下。

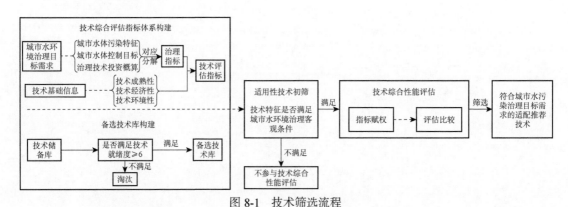

图 8-1 技术筛选流程

1. 备选技术库构建

根据水体污染控制与治理技术就绪度评价准则，技术就绪度 6 级及以上的技术具有实际工程应用的潜能和可以实施的建设方法。因此，可将技术就绪度 6 级及以上的技术纳入城市水环境综合整治的备选技术库。本书以国家水体污染控制与治理科技重大专项已研发的水污染治理技术作为城市市政工程综合整治备选技术库（详见附表），其治理技术体系如图 8-2 所示。

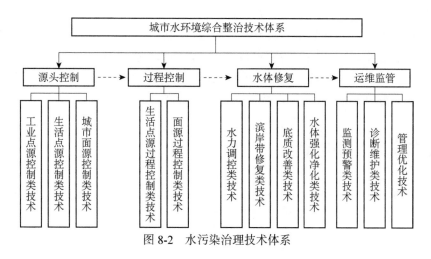

图 8-2　水污染治理技术体系

2. 技术综合评估指标体系构建

技术综合评估指标需按照城市或城市内某区域水体水环境综合整治需求和治理目标进行设置。首先，收集水体污染特征、水体控制目标以及治理技术投资概算，具体可以是水体水质现状、区域水质目标、计划治理投资成本等。对以上信息进行分析，确定城市水环境综合整治的目标需求，并将其分解成为需要治理的目标指标。例如，海绵城市治理的目标指标可以是径流总量控制率和总悬浮固体（total suspended solids，TSS）去除率；城市黑臭水体治理的目标指标可以是氨氮浓度、透明度、溶解氧和氧化还原电位。之后，根据这些目标指标，从技术基础信息中筛选形成有针对性的技术评估指标体系，技术基础信息应涵盖技术成熟性、技术经济性和技术环境性三个维度。技术成熟性包括技术处理性能和技术运行稳定性能；技术经济性包括一次性投资成本和运行维护成本；技术环境性包括技术二次污染和环境友好程度。

需要说明的是，如果某区域水体水环境综合整治目标无法依靠单一技术实现，需将治理目标分解为几项分目标，每项分目标按照本章介绍的方法进行适配性技术的筛选。

3. 适用性技术初筛

不同备选技术其适用条件不尽相同，为避免出现选择的备选技术出现不适用的情况，在对技术综合性能评估之前，需要通过比较技术特征与区域客观条件，如地理特征、水体特征、自然气候特征、区域开发程度等，对备选技术进行初筛。能够满足城市水环境综合整治客观条件的技术进入综合性能评估环节，而不满足的技术则不参与技术性能综合评估。例如，一些技术仅适用于城市受损景观水体的污染物削减，一些技术仅适用于北方缺水城市的水生态恢复和水质提升，还有一些技术仅适用于南方河网城市水环境的污染治理等。

4. 技术综合性能评估

城市水环境综合整治目标需求存在差异，导致其对不同技术指标重视程度有所不同，进而使得不同技术指标在技术综合评估过程中所占权重不同。因此，首先根据技术评估指标对于治理目标需求的重要程度，对其进行赋权。在此基础上，为了判断技术是否能达到城市水环境综合整治的目标需求，对技术综合性能和城市水环境综合整治目标进行评估赋值。最后，比较技术综合性能评估值和整治目标评估值，技术综合性能评估值较整治目标评估值越高，越适合作为该整治目标下的适用技术。需要注意的是，若某技术综合性能评估值高于整治目标评估值，但某项指标值没有达到目标值，则需排除该技术。

8.2 技术筛选方法介绍

技术指标赋权可用于反映技术指标对于治理目标需求的重要程度，技术评估结果用于反映技术综合性能和技术对于治理目标需求的适配性，进而达到筛选出符合水污染治理目标需求的适配推荐技术的目的。

8.2.1 技术指标赋权方法

在特定的城市水环境污染特征和综合整治目标需求前提下，用于评价治理技术的不同指标之间的重要程度并不相同。因此，需对技术指标体系中的不同指标进行赋权，确定不同指标的权重。目前，技术指标赋权方法主要有层次分析法、熵权法和主客观结合法。

1. 层次分析法

层次分析法的主要特点是基于成对比较，能够在定性指标和定量指标之间进行权衡，最终达到技术评估指标赋权的效果。该方法主要有以下三个步骤。

第一步，采用标度法量化比较技术评估指标对于达成城市水环境综合整治目标的重要程度，若 A_1、A_2 两项技术指标对于达成城市水环境综合整治目标同等重要，标度赋值为 1；若 A_1 比 A_2 对于达成城市水环境综合整治目标相对重要，则标度赋值为 3；A_1 比 A_2 对于达成城市水环境综合整治目标明显重要，标度赋值为 5；A_1 比 A_2 对于达成城市水环境综合整治目标非常重要，标度赋值为 7；A_1 比 A_2 对于达成城市水环境综合整治目标极端重要，则标度赋值为 8。反之，A_2 与 A_1 相比，其赋值则为上述标度值的倒数。若两项技术评估指标比较结果介于上述两种判断值之间，可用 2、4、6、8 作为中间赋值。标度法相对重要程度等级见表 8-1，形成构造判断矩阵见式（8-1）。

表 8-1 标度法相对重要程度等级

标度赋值	重要程度	内容
1	同等重要	两项指标对于达成城市水环境综合整治目标同等重要
3	相对重要	一项指标比另一项指标对于达成城市水环境综合整治目标稍微重要
5	明显重要	一项指标比另一项指标对于达成城市水环境综合整治目标明显重要
7	非常重要	一项指标比另一项指标对于达成城市水环境综合整治目标非常重要
9	极端重要	一项指标比另一项指标对于达成城市水环境综合整治目标极端重要
2、4、6、8		相邻中间值

$$A = \begin{bmatrix} a_{jj} \end{bmatrix} = \begin{bmatrix} a_{11} & a_{12} & \cdots & a_{1j} \\ a_{21} & a_{22} & \cdots & a_{2j} \\ \vdots & \vdots & \ddots & \vdots \\ a_{j1} & a_{j2} & \cdots & a_{jj} \end{bmatrix} \quad (j = 1, 2, 3, \cdots, n) \tag{8-1}$$

式中，n 表示技术评估指标个数，a_{1j} 表示第 1 个技术评估指标对第 j 个技术评估指标之间重要程度比较后的赋值。并且判断矩阵 A 应该满足 $a_{jj} > 0$，且 $a_{11} = a_{22} = a_{33} = \cdots = a_{jj} = 1$。

第二步，为了避免指标间赋值不合理，需要对判断矩阵进行一致性检验。其中，一致性指标 CI 计算方法见式（8-2）。

$$CI = \frac{|\lambda_{max} - n|}{n - 1} \tag{8-2}$$

式中，λ_{max} 为判断矩阵 A 的唯一特征值；n 为指标个数。

确定一致性指标 CI 后，查表 8-2 确定平均随机一致性指标 RI。

表 8-2　平均随机一致性指标查询表

n	1	2	3	4	5	6	7	8	9	10	11	12	13	14	15
RI	0	0	0.52	0.89	1.12	1.26	1.36	1.41	1.46	1.49	1.52	1.54	1.56	1.58	1.59

采用式（8-3）计算一致性比例 CR。如果 CR<0.1，则可以认为判断矩阵的一致性可以接受；否则需要对判断矩阵一致性进行修正。

$$CR = \frac{CI}{RI} \tag{8-3}$$

第三步，在确定判断矩阵具有一致性后，利用几何平均法计算各个技术指标的权重 ω_j，如式（8-4）。

$$\omega_j = \frac{\left(\prod\limits_{j=1}^{n} a_{jj} \right)^{\frac{1}{n}}}{\sum\limits_{j}^{n} \left(\prod\limits_{j=1}^{n} a_{jj} \right)^{\frac{1}{n}}} \quad (j = 1, 2, 3, \cdots, n) \tag{8-4}$$

2. 熵权法

熵权法是一种在综合考虑各技术评估指标提供的信息量基础上的赋权方法。该方法具体操作步骤如下。

第一步，依据 8.1 节中"技术综合评估指标体系构建"所形成的评估指标体系，将各技术评估指标归一化，形成一个 m 行 n 列的矩阵 X_{mn}。

$$X_{mn} = \begin{bmatrix} X_{11} & X_{12} & \cdots & X_{1j} \\ X_{21} & X_{22} & \cdots & X_{2j} \\ \vdots & \vdots & \ddots & \vdots \\ X_{i1} & X_{i2} & \cdots & X_{ij} \end{bmatrix} \tag{8-5}$$

式中，m 为经初筛的适用技术的数量，n 为技术评估指标的数量，则 X_{ij} 表示第 i（$i=1$，

2，$\cdots$，m）项评估技术所对应的第 j（j=1，2，$\cdots$，n）个指标的数值。

第二步，采用式（8-6）计算第 i 项技术的第 j 个指标比重 t_{ij}。

$$t_{ij} = \frac{X_{ij}}{\sum_{j=1}^{n} X_{ij}} \qquad (8\text{-}6)$$

第三步，采用式（8-7）计算第 j 个指标的熵权 e_j。其中 k 代表熵权系数，其作用是使得信息熵权在[0，1]区间范围内，见式（8-8）：

$$e_j = -k \sum_{i=1}^{m} t_{ij} \ln(t_{ij}) \qquad (8\text{-}7)$$

$$k = \frac{1}{\ln(m)} \qquad (8\text{-}8)$$

第四步，计算第 j 个指标的差异系数 g_j，并确定其权重 ω_j，见式（8-9）和式（8-10）：

$$g_j = 1 - e_j \qquad (8\text{-}9)$$

$$\omega_j = \frac{g_j}{\sum_{j=1}^{n} g_j} \qquad (8\text{-}10)$$

3. 主客观结合法

主客观结合法主要是通过文献数据库调研进行赋权，其主观方面在于认定文献作者属于本领域专家，认可文献作者对于指标重要程度的判断；其客观方面在于统计文献数量极为庞大，通过文献样本数量的扩大，弱化单一文献作者对于指标重要程度判断的影响程度。因此，该方法既能减小对专家的依赖程度，也能克服实际数据难以获得的问题。

主客观结合法首先需在文献数据库中对经初筛的适用技术进行关键词检索，分别确定不同指标的出现频度，而后依据不同指标出现频度进行指标赋权，赋权公式如式（8-11）所示：

$$\omega_j = \frac{N_j}{\sum_{j=1}^{n} N_j} \qquad (8\text{-}11)$$

式中，ω_j 为第 j 个指标的权重，N_j 为第 j 个指标的频度。

以上三种权重确定方法各具特色。其中，熵权法主要通过统计和分析实际数据中所包含的信息量从而赋权，要求数据要求完整；主观客观结合法则是通过主观与客观的有机结合实现指标的赋权；层次分析法赋权将定性分析与定量分析相结合，根据目标需求的重要程度将评估指标进行量化赋权。

8.2.2 技术评估方法

在技术评估指标赋权的基础上，根据目标需求对经初筛的适用技术进行综合性能评估。目前，技术评估方法主要有优劣解距离法、专家打分法和标杆法。

1. 优劣解距离法

优劣解距离法可根据决策准则对决策方案进行排序和评估，选择与正理想解距离最短且离负理想解距离较远的方案。该方法的技术评估具体步骤如下。

（1）由于技术评估指标包括极小型指标、极大型指标和中间型指标，因此需要将所有技术评估指标统一转换为极大型指标，即指标正向化。

若技术评估指标数值越低代表其性能越好，则该指标为极小型指标。假设第 j 项指标为极小型指标，将其转换为极大型指标的方法，见式（8-12）。

$$\tilde{x}_i = \max\{x_j\} - x_i \tag{8-12}$$

式中，$\tilde{x}_i$ 为第 i 项技术第 j 个指标转换后的极大型指标值；$\max\{x_j\}$ 为第 j 个指标中各技术指标原值中的最大值；x_i 为第 i 项技术第 j 个指标原值。

若技术评估指标数值越靠近中间某个值代表其性能越好，则该指标为中间型指标，需采用中间型指标转换为极大型指标的方法，见式（8-13）和式（8-14）。

$$M = \max\left\{|x_i - x_{\text{best}}|\right\} \tag{8-13}$$

$$\tilde{x}_i = 1 - \frac{|x_i - x_{\text{best}}|}{M} \tag{8-14}$$

式中，x_{best} 为最佳指标数值；M 为指标数值与最佳指标数值的最大差值。

（2）对于正向化后的指标进行标准化，消除不同指标间量纲的影响，指标标准化见式（8-15）。

$$z_{ij} = \frac{x_{ij}}{\sqrt{\sum_{i=1}^{n} x_{ij}^2}} \tag{8-15}$$

式中，x_{ij} 为第 i 项经初筛的适用技术的第 j 个评估指标正向化值；z_{ij} 为第 i 项经初筛的适用技术的第 j 个评估指标标准化值。

（3）将标准化值 z_{ij} 组合构建标准化矩阵 Z，见式（8-16）。

$$Z = \begin{bmatrix} z_{11} & \cdots & z_{1j} \\ \vdots & \ddots & \vdots \\ z_{i1} & \cdots & z_{ij} \end{bmatrix} \tag{8-16}$$

式中，$i=1，2，\cdots，m$，m 为经初筛的适用技术的数量；$j=1，2，\cdots，n$，n 为技术评估指标的数量。

（4）求解标准化矩阵的正理想解 Z^+ 和负理想解 Z^-，见式（8-17）和式（8-18）。

$$\begin{aligned} Z^+ &= \left[Z_1^+, \cdots, Z_m^+\right] \\ &= \left[\max\{z_{11}, \cdots, z_{i1}\}, \cdots, \max\{z_{1j}, z_{2j}, \cdots, z_{ij}\}\right] \end{aligned} \tag{8-17}$$

$$\begin{aligned} Z^- &= \left[Z_1^-, \cdots, Z_m^-\right] \\ &= \left[\min\{z_{11}, \cdots, z_{i1}\}, \cdots, \min\{z_{1j}, \cdots, z_{ij}\}\right] \end{aligned} \tag{8-18}$$

式中，Z^+ 为技术评估指标中技术性能最优的指标值；Z^- 为技术评估指标中技术性能最差的指标值。

（5）结合技术评估指标权重，计算经初筛的适用技术与正负理想解的距离 D_i^+ 和 D_i^-，见式（8-19）和式（8-20）。

$$D_i^+ = \sqrt{\sum_{j=1}^{m} \omega_j \left(Z_j^+ - z_{ij} \right)^2} \qquad （8-19）$$

$$D_i^- = \sqrt{\sum_{j=1}^{m} \omega_j \left(Z_j^- - z_{ij} \right)^2} \qquad （8-20）$$

（6）计算经初筛的适用技术与理想解的贴近度 S_i 并将其归一化得到 $\tilde{S}_i$，见式（8-21）和式（8-22）。

$$S_i = \frac{D_i^-}{D_i^+ + D_i^-} \qquad （8-21）$$

$$\tilde{S}_i = \frac{S_i}{\sum_{i=1}^{n} S_i}, \quad \sum_{i=1}^{n} \tilde{S}_i = 1 \qquad （8-22）$$

与此同时，按照上述步骤（1）至步骤（6）对治理目标分解为具体量化指标的虚拟技术进行评估，得到相应的 $\tilde{S}_0$，将 $\tilde{S}_i$ 中超过 $\tilde{S}_0$ 的技术作为适配推荐技术。需注意，若技术评分较高，但是其中某一项指标没有达到综合整治目标需求，则需排除该技术的选择。

2. 专家打分法

专家打分法主要通过一定数量的专家咨询进行赋值，专家应为在此领域有丰富的经验，可以来自研究机构、大学和企事业等单位。专家打分法具体介绍如下：①应从技术评估指标数据库中获取指标的取值集合与最佳取值范围，并建立五级标准。②专家根据评估经初筛的适用技术的某一个评估指标所属分级范围确定技术在该指标的赋值。需要注意的是，五级分级指标赋分范围为 0~100，每个等级的赋值范围可参考表 8-3，实际指标赋值可根据不同治理技术类型特征进行适当调整。③各个技术评估指标赋值加权求和，即得经初筛的适用技术的评估结果。

表 8-3 五级赋值表

技术评估指标	定性指标量化值				
	0~20	21~40	41~60	61~80	81~100
指标 1	差	较差	一般	较好	好
指标 2	低	较低	中等	较高	高
指标 3	复杂	比较复杂	中等	比较简单	简单
……	……	……	……	……	……

3. 标杆法

标杆法是一种通过比较技术的各指标性能值与标杆性能值的差距来评估技术的方法。该方法的技术评估具体步骤如下：

第一步，通过国内外文献调研，确定经初筛的适用技术在国内外的发展现状，并提取不同技术评估指标的标杆值，进而采用式（8-23）计算不同技术评估指标的归一化数值：

$$F_{ij} = \frac{C_{ij}}{S_{ij}} \times 100\% \tag{8-23}$$

式中，F_{ij} 为第 i 项技术中第 j 个指标的具体赋值；C_{ij} 为第 i 项技术中第 j 个指标的具体数值；S_{ij} 为第 i 项技术中第 j 个指标的标杆值。

第二步，根据上文中各指标赋权的权重数值，可以对经初筛的适用技术进行评估并得出总分，从而衡量不同技术具备的优势和存在的问题，评估公式见式（8-24）。

$$D_i = \sum_{i=1}^{m} F_{ij} \times \omega_{ij} \tag{8-24}$$

式中，D_i 为第 i 项技术的评估总得分；ω_{ij} 为第 i 项技术中第 j 个指标的权重。

技术评估结果表达主要通过表格和二维雷达图呈现。表格内容主要包括各项技术在技术、经济、环境三个维度的评分结果，而二维雷达图则可通过差异可视化来体现某一项技术在不同维度上的相对优劣。

以上三种技术评估方法各有特点，其中，专家打分法通过专家对定性指标赋值进行评估，有一定科学性但是对专家依赖程度很高；标杆法客观性较高，但对实际数据的依赖程度较高，同时标杆法用最优数据作为标杆不能对技术适用性进行评估；优劣解距离法能够充分利用技术性能的数据信息和治理目标需求信息，反映各技术之间以及技术与目标需求之间的差距。

8.3　典型案例应用研究

本节选取 A 城市水污染治理技术筛选和 B 城市黑臭水体治理技术筛选作为典型案例，对基于城市水环境综合整治的适用性技术筛选进行应用。

8.3.1　A 城市水污染治理技术筛选

A 城市老旧城区水体主要污染特征如下：①合流制管网占比较高、排水管网运行效率低且地面透水和渗水功能较弱，容易发生严重积水；②生活点源和降雨径流面源污染严重，导致该区域水体氨氮为地表水劣 V 类、COD 和 TP 为地表水 V 类。因此，拟在该老旧城区建设海绵城市试点区，通过面源过程控制类技术实现水污染治理，治理区域面积 0.115 km²，治理投资 4427 万元。在建设海绵城市试点区后，拟实现总径流控制率 78%、TSS 净化率 65%、氨氮削减率 41%、COD 削减率 32%、TP 削减率 17% 和雨水收集回用率 30%。

1. 备选技术库构建

从水专项城市市政工程综合整治备选技术库（附表）的面源过程控制类技术中，选择技术就绪度达到 6 级及以上的技术纳入到备选技术库。备选技术库构建过程及结果如表 8-4 所示。经技术就绪度初步筛选后,该案例备选技术库共包括泵站雨水强化混凝沉淀过滤净化处理技术等 10 项技术。

表 8-4 A 城市面源过程控制类备选技术库构建过程

技术储备库中面源过程控制类技术名称	技术就绪度	是否纳入备选技术库
泵站雨水强化混凝沉淀过滤净化处理技术	6	√
基于旋流分离及高密度澄清装备的初期雨水就地处理技术	7	√
初期雨水水力旋流-快速过滤技术	6	√
雨水径流时空分质收集处理技术	5	×
复合流人工湿地处理系统与技术	7	√
山地陡峭岸坡带梯级湿地净化技术	7	√
分流制排水系统末端渗蓄结合污染控制技术	8	√
三带系统生态缓冲带技术	7	√
多塘系统生态缓冲带技术	7	√
基于调蓄的雨水补给型景观水体水质保障技术	7	√
城市面源污染净化与生态修复耦合技术	7	√

2. 技术评估指标体系构建

结合该城市特点、该海绵城市试点区水环境污染特征和海绵城市相关治理规划文件,确定该海绵城市试点区在面源过程控制方面的水污染治理目标需求,形成面源过程控制方面的水污染治理目标,将治理目标分解成相应的治理指标,再根据治理指标从备选技术的基础信息中筛选出技术评估指标。技术评估指标包括径流总量控制率、TSS 净化率、COD 削减率、氨氮削减率、TP 削减率、技术投资成本和雨水收集回用率。

3. 适用性技术初筛

将备选技术的技术特征与该海绵设施建设试点区水污染治理的客观条件进行比较,初步筛选出满足该试点区水污染治理客观条件的技术。初筛过程及结果如表 8-5 所示,经技术特征与该城市客观条件对比后,共有泵站雨水强化混凝沉淀过滤净化处理技术等 5 项技术可进行技术综合性能评估。

表 8-5 A 城市案例备选技术初筛过程及结果

技术名称	技术特征	是否满足客观条件
泵站雨水强化混凝沉淀过滤净化处理技术	适用于北方缺水城市的物理化学技术,针对雨水径流污染物净化处理及回用	满足
基于旋流分离及高密度澄清装备的初期雨水就地处理技术	适用于初期雨水就地处理,针对污水-污染物分离去除目标	满足
初期雨水水力旋流-快速过滤技术	适用于城市老城区的物理化学技术,针对道路初期雨水的截流、储存、处理、回用	满足

续表

技术名称	技术特征	是否满足客观条件
复合流人工湿地处理系统与技术	适用于北方缺水城市的生态处理技术，针对城市污水和不同功能区雨水径流的净化与利用	满足
山地陡峭岸坡带梯级湿地净化技术	适用于山地陡峭岸坡带类型的城市水体污染物削减	不满足，该城市位于平原地区，地势平坦
分流制排水系统末端渗蓄结合污染控制技术	适用于南方河网城市的生态处理技术，应用于 DN1000 以内分流制雨水排水系统排放口末端，具备一定场地面积	不满足，该城市属于北方缺水型城市
三带系统生态缓冲带技术	适用于地形坡度较大的山地河流河岸初期雨水径流污染物削减	不满足，该城市位于平原地区，地势平坦
多塘系统生态缓冲带技术	适用于城市平缓地形河岸带的重污染治理	满足
基于调蓄的雨水补给型景观水体水质保障技术	适用于城市景观水体的雨水污染物削减及水量调蓄	不满足，该城市治理水体不属于景观水体
城市面源污染净化与生态修复耦合技术	适用于城市景观水体污染物削减，针对城市受损景观水体进行水质提升与生态恢复	不满足，该城市治理水体不属于景观水体

4. 技术综合性能评估

由于 AHP 法可以量化不同技术评估指标对目标需求的重要程度进而赋权，TOPSIS 法评估结果可以反映出各技术之间以及技术与目标需求之间的差距。因此，本案例采用 AHP 法确定指标权重，结合 TOPSIS 法对技术综合性能进行评估，依据评估结果分析技术对于治理目标需求的适配程度，进而筛选出符合案例城市水污染治理目标需求的推荐技术。

由上文可知，该案例为海绵设施建设试点区水污染治理，首先，根据《海绵城市建设技术指南——低影响开发雨水系统构建（试行）》，其总径流控制率需要达到基本目标要求，所以总径流控制率是最重要的指标。其次，根据《海绵城市建设评价标准》可知 TSS 净化率作为海绵城市建设重要参考指标之一，需要充分考虑。由于该试点区需削减的氨氮比例>COD 比例>TP 比例，所以氨氮削减效果更为重要，接下来依次为 COD 和 TP。此外，海绵设施建设还需进行雨水的收集回用，由于案例城市经济基础雄厚但极为缺水，与技术投资成本相比，雨水收集回用率更为重要。综上，根据表 8-1 构建该试点区水污染治理的判断矩阵（表 8-6）。

表 8-6　A 城市案例面源控制类技术指标判断矩阵

指标	总径流控制率	TSS 净化率	COD 削减率	氨氮削减率	TP 削减率	投资成本	雨水收集回用率
总径流控制率	1	2	4	3	5	7	6
TSS 净化率	0.5	1	3	2	4	6	5
COD 削减率	0.25	0.333	1	0.5	2	4	3
氨氮削减率	0.333	0.5	2	1	3	5	4
TP 削减率	0.2	0.25	0.5	0.333	1	3	2
投资成本	0.142	0.166	0.25	0.2	0.333	1	0.5
雨水收集回用率	0.166	0.2	0.333	0.25	0.5	2	1

对建立好的判断矩阵进行一致性检验。根据一致性指标 CI 为 0.0325，查表 8-2 确定平均随机一致性指标 RI 为 1.36，利用式（8-3）计算出一致性比例 CR，其结果小于 0.1，判断矩阵的一致性可以接受。

采用几何平均法的式（8-4）计算技术评估指标权重。各指标权重从大到小依次为总径流控制率（35%）、TSS 净化率（23.8%）、氨氮削减率（15.9%）、COD 削减率（10.6%）、TP 削减率（7.0%）、雨水收集回用率（4.6%）、投资成本（3.2%）。

之后，利用 TOPSIS 法对该海绵设施建设试点区水污染治理备选技术库中技术的综合性能和案例治理目标进行评估赋值。第一步，由于该案例中投资成本指标为极小型指标，其他指标均为极大型指标，所以需要利用式（8-12）对投资成本指标进行指标正向化；第二步，利用式（8-15）和式（8-16）计算每项技术的每个正向化指标的标准化值，并形成标准化表（表 8-7）和标准化矩阵［式（8-25）］；第三步，利用式（8-17）至式（8-22）计算该海绵设施建设试点区水污染治理备选技术库中技术的综合性能评估值和案例治理目标评估值，计算结果见表 8-8。其中，T3 初期雨水水力旋流–快速过滤技术和 T4 复合流人工湿地处理系统与技术的综合性能评估值高于该案例治理目标评估值，并且各项指标性能值满足案例治理目标需求，所以可将初期雨水水力旋流–快速过滤技术和复合流人工湿地处理系统与技术作为该案例的适配推荐技术，供决策者选择。

表 8-7　A 城市案例标准化表

面源过程控制类备选技术	总径流控制率	TSS 净化率	COD 削减率	氨氮削减率	TP 削减率	投资成本	雨水收集回用率
泵站雨水强化混凝沉淀过滤净化处理技术	0.41	0.47	0.38	0.24	0.52	0.54	0.68
基于旋流分离及高密度澄清装备的初期雨水就地处理技术	0.41	0.35	0.54	0.20	0.17	0.00	0.23
初期雨水水力旋流–快速过滤技术	0.51	0.47	0.38	0.63	0.49	0.75	0.61
复合流人工湿地处理系统与技术	0.41	0.45	0.46	0.40	0.52	0.05	0.24
多塘系统生态缓冲带技术	0.30	0.37	0.38	0.49	0.41	0.37	0.00
案例治理目标	0.40	0.32	0.25	0.32	0.12	0.04	0.23

$$Z = \begin{bmatrix} 0.41 & 0.47 & 0.38 & 0.24 & 0.52 & 0.54 & 0.68 \\ 0.41 & 0.37 & 0.54 & 0.20 & 0.17 & 0.00 & 0.23 \\ 0.51 & 0.47 & 0.38 & 0.63 & 0.49 & 0.75 & 0.61 \\ 0.41 & 0.45 & 0.46 & 0.40 & 0.52 & 0.05 & 0.24 \\ 0.30 & 0.37 & 0.38 & 0.49 & 0.41 & 0.37 & 0.00 \\ 0.40 & 0.32 & 0.25 & 0.32 & 0.12 & 0.04 & 0.23 \end{bmatrix} \quad (8\text{-}25)$$

表 8-8　A 城市案例技术评估结果表

技术序号	面源过程控制类备选技术	总径流控制率/%	TSS 净化率/%	COD 削减率/%	氨氮削减率/%	TP 削减率/%	投资成本/（元/m²）	雨水收集回用率/%	TOPSIS 法评估值
T1	泵站雨水强化混凝沉淀过滤净化处理技术	80	95	50	30	75	200	90	0.300

技术序号	面源过程控制类备选技术	总径流控制率/%	TSS净化率/%	COD削减率/%	氨氮削减率/%	TP削减率/%	投资成本/（元/m²）	雨水收集回用率/%	TOPSIS法评估值
T2	基于旋流分离及高密度澄清装备的初期雨水就地处理技术	80	70	70	25	25	400	30	0.098
T3	初期雨水水力旋流-快速过滤技术	100	95	50	80	70	120	80	0.325
T4	复合流人工湿地处理系统与技术	80	90	60	50	75	380	32	0.141
T5	多塘系统生态缓冲带技术	60	75	49	62	58	263	0	0.046
	案例治理目标	78	65	32	41	17	385	30	0.090

8.3.2　B 城市黑臭水体治理技术筛选

B 城市内湖水体呈重度黑臭，各项污染指标超标严重，其污染成因主要如下：①该湖作为城市片区雨水的受纳水体，初期雨水污染是湖体污染源之一；②该湖上游雨污管网存在混接和破损情况，导致污水溢流入湖体。为改善该湖水环境质量，计划开展该城市内湖黑臭水体的治理工作。由于该湖位于城市主城区，无进行大规模改造的条件，因此拟通过面源过程控制类技术和污染负荷控制技术进行治理。案例中某湖定位为城市生态湿地及景观水体，面源过程控制类技术治理面积为 0.012 km²，投资成本 480 万元。拟通过面源过程控制类技术实现全年外排雨量 3800 mm 以上、TSS 净化率 47%，TN 削减率 51%、COD 削减率 47%、TP 削减率 45% 和氨氮削减率 30%。

1. 备选技术库构建

B 城市某湖黑臭水体治理面源过程控制类技术的备选技术库构建参考表 8-4，共包含泵站雨水强化混凝沉淀过滤净化处理技术、基于旋流分离及高密度澄清装备的初期雨水就地处理技术和初期雨水水力旋流-快速过滤技术等 10 项技术。

2. 技术评估指标体系构建

结合该城市特点、该湖水体污染特征和黑臭水体治理相关规划文件，确定该城市内湖黑臭水体在面源过程控制方面的水污染治理需求，形成面源过程控制方面的水污染治理目标，将该案例的治理目标分解成相应的治理指标，再根据治理指标从备选技术的基础信息中筛选出技术评估指标。评估指标包括总径流控制率、TSS 净化率、TN 削减率、COD 削减率、氨氮削减率、TP 削减率、投资成本。

3. 适用性技术初筛

将备选技术的技术特征与 B 城市某湖黑臭水体治理的客观条件进行比较，初步筛选出满足区域水污染治理客观条件的技术。初筛过程及结果如表 8-9 所示，经技术特征与 B 城市客观条件对比后，共有基于旋流分离及高密度澄清装备的初期雨水就地处理技术等 6 项技术可进行技术综合性能评估。

表 8-9 B 城市案例备选技术初筛过程及结果

技术名称	技术特征	是否满足客观条件
泵站雨水强化混凝沉淀过滤净化处理技术	适用于北方缺水城市的物理化学技术，针对雨水径流污染物净化处理及回用	不满足，该城市属南方城市且水资源较为丰富
基于旋流分离及高密度澄清装备的初期雨水就地处理技术	适用于初期雨水就地处理，针对污水-污染物分离去除目标	满足
初期雨水水力旋流-快速过滤技术	适用于城市老城区的物理化学技术，针对道路初期雨水的截流、储存、处理、回用	满足
复合流人工湿地处理系统与技术	适用于北方缺水城市的生态处理技术，针对城市污水和不同功能区雨水径流的净化与利用	不满足，该城市属于南方河网型城市
山地陡峭岸坡带梯级湿地净化技术	适用于山地陡峭岸坡带类型的城市水体污染物削减	不满足，该城市属南方平原地区，地势平坦
分流制排水系统末端渗蓄结合污染控制技术	适用于南方河网城市的生态处理技术，应用于 DN1000 以内分流制雨水排水系统排放口末端，具备一定场地面积	满足
三带系统生态缓冲带技术	适用于地形坡度较大的山地河流河岸初期雨水径流污染物削减	不可行，该城市位于平原地区，地势平坦
多塘系统生态缓冲带技术	适用于城市平缓地形河岸带的重污染治理	满足
基于调蓄的雨水补给型景观水体水质保障技术	适用于城市景观水体的雨水污染物削减及水量调蓄	满足
城市面源污染净化与生态修复耦合技术	适用于城市景观水体污染削减，针对城市受损景观水体进行水质提升与生态恢复	满足

4. 技术综合性能评估

本案例同样采用 AHP 法确定指标权重，结合 TOPSIS 法对技术综合性能进行评估。

由上文可知，需首要保证的是该湖水体主要污染物的有效去除。由于该湖污染物削减压力大小依次为 TN＞COD＞TP＞氨氮，所以 TN 的去除最为重要，之后为 COD、TP 和氨氮的去除。同时，初期雨水径流总量和悬浮物质含量也需加以考虑。此外，对黑臭水体治理时也应该考虑投资成本。综上，该城市内湖黑臭水体治理的判断矩阵赋值见表 8-10。

表 8-10 B 城市案例面源控制类技术指标判断矩阵

指标	总径流控制率	TSS 净化率	TN 削减率	COD 削减率	TP 削减率	氨氮削减率	投资成本
总径流控制率	1	1	0.166	0.2	0.25	0.333	2
TSS 净化率	1	1	0.166	0.2	0.25	0.333	2
TN 削减率	6	6	1	2	3	4	7
COD 削减率	5	5	0.5	1	2	3	6
TP 削减率	4	4	0.333	0.5	1	2	5
氨氮削减率	3	3	0.25	0.333	0.5	1	4
投资成本	0.5	0.5	0.142	0.166	0.2	0.25	1

对建立好的判断矩阵进行一致性检验。根据一致性指标 CI 值 0.0143，查表 8-2 确定平均随机一致性指标 RI 值为 1.26，利用式（8-3）计算出一致性比例 CR，其结果小于 0.1，该案例所构成判断矩阵的一致性可以接受。

采用几何平均法［式（8-4）］计算该案例的技术评估指标权重。各指标权重从大到小依次为 TN 削减率（35.3%）、COD 削减率（24.1%）、TP 削减率（16.1%）、氨氮削减率（11.1%）、总径流控制率（5.0%）、TSS 净化率（5.0%）、投资成本（3.3%）。

之后，利用 TOPSIS 法对该黑臭水体治理备选技术库中技术的综合性能和案例治理目标进行评估赋值。第一步，由于该案例中投资成本指标为极小型指标，其他指标均为极大型指标，所以需要利用式（8-12）对投资成本指标进行指标正向化；第二步，利用式（8-15）和式（8-16）计算每项技术的每个正向化指标的标准化值，并形成标准化表（表 8-11）和标准化矩阵［式（8-26）］；第三步，利用式（8-17）至式（8-22）计算该黑臭水体治理备选技术库中技术的综合性能评估值和案例治理目标评估值，计算结果见表 8-12。其中，T3 分流制排水系统末端渗蓄结合污染控制技术和 T6 城市面源污染净化与生态修复耦合技术综合性能评估值高于该案例治理目标评估值，并且各项指标性能值满足治理目标需求，因此可将分流制排水系统末端渗蓄结合污染控制技术和城市面源污染净化与生态修复耦合技术作为该案例的适配推荐技术，供决策者选择。

表 8-11　案例标准化表

面源过程控制类备选技术	总径流控制率	TSS 净化率	TN 削减率	COD 削减率	TP 削减率	氨氮削减率	投资成本
基于旋流分离及高密度澄清装备的初期雨水就地处理技术	0.36	0.38	0.49	0.42	0.16	0.17	0.00
初期雨水水力旋流–快速过滤技术	0.46	0.52	0.23	0.30	0.44	0.54	0.68
分流制排水系统末端渗蓄结合污染控制技术	0.43	0.37	0.45	0.50	0.54	0.45	0.24
多塘系统生态缓冲带技术	0.27	0.41	0.32	0.29	0.37	0.41	0.33
基于调蓄的雨水补给型景观水体水质保障技术	0.36	0.36	0.30	0.36	0.32	0.27	0.49
城市面源污染净化与生态修复耦合技术	0.37	0.27	0.41	0.45	0.41	0.44	0.33
案例治理目标	0.36	0.27	0.38	0.28	0.28	0.20	0.12

$$Z = \begin{bmatrix} 0.36 & 0.38 & 0.49 & 0.42 & 0.16 & 0.17 & 0.00 \\ 0.46 & 0.52 & 0.23 & 0.30 & 0.44 & 0.54 & 0.68 \\ 0.43 & 0.37 & 0.45 & 0.50 & 0.54 & 0.45 & 0.24 \\ 0.27 & 0.41 & 0.32 & 0.29 & 0.37 & 0.41 & 0.33 \\ 0.36 & 0.36 & 0.30 & 0.36 & 0.32 & 0.27 & 0.49 \\ 0.37 & 0.27 & 0.41 & 0.45 & 0.41 & 0.44 & 0.33 \\ 0.36 & 0.27 & 0.38 & 0.28 & 0.28 & 0.20 & 0.12 \end{bmatrix} \qquad (8\text{-}26)$$

表 8-12　案例技术评估结果表

技术序号	面源过程控制类备选技术	总径流控制率/%	TSS净化率/%	TN削减率/%	COD削减率/%	TP削减率/%	氨氮削减率/%	投资成本/(元/m²)	TOPSIS法评估值
T1	基于旋流分离及高密度澄清装备的初期雨水就地处理技术	80	70	65	70	25	25	400	0.026
T2	初期雨水水力旋流-快速过滤技术	100	95	30	50	70	80	120	0.288
T3	分流制排水系统末端渗蓄结合污染控制技术	95	67	60	84	86	68	300	0.194
T4	多塘系统生态缓冲带技术	60	75	42	49	58	62	263	0.139
T5	基于调蓄的雨水补给型景观水体水质保障技术	78	65	40	60	50	40	200	0.146
T6	城市面源污染净化与生态修复耦合技术	82	50	55	75	65	66	263	0.152
	案例治理目标	80	50	51	47	45	30	350	0.055

第9章　华北地区城市水环境
综合整治指导方案

根据第 3 章城市水环境分区结果和第 4 章城市水环境综合整治方案编制内容及方法，形成华北地区城市水环境综合整治指导方案。本章主要介绍华北地区范围内城市近期（2021～2025 年）、中期（2026～2030 年）和远期阶段（2031～2035 年）水环境综合整治指导方案，包括方案编制依据、华北地区城市水环境特征和问题解析、城市水生态环境综合整治目标确定、城市水环境质量提升方案、城市水生态恢复方案、城市水资源保护方案、城市水安全保障方案和城市水环境综合整治路线图，其目的是为华北地区各城市水环境综合整治提供参考。

9.1　方案编制依据

在贯彻国家部委所发布的相关法律法规、条例、规划等相关文件的基础上，结合华北地区城市所发布的相关规划、方案、计划等文件进行编制。

主要包括第 6 章所列国家部委相关文件及华北地区所辖城市总体规划、水污染防治工作方案、节水行动方案等。

9.2　华北地区城市水环境特征和问题解析

采用第 5 章城市水环境特征分析及问题解析方法，从水环境质量、水生态、水资源、水安全四个方面分析华北地区城市水环境特征，并基于该地区城市水环境特征问题进行解析。

9.2.1　城市水环境特征

1. 水环境质量状况

华北地区内共有省控及以上断面 1000 余个，2016～2020 年这些断面水环境质量大幅改善（图 9-1）。但这些断面水质还不能代表城市内水体水质状况，城市内河湖由于受各类污染物大量排放的影响，水质明显更差，2019 年该地区城市内水质为劣 V 类的水体占比高达 36%。其中，北京市北小河、通惠河、护城河、凉水河、昆明湖等 11 个水体共计 21

个点位中有 13 个点位水质类别在Ⅳ类及以下，占比达 61.9%；北小河上游、通惠河上游和昆明湖 3 处监测结果为劣Ⅴ类水质；天津市海河、北运河、子牙河、新开河 4 条城区内水体共计 8 个点位中仅子牙河（下游）和新开河（上游）2 个点位达到了Ⅳ类水质，其余6 个点位均为劣Ⅴ类水质。2020 年区域内城市黑臭水体共计 835 条，占全国黑臭水体数量的 28.7%，主要集中在河南、山东和江苏北部地区的城市内。其中，北京市、信阳市、徐州市和淮安市黑臭水体数量在 50 条以上。

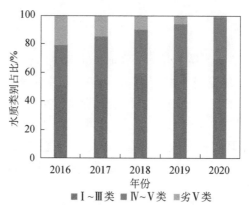

图 9-1　华北地区 2016～2020 年省控及以上断面水质年际变化

资料来源：2016～2020 年各省市生态环境状况公报

2. 水生态特征

华北地区内城市水生态系统健康状况整体较差，城市河湖水系连通性被破坏，部分城市水生态系统接近崩溃。同时华北地区内城市水生态系统表现出明显的地区集聚效应，在人口密集的工业城市，河湖水生态系统健康程度均极差，如京津冀工业区、山西大同周边以矿业为主的工业区以及山东、河南的国家粮食生产地区（郝利霞等，2014）。

北京市北运河水生态健康状态处于一般健康状态；与 20 世纪 80 年代相比，天津市城市水体浮游动物、底栖动物、大型鱼类和水生植物种类锐减，分布水平明显降低，大部分水体水生态健康状态普遍处于"一般"状态，水生态健康状况脆弱；廊坊市 10 个河流监测断面中 7 个断面水生态健康状态处于"轻度污染"水平；淮河流域河南段 11 个地级市河流生态系统健康状况处于"脆弱"水平的断面近 75%（李瑶瑶等，2016）；渭河宝鸡至渭南段水生态系统处于亚健康状态，生物完整性状况呈病态，物种损失严重（石国栋，2020）。

3. 水资源特征

华北地区城市水资源极度匮乏，"有河皆干"现象突出。区域内年人均水资源量仅为357 m³，约为全国的 1/6，属于极度缺水的地区，各城市年人均水资源量见图 9-2。

从人均水资源量角度看，区域内 79 个城市中除汉中市和安康市外，其余均存在不同程度的水量型缺水问题，其中 58 个城市人均水资源量不足 500 m³，处于极度缺水状态。从水资源开发利用率角度来看，2020 年区域水资源开发利用强度达到了 56.13%，超过了世界公认的 40% 的安全警戒线。区域内水资源越匮乏地区其水资源开发利用率普遍更高，

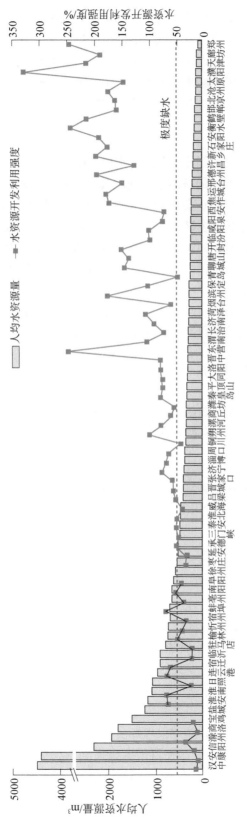

图 9-2　华北地区 2020 年城市人均水资源量及水资源开发利用情况

资料来源：2020 年各省市水资源公报

特别是京津冀、河南北部及山东北部地区的城市水资源开发利用强度极高。水资源先天匮乏和水资源开发利用强度过大，使得区域内河流断流问题突出。其中，海河流域水资源开发利用强度最大，已达到106%，以至于大部分支流长期处于断流状态。研究显示，2018年春季京津冀地区13个城市均有干涸河道分布，其中保定、张家口、北京、石家庄四市的干涸河道长度均超过500 km，石家庄河道干涸比达到了44%。

4. 水安全风险

（1）水量安全问题：华北地区部分水源地供水保证率达不到要求，部分地下水水源地不能实现采补基本平衡，部分地区的备用水源地配套建设不够完善。例如，北京市先后4次从河北省应急调水，并被迫启用应急水源地常态供水；天津市11次实施引黄济津应急调水；河北省长期依靠超采地下水缓解供水压力（戴乙和王佰梅，2018）。

（2）水质安全问题：华北地区的饮用水水源以本地的地表水和地下水为主源。地表水水源水质存在的问题主要是硫酸盐超标和湖库水源地富营养化的问题。例如，陕西省6个湖库型水源地除宝鸡冯家山水库营养状态等级为轻度富营养外，其余5个水源地营养状态等级均为中度富营养。地下水的水质问题主要是总硬度和硫酸盐超标。例如，山东省枣庄市1处地下水水源地受地质原因影响，总硬度和硫酸盐超标。

9.2.2 城市水环境特征问题解析

采用第5章城市水环境特征问题解析方法，基于华北地区城市水环境特征现状，从水环境质量、水生态、水资源和水安全四方面对该地区的城市水环境问题进行解析。

1. 水环境质量问题解析

针对上述华北地区城市水环境质量状况，从城市点源、面源和内源等污染源对水环境质量问题进行解析。

1）点源污染问题突出

（1）生活污水排放量大，污水收集和处理设施存在短板。

华北地区城市人员密集、经济发展快速，2019年区域内城镇人口约2.5亿，占全国城镇人口的30%，高于我国其他地区。区域内主要城市生活污水排放量与城镇人口数量见图9-3，由于人口基数大导致城市生活污水排放量大，超过城市水体水环境容量造成水质恶化。

研究区域2020年城市建成区排水管道密度仅9.77 km/km²，低于11.11 km/km²的全国均值，整体排水管道建设较为滞后。研究区域2020年各城市建成区管道密度见表9-1。可以看出，79个城市中有57个城市建成区管道密度低于全国均值。管网建设滞后的问题主要集中在山西省、陕西省和河南省辖市，其管道密度分别为7.68 km/km²、7.34 km/km²和8.86 km/km²。区域内多数城市基础设施建设欠账多，尤其是城中村、城乡接合部等存在管网建设空白区，建成区管网建设滞后，导致污水收集率低，存在生活污水直排入河湖现象；区域内多数城市雨污分流的排水体制推行较快，但老城区的排水体制仍以合流制为主，夏季降雨集中期间易发生溢流污染、内涝和水体反黑臭等问题。

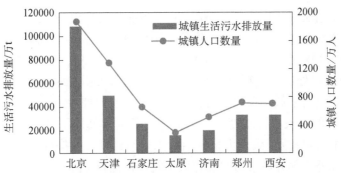

图 9-3　华北地区 2017 年主要城市生活污水排放量与城镇人口数量

资料来源：《中国统计年鉴 2020》

表 9-1　华北地区 2020 年各城市建成区排水管道密度　（单位：km/km²）

城市	排水管道密度	城市	排水管道密度	城市	排水管道密度	城市	排水管道密度
北京	—	运城	8.48	东营	11.29	濮阳	13.46
天津	18.72	忻州	20.79	烟台	8.80	许昌	7.27
石家庄	8.90	临汾	6.54	潍坊	10.13	漯河	14.43
唐山	11.82	吕梁	12.42	济宁	7.34	三门峡	4.83
秦皇岛	4.99	徐州	6.68	泰安	9.81	南阳	10.04
邯郸	10.54	连云港	10.22	威海	19.8	商丘	7.25
邢台	10.71	淮安	18.05	日照	19.33	信阳	4.14
保定	8.13	盐城	5.81	临沂	13.33	周口	9.91
张家口	3.96	宿迁	13.15	德州	10.52	驻马店	9.62
承德	7.53	蚌埠	9.20	聊城	10.44	西安	8.72
沧州	9.00	淮南	6.90	滨州	14.42	铜川	10.41
廊坊	11.85	淮北	12.34	菏泽	7.20	宝鸡	5.65
衡水	9.37	滁州	21.54	郑州	7.78	咸阳	4.28
太原	4.80	阜阳	9.10	开封	8.28	渭南	7.28
大同	9.06	宿州	13.17	洛阳	6.85	延安	10.84
阳泉	0.93	亳州	12.97	平顶山	8.82	汉中	2.69
长治	7.39	济南	11.07	安阳	15.59	榆林	1.01
晋城	7.54	青岛	12.31	鹤壁	9.37	安康	6.82
朔州	9.95	淄博	12.81	新乡	7.00	商洛	9.44
晋中	10.73	枣庄	8.58	焦作	9.59	区域均值	9.77

注：—表示数据未查到。

资料来源：中华人民共和国住房和城乡建设部，2021。

　　排水管网建设滞后造成研究区域污水收集率普遍偏低，大量生活污水排入河道。按污染物去除效果核算，区域内多个城市污水收集处理率仅 50%左右，如新乡、邢台等。2016年西安市长安区因污水管网建设不到位，使每天近 8 万 t 生活污水进入皂河河道[①]。2020

---

　　① 陕西西安市皂河黑臭水体整治一盖了之 长安段截污管道建设敷衍应对. https://www.mee.gov.cn/xxgk2018/xxgk/xxgk15/201811/t20181116_674177.html[2020-01-01].

年山东省菏泽市因排水管网不完善，致其生活污水收集率仅为51.9%，赵王河、外护堤河、青年湖等水体都存在生活污水直排现象，小黑河等水体部分河段呈现重度黑臭[①]。

2020年研究区域城市污水处理厂平均运行负荷率为72%，低于77.86%的全国均值。2020年区域城市污水处理厂运行负荷率见表9-2。统计数据显示，79个城市中有49个城市污水处理厂运行负荷率低于全国均值，多数城市污水处理能力已满足城市需求，甚至出现"大马拉小车"的现象。污水处理厂的低运行负荷率暴露了城市在污水处理方面存在"重建厂、轻管网"的问题，致使大量生活污水未经处理直接排放，污水处理设施的效能无法完全发挥。此外，部分城市污水处理设施超负荷运行，如三门峡市和延安市等。城市污水处理厂超负荷运行会使用大量污水溢流进河道，污水处理效果下降，出水水质变差。

表9-2 华北地区2020年城市污水处理厂运行负荷率　　（单位：%）

城市	污水厂运行负荷率	城市	污水厂运行负荷率	城市	污水厂运行负荷率	城市	污水厂运行负荷率
北京	72.19	运城	61.15	东营	79.12	濮阳	85.77
天津	87.19	忻州	99.62	烟台	58.07	许昌	42.70
石家庄	75.06	临汾	74.10	潍坊	79.81	漯河	54.81
唐山	70.06	吕梁	82.34	济宁	71.90	三门峡	119.08
秦皇岛	69.87	徐州	92.75	泰安	71.81	南阳	71.17
邯郸	72.28	连云港	77.77	威海	66.55	商丘	29.05
邢台	67.60	淮安	72.79	日照	75.97	信阳	64.46
保定	66.09	盐城	71.04	临沂	74.55	周口	87.34
张家口	85.09	宿迁	58.18	德州	71.24	驻马店	80.82
承德	55.84	蚌埠	80.69	聊城	49.02	西安	87.23
沧州	58.56	淮南	67.92	滨州	77.58	铜川	80.11
廊坊	71.58	淮北	94.01	菏泽	56.02	宝鸡	89.58
衡水	64.92	滁州	95.58	郑州	52.00	咸阳	95.55
太原	80.19	阜阳	75.31	开封	56.16	渭南	68.20
大同	66.07	宿州	54.23	洛阳	53.71	延安	102.92
阳泉	97.18	亳州	92.76	平顶山	85.76	汉中	78.78
长治	70.42	济南	73.93	安阳	85.02	榆林	71.07
晋城	85.06	青岛	64.43	鹤壁	61.39	安康	—
朔州	—	淄博	69.42	新乡	40.24	商洛	—
晋中	91.29	枣庄	52.22	焦作	59.37	区域均值	72.00

注：—表示数据未查到。

尽管从统计数据显示，区域内绝大多数城市污水处理能力已满足城市需求，但各地城市的快速扩张、人口聚集，使得多数城市在污水处理上存在着不均衡、不协调的问题，如

[①] 山东省菏泽市黑臭水体整治不力 水体返黑返臭问题突出. https://www.mee.gov.cn/ywgz/zysthjbhdc/dcjl/202110/t20211009_955825.shtml[2021-12-01].

北京市 67 座污水处理厂，有 10 座运行负荷率低于 30%，但同时又有多座超负荷运行[①]。部分城市污水处理实际效能低，污水处理厂排放标准执行不到位。唐山、秦皇岛、滨州等市仍有 14 座污水厂未按"水十条"要求执行一级 A 排放标准。

（2）工业废水排放量大，钢铁、制药、石化行业污染严重。

华北地区 2017 年部分城市工业废水和工业源 COD 排放量见表 9-3。

表 9-3　华北地区 2017 年部分城市工业废水和工业源 COD 排放量

城市	工业废水排放量/万 m³	COD 排放量/t	城市	工业废水排放量/万 m³	COD 排放量/t	城市	工业废水排放量/万 m³	COD 排放量/t
北京	8494	2232	盐城	11003	—	开封	2228	—
天津	18107	9041	宿迁	5652	—	洛阳	3913	1672
石家庄	8430	—	蚌埠	1715	1983	平顶山	2789	—
唐山	9388	8477	淮南	4992	1535	安阳	2082	—
秦皇岛	2310	—	淮北	1727	1225	鹤壁	2797	—
邯郸	2743	—	滁州	2360	3409	新乡	8853	—
邢台	5843	—	阜阳	2144	2527	焦作	6654	—
保定	6514	—	宿州	2241	1580	濮阳	3019	1471
张家口	1977	—	亳州	1934	1207	许昌	2589	—
承德	1363	—	济南	5949	2594	漯河	1597	—
沧州	3124	2692	青岛	5613	2184	三门峡	1512	1679
廊坊	2018	—	淄博	13060	6486	南阳	2687	—
衡水	615	—	枣庄	6113	2420	商丘	3605	—
太原	3739	—	东营	—	3184	信阳	1025	588
大同	1821	—	烟台	7848	3288	周口	1925	—
阳泉	374	94	潍坊	—	8558	驻马店	2056	—
长治	4088	2457	济宁	13498	4742	西安	4448	1247
晋城	3270	—	泰安	6367	3198	铜川	—	315
朔州	1122	8314	威海	1947	1180	宝鸡	2528	2074
晋中	987	7000	日照	7070	3441	咸阳	2686	1658
运城	—	—	临沂	8769	5335	渭南	4362	2503
忻州	629	—	德州	8263	3733	延安	1962	2001
临汾	—	—	聊城	5350	2994	汉中	—	410
吕梁	2609	—	滨州	17923	8330	榆林	13691	2490
徐州	3449	2526	菏泽	7046	3808	安康	169	411
连云港	4860	7384	郑州	8243	4721	商洛	0	453
淮安	3690							

注：—表示数据未查到。

资料来源：国家统计局城市社会经济调查司，2019。

[①] 中央第一生态环境保护督察组向北京市反馈督察情况. https://www.mee.gov.cn/xxgk2018/xxgk/xxgk15/202102/t20210202_819981.html[2022-08-01].

由表可知，2017 年华北地区工业废水排放量为 33.76 亿 m³，占全国废水排放量的 30.91%。其中京津冀城市群和山东省是工业污染最为严重地区，工业废水排放量 18.57 亿 m³，占区域工业废水排放量的 55.02%。本研究收集的 48 个城市工业源 COD 排放量 15 万 t，其中天津、唐山、潍坊和滨州等城市工业源 COD 排放较为突出。区域内不少中小河流由于城镇工业废水的超量排放已成为污水河。

区域内各城市的工业基础扎实，具有广阔的发展前景，目前依靠资源消耗而增加产值的企业是区域的经济主导。2019 年区域内钢材产量占全国的 52.7%，石油、煤炭等加工业营收占全国 41.9%，医药制造业营收占全国 38%。这些行业是区域经济增长的主要力量，但同时也严重威胁着区域内城市水生态环境质量，特别是钢铁、石化、制药等行业的工业园区废水污染问题更加突出。入园要求低、工业废水处理难度大和园区管理经验不足等问题导致工业园区污染严重、环境风险高。例如，石家庄市经济技术开发区内有 30 多家药企，园区污水处理厂受来水可生化性差、水质波动较大的影响，导致运行不稳定（吕静等，2014）；2019 年天津市工业源 COD、氨氮、总氮和总磷排放量分别为 5583 t、449 t、1366 t 和 60 t，天津市滨海新区内有近 1000 家石化和化工企业，污染排放负荷大、污水水质差异大，且含有大量难生物降解的有机污染物和重金属，严重影响周边水体水质（陈轶等，2013）。研究区域部分城市主要工业类型见表 9-4。

表 9-4　研究区域部分城市主要工业类型

城市	主要工业	城市	主要工业	城市	主要工业
天津	石化、钢铁	青岛	石化、啤酒生产	德州	化工、食品加工
石家庄	制药	淄博	石化	聊城	化工
唐山	钢铁	枣庄	制药、造纸	滨州	化工
保定	造纸	东营	采矿、石化、医药	菏泽	制药、石化
太原	冶金、化工	烟台	化工	郑州	电子信息、制药、钢铁
长治	煤炭开采	济宁	煤矿	新乡	制药、煤化工
盐城	化工	泰安	制药	焦作	食品加工
淮南	煤炭、化工	日照	钢铁	西安	装备制造
济南	钢铁、化工、食品	临沂	冶金、化工、制药	榆林	煤炭、化工

2）季节性径流污染严重

华北地区 2019 年逐月降水量及京津冀地区Ⅰ～Ⅲ类水质占比变化见图 9-4。

由图 9-4 可知，华北地区降水季节分配很不均匀，主要集中在夏季。从京津冀地区地表水监测数据来看，随着雨季来临，Ⅰ～Ⅲ类水质断面占比呈下降趋势，受初期雨水径流影响，6 月水体水质最差。而随着秋冬季降水量的减少，地表水水质逐渐变好。由此说明，造成雨季城市水体水质下降的重要原因之一是降雨径流引起的面源污染。

地表径流污染是城市面源污染的直接来源。近年来华北地区城市面积不断扩大，不透水下垫面面积占比增大，下垫面容易累积大量污染物，造成径流水质普遍较差，特别是 6 月径流水质最差。例如，太原市 6 月工业区道路降雨径流中 COD 和氨氮浓度分别为

219 mg/L 和 2.05 mg/L（来雪慧等，2015）；天津市 6 月份老城区道路降雨径流中 COD、氨氮浓度分别为 276.65 mg/L、5.02 mg/L（赵晓佳等，2019），各主要污染物平均浓度均高于我国地表水环境质量 V 类标准。

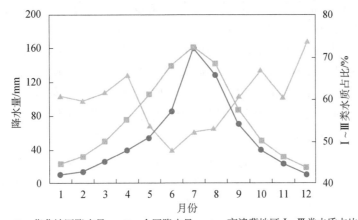

图 9-4　华北地区 2019 年逐月降水量及京津冀地区 Ⅰ～Ⅲ类水质占比变化

资料来源：2019 年全国地表水水质月报

合流制溢流及管道沉积物是面源污染重要来源，也是导致城市水体黑臭的重要因素。我国多数城市合流制排水体系截流倍数取 1～2，造成排水系统对合流制溢流污水的截流效率偏低，大量污水溢流进入河道，特别是雨天极易发生水体返黑臭现象。对北京市中心城区合流制溢流污染监测发现，溢流污水水质极差，COD 267 mg/L、氨氮 10.6 mg/L（付朝臣等，2020）。管道沉积物的"零存整取"是溢流污水水质极差的重要原因之一，对北京城区溢流污水的不同来源污染负荷分析发现，沉积物污染负荷贡献率高达 80%（李海燕等，2013）。

3）内源污染持久

华北地区城市水体内源污染主要来自以下两部分：一是华北地区城市水体长期以来水质极差，造成污染物在河湖底部大量沉降，在某种条件下会释放扩散进入上层水中，不仅造成二次污染，还对水体生态系统形成严重干扰，这部分污染具有成分复杂以及持续时间长等特点；二是死亡生物体与水生动物代谢产物会产生耗氧型污染，导致河湖缺氧，并经微生物分解向水中排放氮、磷等物质，其残体与代谢产物经过长期的积累、沉淀和固化后形成水底底泥。

2. 水生态问题解析

随着华北地区城市化进程的加快，受人类活动的干扰加剧，城市水体受到不同程度的污染，进而破坏了城市水生态系统。当前区域内城市存在水体自然属性被破坏、河湖水域面积萎缩、水生动植物多样性下降、河湖岸带净化污染物能力减弱和河湖干涸等问题，对城市水生态系统的健康造成严重威胁。区域内对城市水生态系统产生影响的人类活动干扰主要如下。

1）城市建设用地的扩张

近年来华北地区城市建成区面积不断增加，其中有相当一部分增加的面积是通过缩窄河床、围湖造地等侵占城市水域空间的方式进行扩张的，"人水争地"现象愈演愈烈，造成了河湖水面面积大幅萎缩、斑块化数量增加等现象。河南省沿黄河流域 8 个地级市 1987～2002 年湿地面积减少了 19.18%，斑块化数量增加了 21.27%（丁圣彦和梁国付，2004）；海河流域自 1950 年以来，受城市开发建设影响湿地水面面积减少了 72%（郭书英，2018）；贾梦圆（2021）对天津市不同发展条件下的土地利用变化情况的研究显示，到 2025 年，天津市主要水域都是易受城市扩张威胁的水生态敏感区域，大量二级河道、排水干渠、坑塘水面等毛细水网将在城市建设过程中被填埋和侵占。

2）河湖岸带的开发利用

华北地区内城市为防洪、稳固河岸和追求景观娱乐效果，对城市内河湖岸带进行了一系列的开发利用，如河道渠道化、裁弯取直、河湖岸带硬化和岸边植被带园林化等。淮河流域河南段 11 个地级市自 1950 年以来建设的硬质化边坡长度达 1.1 万 km，其城市河流边坡硬质化现象普遍（王小青，2014）；京津冀地区非生态用途占有缓冲带比例高达 48%，北京市温榆河流域大约 6 km 的河岸带生态系统被开发占用（郭二辉等，2016）。城市对河湖岸带的开发利用隔断了水陆生态系统之间的联系，使河岸区域复杂多样的生境变得均一化，生物多样性减弱，水体自净化能力下降，也降低了河湖岸带控制径流污染的能力，造成河湖水质富营养化问题加重，对城市水生态系统健康造成严重威胁。例如，北京市潮白河下游水体流动性差，夏季富营养化严重，团城湖、玉渊潭湖和奥运湖等湖泊均处于轻度-中度富营养状态；自 2012 年起天津市海河干流连续多年 5～6 月暴发蓝藻水华（胡华芬，2021）；2018～2019 年衡水市衡水湖处于轻度富营养水平。

3）城市取排水量的增加

华北地区 2004～2019 年工业和生活取水量增加了约 16%，冶金、石化、造纸等高耗水企业众多，人口密集，导致生活和工业取用水量增多，大量工业废水及生活污水排入城市水体。区域内城市河湖污废水等非常规水源补给十分明显，占比已超过 60%，其中京津冀地区河湖 2001～2012 年污径比范围为 18.2%～71.6%，平均污径比为 35.7%（曹晓峰等，2019）。城市水体接纳大量污水导致水质明显下降，黑臭现象频发，水生态系统遭到严重破坏，生物种类和生物量也呈锐减状况，有的城市水生态系统甚至难以恢复。北京市清河和通惠河由于接纳了大量生活污水和工业废水，水生植物生境被破坏，造成其水生植物多样性处于较低水平，清河植被生物完整性值在 0.23～0.38，处于一般水平，通惠河植被生物完整性值低于 0.23，处于较差水平（夏会娟等，2018）。

3. 水资源问题解析

随着华北地区人口和产业的发展，各城市对水资源的需求逐步增大，与此同时，在城市生产生活对水资源的利用过程中存在大量水资源浪费的现象，而同时城市也会产生大量污废水。基于此，可从水资源浪费和污水再生利用角度进行深入解析。

1）水资源浪费严重

截至 2021 年底，研究区域已建成节水型城市 58 个（含县级市），占全国已建成节水型城市数量的 43%。尽管如此，区域内仍有部分城市在生活、市政、工业用水方面均存在不同程度的水资源浪费现象。以《城市居民生活用水量标准（征求意见稿）》《国家节水型城市考核标准》为依据，计算得到华北地区 2020 年城市水资源浪费总量为 6.3 亿 m³。2020 年华北地区城市在生活、工业及市政方面水资源浪费情况统计见图 9-5。

在生活用水方面，2020 年区域内有 18 个城市居民生活用水量高于《城市居民生活用水量标准（征求意见稿）》中给出的第二阶梯用水量，共浪费水资源 0.38 亿 m³，根据《住房城乡建设部 国家发展改革委关于印发〈国家节水型城市申报与考核办法〉和〈国家节水型城市考核标准〉的通知》（建城〔2018〕25 号），节水器具普及率应达到 100%，但该区域多数城市未达到该要求，城市生活用水存在浪费现象。在市政公共供水方面，该区域城市公共供水管道漏损率约 12.88%，超过节水城市考核标准中规定的 10% 的要求，有 63 个城市未达到该要求，其中，张家口、承德、枣庄、淮北和蚌埠等市的供水管道漏损率在 17% 左右，2020 年华北地区市政公共供水浪费水量 3.27 亿 m³。在工业用水方面，近年来该区域工业节水力度不断加大，但在有数据统计的 63 个地级市中仍有 18 个城市工业用水重复利用率低于节水城市考核标准中规定的 83% 的目标要求，2020 年华北地区工业用水浪费量为 2.67 亿 m³。

2）再生水利用水平仍有提升空间

华北地区城市 2020 年再生水利用情况见图 9-6，由图可知华北地区城市再生水利用水平仍有较大提升空间。从再生水生产设施效应发挥效果来看，仅有郑州、济南和青岛等 14 个城市再生水生产设施利用率达到 90% 以上，再生水生产设施效应得到完全发挥，需扩大城市再生水生产能力。而多数城市再生水生产设施面临闲置困境，太原、榆林和沧州等 32 个城市再生水生产水平在实际生产能力的一半以下，再生水生产设施未能完全发挥作用，需大力开发再生水利用途径。整体来看，淮河流域城市再生水生产设施利用水平较华北地区其他区域城市更高。从再生水利用率角度来看，海河流域城市再生水利用率水平整体较淮河流域更高。根据《"十四五"城镇污水处理及资源化利用发展规划》，到 2025 年，全国地级及以上缺水城市再生水利用率达到 25% 以上，京津冀地区达到 35% 以上，黄河流域中下游地级及以上缺水城市力争达到 30%。由图 9-6 可知，目前有石家庄、太原和大同等 30 个城市未达到其所对应规划目标，需进一步提高再生水利用率。

4. 水安全问题解析

华北地区城市饮用水存在安全问题，其原因主要有：一是水资源短缺和需水量大导致水源地水量紧张。区域内城市集中，人口稠密，工业发达，水资源刚性需求大，且备用水源地缺乏，导致华北地区城市水资源供需矛盾突出；二是华北地区城镇污水和工业废水排放量大，污水处理工艺标准还不高，加之大量未经处理的污废水以及农村生活、养殖污水未经处理直接排放入河，严重威胁到地表水水源地水质安全。同时，受地表污水下渗和农业面源污染的影响，区域浅层地下水也受到不同程度的污染。

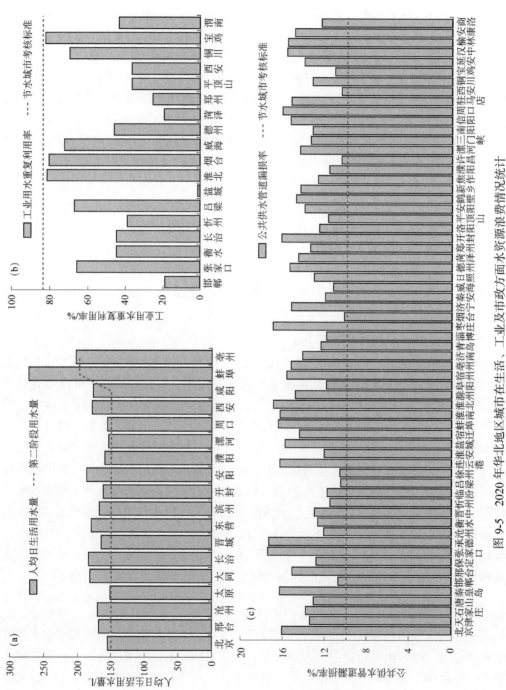

图 9-5　2020 年华北地区城市在生活、工业及市政方面水资源浪费情况统计

资料来源：中华人民共和国住房和城乡建设部，2021

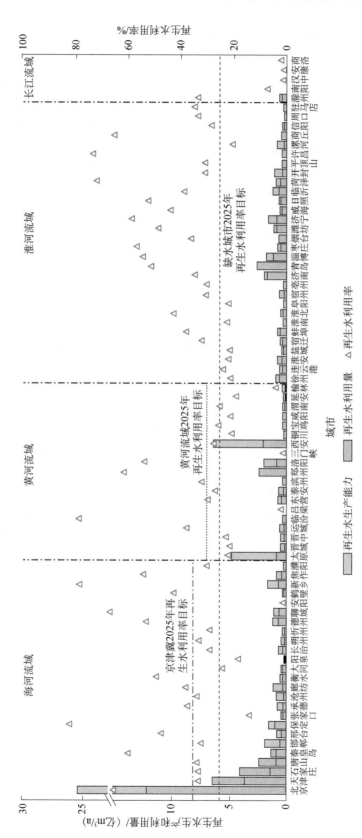

图 9-6　2020 年华北地区城市再生水利用情况

资料来源：中华人民共和国住房和城乡建设部，2021

9.3　华北地区城市水生态环境综合整治目标确定

由地区城市水环境特征和问题解析可知，华北地区城市存在众多水环境问题。采用第6章的方法，构建华北地区城市水生态环境综合整治目标，并采用系统动力学方法进行优化（见6.2节相关案例）。华北地区城市水环境综合整治近期（2021～2025年）、中期（2026～2030年）和远期（2031～2035年）水生态环境综合整治目标如下。

2025年目标：实现地区城市水环境污染负荷大幅度削减，较大幅度减少污染严重水体，受城市影响控制断面优良（达到或优于Ⅲ类）比例达到60%以上，劣Ⅴ类水体占比在15%以下，城市水体水功能区基本达标，基本消除黑臭水体；城市规模和结构量水发展，初步形成节水型城市，水资源利用效率提高，城区再生水利用率达到35%以上，其中京津冀地区城市达40%以上，建成区海绵城市建设占比达到40%，万元工业产值用水量降至16 m³，其中京津冀地区城市降至11 m³，城区部分河流恢复"有水"；水生态环境改善，开展城区河湖缓冲带修复，水生生物完整性指数达到"中等"水平。水环境、水资源、水生态统筹推进格局基本形成。

2030年中期目标：实现地区城市水生态环境全面改善，水生态系统功能初步恢复，受城市影响控制断面优良（达到或优于Ⅲ类）比例达到70%以上，劣Ⅴ类水体占比降至5%以下，城市水体水功能区基本达标，全面消除黑臭水体；完成节水型城市的构建，加强水资源合理利用，城区再生水利用率达到45%以上，其中京津冀地区城市达50%以上，建成区海绵城市建设占比达到50%，万元工业产值用水量降至13 m³，其中京津冀地区城市降至9 m³；水生态系统恢复，城区河湖缓冲带全面修复，水生生物完整性指数达到"良好"水平。持续推进水环境、水资源、水生态统筹治理。

2035年远期目标：实现华北地区城市水生态环境质量根本好转，城市水生态系统全面恢复，受城市影响控制断面优良（达到或优于Ⅲ类）比例达到80%以上，消除劣Ⅴ类水体，城市水体水功能区全面达标；加强水资源合理利用，城区再生水利用率达到50%以上，其中京津冀地区城市达到55%以上，建成区海绵城市建设占比达到60%，万元工业产值用水量降至11 m³，其中京津冀地区城市降至8 m³；城区河湖缓冲带全面恢复，水生生物完整性指数保持"良好"水平。"美丽中国"目标基本实现。

为了实现上述三个阶段地区城市水生态环境综合整治目标，需要分别制定华北地区城市水环境质量提升方案、水生态恢复方案、水资源保护方案和水安全保障方案。

9.4　华北地区城市水环境质量提升方案

针对制定的华北地区城市水环境综合整治目标，需按照上述第7、第8章内容依次确定城市水体功能区主控污染指标、核算水环境容量、分配污染削减负荷和甄选适用性技术，最后给出具体城市的水环境质量提升方案。本节从生活点源、工业点源、城市内源和城市面源方面提出适合华北地区内城市的水环境质量提升方案，并给出相应的推荐技术。

9.4.1　生活点源污染控制方案

基于上述解析出的城市存在的污水收集率低、老城区合流制溢流污染及管网混错接、老化破损等主要问题，提出适用于该地区城市的生活点源污染控制方案。

1. 生活污水收集控制方案

一是全面摸排城市现有排水管网情况，重点排查生活污水直排、老城区合流制溢流污染、管道混错接及破损现象，掌握污水管网中存在的问题，有针对性地制定管网完善建设方案。二是针对现有排水管网存在的问题分类建设：①对于排水管网密度低的城市，如阳泉、大同、临汾、信阳、三门峡等城市，加大排水管网建设力度，消除管网空白区；②治理污水直排问题，设置截污管解决生活污水直排入河的问题，对管网无法覆盖地区，设置污水回收点或微型污水处理站，提高污水收集率，完善北京、天津等管网建设较快的大中型城市人口聚集区生活污水毛细管网建设；③对于混错接和破损问题，开展混错接改造和老化破损管网修复工作，全面提升污水管网排放质量与水平，做到管网覆盖范围内生活污水均规范接入管网，消除管网建设中的混错接现象；④有效解决合流制溢流问题，实施老旧城区雨污分流改造工程，重点推进诸如张家口、衡水、朔州等合流制占比高的城市因地制宜地实施雨污分流改造，对于无法改造的可以设置截流管道，消除合流制溢流污染。三是新城区推行雨污分流的排水体制。实现"十四五"末期城区生活污水全截污、全收集。

2. 城镇污水处理设施提质增效

全面排查污水处理厂进水浓度，对进水 BOD_5 浓度低于 100 mg/L 的城市污水处理厂，需根据服务区域开展"一厂一策"系统化整治。现有污水处理能力不能满足需求的城市，要加快补齐处理能力缺口。新城区在开发建设的同时要同步推进污水收集处理设施的建设。京津冀地区和黄河干流沿线城市需实现生活污水集中处理能力全覆盖。以区域内重要河湖沿线城市为重点，实施差别化精准提标，水环境敏感地区污水处理需达到一级 A 排放标准，京津冀地区和黄河流域省会城市需对城镇污水处理厂提出更为严格的污染物排放控制标准。

为实现生活源污染控制，依据华北地区城市生活源污染特征及存在问题，结合水环境质量目标及生活点源污染控制方案，筛选出适用于华北地区城市生活点源污染控制的推荐技术，如表 9-5 所示。

表 9-5　生活点源污染控制技术清单

技术名称	关键词
新型真空排水技术	排水技术、污水收集
城市排水管网智能养护与快速检测修复技术	缺陷检测、结构性缺陷、视频管道检测
基于排水模型的城镇排水系统内涝管控关键技术	优化控制、排水模型、内涝管控

9.4.2 工业点源污染控制方案

基于上述解析出的华北地区城市工业点源污染特征，应重点解决钢铁、制药、石化等重点工业污染问题，此外，还需加强工业园区污染防治。具体实施方案如下。

1. 加强工业污染专项整治

专项整治钢铁、制药、石化工业污染问题。以京津冀城市群和山东省各城市钢铁、制药、石化三大污染工业为重点，以源头预防、过程控制和资源利用为手段，实施钢铁、制药、石化等高污染工业企业清洁生产工程改造；钢铁企业焦炉完成干熄焦技术改造，制药（抗生素、维生素）行业实施绿色酶法生产技术改造；淘汰或改进现有落后的钢铁、制药、石化废水处理技术，减少污染物排放量，实现工业废水排放浓度达到国家、地方或行业排放标准；加强华北地区制药、石化等工业行业有毒有害污染物产生与排放的监管，含有毒有害污染物的工业废水应当分类收集和处理，不得稀释排放。

加快产业结构调整，优化空间布局。针对区域普遍存在的造纸、食品加工、印染、制革、炼焦等工业，需全面排查装备水平低、环保设施差的"小、散、弱"工业企业，以河北省制革、山西省炼焦等为重点，取缔一批不符合国家产业政策的小型造纸、印染、制革、炼焦等严重污染水环境的生产项目；加快推进河南省、山东省各城市农副食品加工等行业企业整合；加快推进一批印染、造纸、制革等行业企业入园；加快推进重点地区造纸、化学品制造等污染较重企业有序改造或依法关闭。在黄河、淮河和海河流域沿岸城市，要严格石油化工、化学原料和化学制品制造、制浆造纸、医药制造、化学纤维制造、有色金属冶炼、纺织印染等项目环境风险，合理布局生产装置及危险化学品仓储等设施。将城市及周边工厂统一搬迁至工业园区；持续推进黄河、淮河和海河干流和重要支流岸线延伸陆域 1 km 范围内化工企业搬迁入园工作。

2. 加强工业企业清洁生产和排污许可证管理

加强对工业企业清洁生产推进，减少排污，对废水严格把控，实现废水水质达标排放。鼓励企业开展自愿性清洁生产审核，钢铁、化工、制药和食品加工等重点行业开展强制性清洁生产审核与评价认证，推进重点行业"一行一策"绿色转型升级，实施系统性清洁生产改造。加强高耗水、高污染建设项目清洁生产评价，新建（含改建、扩建）项目应采取先进适用的工艺技术和装备，单位产品水耗达到清洁生产先进水平。

统筹考虑水环境质量等因素，完善排污许可制定体系，依法落实污染源排污许可"一证式"监管，实现所有企业全覆盖；加强全过程监管，制定污染源清单，科学合理确定污染物排放许可量；加大监管力度，建立污染物总量控制核查机制，积极开展证后监管，完善已发证企业污染物排放许可量。

3. 强化工业园区污染治理

以天津市滨海新区工业园区为示范，在区域化工和冶金园区内推广基于清洁生产的化工园区水资源高效利用模式和基于水循环经济的冶金园区水资源高效利用模式，降低单位产值水耗、削减废水排放量；在园区内部，要坚决关停污染环境、浪费资源、设备落后、产能低下的企业和产品；对于申请加入工业园区的工业企业进行严格的选择，争取从源头上控制工业污染；加强工业园区生态化建设，促进工业的良性集聚。

加强工业园区水污染治理，推动全部工业企业搬迁入园，加强工业园区污水处理设施建设和运营的分类指导，实行"清污分流、雨污分流"，以化工、制药、有色金属冶炼行业为主的水污染较重的工业园区，根据工业企业排水情况，鼓励分类、分质收集处理，确保园区内各种污废水达标排放。工业园区内工业废水必须经预处理达到集中处理要求，方可进入污水集中处理设施。新建、升级工业集聚区应同步规划、建设污水集中处理设施；加强对工业企业的监督管理，加强园区排水在线监测，智能监管企业废水排放状况。

为实现工业点源污染控制，此处依据华北地区城市工业点源污染特征及存在问题，结合水环境质量目标及工业点源污染控制方案，筛选出适用于华北地区钢铁、石化、制药等重点行业污染控制技术，见表 9-6。

表 9-6　工业点源控制技术清单

技术名称	关键词
钢铁行业水污染全过程控制技术	
污水配矿烧结技术	配矿、烧结、节水
转炉炼钢工序节水技术	转炉炼钢、烟尘、温度
轧钢过程节水技术	轧钢、低温、智能化
钢铁园区水网络优化与智能调控技术	水网络、优化、智能
非均相催化臭氧氧化技术	非均相催化臭氧氧化、焦化废水、低浓度有机物
低浓度有机物深度臭氧氧化技术	深度处理、钢铁综合废水回用、催化臭氧氧化
高盐有机废水臭氧催化氧化技术	高盐有机废水、高级氧化、催化臭氧
石化行业水污染全过程控制技术	
基于电絮凝强化除油的电脱盐废水预处理技术	电絮凝、除油、电脱盐、预处理
丙烯腈-丁二烯-苯乙烯（ABS）树脂装置水污染全过程控制技术	防挂胶 ABS 接枝聚合反应釜、ABS 接枝胶乳复合凝聚、防堵塞溶气释放器、高效混凝破乳药剂
微氧水解酸化-缺氧/好氧、微絮凝砂滤-臭氧催化氧化技术	微氧、微絮凝、臭氧催化氧化
磁性树脂深度脱氮技术	过滤、树脂吸附、再生、脱氮
强化预处理中水回用技术	中水回用、预处理
制药行业水污染全过程控制技术	
基于培养基替代的青霉素发酵减排技术	培养基、替代、青霉素、减排
头孢氨苄酶法合成与分离技术	头孢氨苄、酶法合成与分离
高硫酸盐废水硫回收技术	硫酸盐、废水、硫回收
残留抗生素深度脱除技术	抗生素、臭氧催化氧化、深度脱除
高级氧化-升流式厌氧污泥床（UASB）-膜生物反应器（MBR）处理集成技术	高级氧化、UASB-MBR
芬顿（Fenton）氧化-水解酸化/兼氧/接触氧化处理集成技术	Fenton 氧化-水解酸化/兼氧/接触氧化

9.4.3　城市内源污染控制方案

内源污染已成为水体污染的重要来源，内源污染的本质是外源污染输入城市水体沉淀形成，需要一定时期才能显现出来。华北地区城市河流长期以来污废水补给十分明显，致使城市水体污染严重，河道底泥污染物含量较高，是造成水体黑臭的重要污染源之一。内源治理技术包括异位控制技术、原位控制技术。

底泥疏浚是目前最常用的异位控制技术，就是通过挖去表面的污染底泥从而达到内源污染控制的目的。但是底泥疏浚可能会带来一些不良影响：在清淤的过程中，底泥中的污染物质可能由于扰动而释放出来，加剧水体污染；清淤可能会破坏水体中原有的生态系统，降低生物多样性，改变种群结构；底泥如果没有得到妥善的处理可能会造成二次污染。

底泥原位覆盖是常用的原位控制技术，在采取清淤工作之后，可以对裸露的沉积物进行原位覆盖，可以降低由于清淤过程的扰动，导致的沉积物中污染物释放对水体的污染。采用的覆盖物主要有未污染的底泥、沙、砾石或一些复杂的人造地基材料等，覆盖方式可选择机械设备表层倾倒、移动驳船表层撒布或驳船管道水下覆盖。

为实现城市水体内源污染控制，此处依据华北地区城市水体内源污染特征及存在问题，结合水环境质量目标及内源污染控制方案，筛选出适用于华北地区城市水体内源污染控制的技术，见表 9-7。

表 9-7　城市水体内源污染控制技术清单

技术名称	关键词
生态修复型的底泥疏浚与处理处置技术	生态修复、底泥处理、底泥疏浚
城市河湖底质生物活性多层覆盖原位处理与控制技术	城市河湖、活性覆盖、原位钝化、底泥处理

9.4.4　城市面源污染控制方案

基于上述解析出的华北地区城市面源污染问题，提出适用于该地区城市的面源污染"源头控制—过程削减—末端治理"控制方案。源头控制应该从管理和工程两个角度削减雨季径流污染和实现雨水收集利用。过程削减中应重点解决雨季径流污染，加强华北地区初期雨水收集处理作为城市水体补水水源，此外还需加强老城区雨污分流改造，减少城市内涝，控制老城区溢流污染。面源末端治理中应加强滨水缓冲带和人工湿地净化雨水，在削减降雨径流污染物的同时，还能起到改善华北地区城市水生态的作用。具体实施方案如下。

1. 城市面源污染源头控制方案

城市面源污染源头控制就是减少源头污染物的排放，是减轻城市污染负荷最经济有效的办法。华北地区城市水体面源污染的源头控制应该从管理和工程两个角度考虑。

（1）加强城市市容管理，经常清扫街道、减少垃圾的堆放、控制交通量、减少汽车尾气排放等，减少城市路面沉积污染物，进而减少雨季径流污染。

（2）工程措施需借鉴迁安、北京、天津等海绵试点城市的经验，构建适用于华北地区的海绵城市建设模式，实现雨季径流污染的消除，强化雨水的收集回用和下渗补充地下水。老城区的源头控制着重于雨水滞留与下渗，如通过高位花坛、雨水收集桶等措施实现雨水收集利用；尽可能将无大负荷的人行路面、停车场等改造为渗透路面。新建城区应采用低影响开发技术进行建设，按照开发建设地块、地块周边城市道路、公共绿地三种土地利用类型进行雨水收集利用。

2. 城市面源污染过程削减方案

面源污染过程削减是治理华北地区城市水体污染的重要手段，选择合适的城市面源污染过程削减控制技术可以加强华北地区雨水径流的收集利用，去除雨水和污水中的污染物，削减污染负荷，有效地减轻雨季径流污染。具体措施如下。

1）雨水口污染控制

在雨水口设置截污挂篮可以用来捕集垃圾残渣、沉淀物质和污染物。防止固体污染物堵塞管道，同时防止水体受到污染。

2）加快雨污分流管道建设

在老城区有条件下逐步替换合流制管网；在新建城区因地制宜实现雨污分流排水体制。一方面降低城市污水处理厂的处理负荷，减少溢流污染；另一方面可以对雨水进行收集利用，实现雨水资源利用。

3）加快调蓄设施建设

加快建设合流制溢流污水调蓄及处理设施、初期雨水分散调蓄设施、立交和下凹桥区雨水调蓄设施，减少汛期溢流污水和初期雨水直接入河。

4）池—网—厂—河联动

对污水处理厂、污水管网、调蓄池等进行联合调度，构建"池—网—厂—河"联动机制，根据雨情，强化各污水处理厂处理水量的科学调配，增加处理能力，实现径流的错峰调节，消除雨季径流污染，初期雨水经处理后可补充城市水体或回用。

3. 城市面源污染末端治理方案

面源污染末端治理是通过生态技术来降解进入水体的径流污染物。主要技术包括修建滨水缓冲带、人工湿地及塘-湿地净化组合技术等。

（1）滨水缓冲带：在陆地和城市水体之间建造滨水缓冲带，通过各种植物的过滤、渗透、吸收等作用减少雨水径流中污染物的含量，起到缓冲的作用，在削减径流污染的同时起到补充城市水体的作用。滨水缓冲带作为水域与陆域的过渡带，是一个拥有巨大截污空间的区域，同时也可以作为城市中一个重要的景观区域，应充分发挥好其积极作用。

（2）人工湿地：构建表面流、潜流或垂直流人工湿地及组合工艺，在末端治理降雨径流污染的同时，还能起到改善华北城市水生态的作用。表面流人工湿地最接近天然湿地，潜流人工湿地污水在床体内流动，能够增加停留时间，充分利用净化作用，提高净化效果，还能避免有害气体等的产生。

（3）塘-湿地净化组合技术：塘-湿地净化组合技术的应用模式可以分为串联式、并联式和混合式三种模式，暴雨径流经过该技术系统净化后，径流中的污染物得到逐级削减，净化后的径流直接排入周围的水体。针对华北地区水生态退化严重现象，采用该组合技术可以改善和修复生态系统、增加生物的多样性、提供生物栖息地和提高流域的景观价值及生态价值。

为实现面源污染控制，依据华北地区城市面源污染特征及存在问题，结合水环境质量目标及面源污染控制方案，筛选出适用于华北地区城市面源污染控制的技术，见表9-8。

表 9-8　城市面源污染控制技术清单

技术名称	关键词
诊断评估技术	
集成截流—调蓄—处理的排水系统设计关键技术	系统方案设计、雨水截流、雨水调蓄、雨水系统设计
低影响开发设施效能评估技术	监测评估、低影响开发、污染负荷、水质水量、效能评估
源头控制类技术	
路面地表径流促渗技术	渗透技术、地表径流、孔隙率、透水系数
绿色屋顶构建技术	滞蓄技术、绿色屋顶、渗透、低影响开发
适用于北方城市道路的生物滞留系统	滞蓄技术、渗透、生物滞留、污染物去除、污染负荷
城市暴雨径流与雨洪利用的雨水花园技术	雨水花园、径流利用、径流量削减、污染物去除率
停车位雨水原位净化与回用技术	利用技术、渗透、原位净化、污染物去除、污染负荷
管网源头控制类技术	
合流制管网溢流雨水拦截分流控制装置与关键技术	分流技术、合流制溢流、分离效率、溢流污染处理、雨水分流
雨水口高效截污装置与关键技术	截污技术、雨水口、分离效率、截污
合流制系统溢流量控制技术	调蓄技术、合流制、截流倍数、溢流污染
面源过程控制类技术	
基于旋流分离及高密度澄清装备的初期雨水就地处理技术	初期雨水、高密度澄清池、池旋流分离、污染物去除、就地处理
复合流人工湿地处理系统与技术	生态净化、人工湿地、面源控制
基于调蓄的雨水补给型景观水体水质保障技术	景观水体、水质保障、初期雨水、雨水调蓄
城市面源污染净化与生态修复耦合技术	雨水处理、污染物去除、多塘系统、缓冲带

9.5　华北地区城市水生态恢复方案

基于上述解析出的华北地区城市水生态问题提出了包括河湖滨岸带修复、水体水质改善、水生生物群落修复、清水补给改善水动力方案。

1. 河湖滨岸带修复

实施城市河道整治，恢复城市水体自然属性。在保证防洪安全的情况下，通过实施河流横纵断面改造工程，恢复河岸缓冲带和河道蜿蜒、深浅结合、缓急结合的城市河道形态和水文的自然属性。

强化河湖缓冲带建设，重构栖息地环境。强化河湖水生态空间管控，划分三带（水域带、岸线带、缓冲带）、四区（保护区、保留区、控制利用区、开发利用区）的河流廊道水域岸线，严格控制岸线开发利用强度。通过生态拦截沟渠建设、生态护岸改造、生物滞留带等具体措施对原有河湖岸线改造，强化河湖生态缓冲带的污染控制效果。加强水生动植物栖息地保护，通过生态丁坝构建、浅滩深潭构建、人工产卵场再造等措施实现不同环境栖息地的重构。改善河湖基质，提高生境的异质性和稳定性，创造适宜水生生物繁殖、生长、栖息的环境条件。

2. 水体水质改善

实施入河湖排污口排查整治，减少污染物入河量。加大水污染源普查力度，按照"查、测、溯、治"的工作步骤和要求，开展排污口溯源整治工作；加快进行我国入河、入海排污口排查，建立污染源清单，形成权责明确、监控到位排污口监管体系，掌握排污口数量、位置、污染物排放种类及排放量，实施入河湖排污口综合整治。

加快推进水质净化工程建设，改善水体水质。根据城市水体水质现状及提升需求进行河流水质净化工程设计，通过采用人工曝气增氧、设置生态浮岛、生物膜法、人工湿地等河流水质净化措施实现水质提升与稳定。

3. 水生生物群落修复

在完成河流生境修复和水质净化的基础上进行水生生物群落修复，以人工和生物调控结合的方式，通过引种移植和生物操纵等技术措施，实现水生生物系统重建，主要包括水生植物的种植及水生动物群落重建。应优先恢复水生植物，提高水体溶解氧，加快生态恢复。在水生植物恢复后投放鱼类等水生动物，通过水生植物、鱼类、底栖动物等合理配置，构成良性稳定的水生态系统。

4. 清水补给改善水动力

对于华北地区生态基流不足、纳污负荷高、水动力不足、环境容量低的城市河道，采用水动力改善技术，借助清水补给，提高河道生态水量，稀释河道中污染物的浓度，同时加强污染物的扩散、净化和输出，提高水体复氧能力和自净能力，改善水体水质。城市补水水源主要包括天然水和再生水，根据来源可分为：地表水补水、再生水补水、自然降水补水。利用南水北调等工程实施生态补水，充分利用城市再生水和雨洪水作为补水水源，增强水体流动性和环境容量。例如，北京市奥林匹克森林公园龙形水系水质改善工程中利用再生水或中水进行补水。

为实现城市水体水生态修复，此处依据华北地区城市水体污染特征，结合水生态目标及水生态修复方案，筛选出适合于华北地区城市水体水生态恢复的技术，见表9-9。

表 9-9 城市水体水生态恢复技术清单

技术名称	关键词
城区河道水质净化与生态修复集成技术	城区河道、多元生态、充氧造流、底泥控制、生物操纵
北方缺水城市滞流型景观水体水质保持与改善技术	缺水城市、滞流型景观水体、生态浮岛、曝气增氧、生态护岸
城市水环境系统综合评价技术	水环境监测、预警、指标体系、综合评价
景观水体水质改善多级复合流人工湿地异位修复技术	景观水体、水质改善、复合人工湿地、异位修复
城市景观水系非常规水源利用优化模式	城市景观水系、非常规水源、优化调度、水体循环、水体自净
城市河湖水质保持与生态修复技术	多水源补水、旁路处理、人工湿地、植物配置
多水源补水技术集成及优化调度模型	多水源补水、深度净化、技术集成、优化调度

5. 城市水生态修复案例——天津生态城蓟运河故道黑臭水体综合整治

以"十二五"水专项开展的天津生态城蓟运河故道黑臭水体综合整治为例说明城市水生态恢复方案。该案例采用了上述提到的河湖滨岸带修复、水体水质改善和清水补给改善水动力的水生态恢复方案，通过生态护岸建设、人工湿地净化水质和多水源补水等措施，实现水质改善，并形成了河流、湿地、水系、绿地构成的新的复合生态系统。

1）工程背景

蓟运河故道原为蓟运河的一个组成部分，后因蓟运河河道为了满足防洪要求进行裁弯取直改造，将故道相对独立出来，形成蓟运河故道，主要起到汛期调蓄及农田灌溉的目的。2012～2013年蓟运河故道段COD、NH_3-N、TP、TN的平均值分别高达155 mg/L、2.27 mg/L、0.49 mg/L、5.01 mg/L，存在底泥淤积严重、河流水体流动性差、堤岸过度人工化、生活污水及雨水排入河道和生态系统退化等问题，是天津市重点整治黑臭水体之一。

2）实施方案

从2012年开始天津市开展中新生态城蓟运河故道黑臭水体综合整治，以蓟运河故道景观水体主要水质指标达到Ⅳ类且满足景观功能为发展目标，提出了包含原位景观生态修复、水体内部循环、水系统体外补水的工程应用方案，建设了包括生态护岸、耐盐碱人工湿地、外部旁路透析、生态原位修复、多水源补水、水动力循环等水质净化与水质保持工程设施在内的具有景观、生态、调蓄和人文等功能的景观水体示范工程。

3）运行成效及综合评价

水体全面示范运行阶段的非常规水补水及水质保持工程调控措施，使水体治理与构建阶段工程技术措施的综合效能大幅提升，表现在该阶段景观水体COD、NH_3-N、TP、TN的平均值分别降低至30 mg/L、0.39 mg/L、0.09 mg/L、1.30 mg/L；透明度平均值提升至45 cm；叶绿素a的平均值降低至45 μg/L。

在天津生态城生态核心区建成的蓟运河故道景观水体、故道河北岸一期景观工程、耐盐碱人工湿地等工程的设施长期运行和管理过程中，不断总结和完善耐盐碱人工湿地、生态护岸构建、低影响雨水收集、生态原位修复等关键技术，并提出一套比较系统的、有借鉴意义的景观绿化建设运营管理模式。通过清净湖和蓟运河故道景观工程建设，使水体水质得到改善和保持，形成了河流、湿地、水系、绿地构成的新的复合生态系统，促进了整个生态城区域的可持续发展，为生态城规划建设目标提供了可复制、可推广的保障条件。

9.6 华北地区城市水资源保护方案

基于上述解析出的华北地区城市水资源存在的问题，本节给出了包括坚持量水发展、构建节水型城市和生态基流保障的水资源保护方案。

9.6.1 坚持量水发展

该地区城市整体处于极度缺水状态，已严重制约了区域各城市的可持续发展。各城市应依据其水资源禀赋合理确定发展规模、结构和布局。要充分考虑水资源、水环境承载能力，遵循"以水定人、以水定产、以水定城"的量水发展原则，优化水资源配置。

在北京、天津、石家庄和郑州等人口高度聚集、人水矛盾突出的城市，要注重遵循"以水定人"的原则，将水资源作为判别人口规模是否合适的主要因子，通过可供水资源量和可供生活用水量确定可承载的人口规模，加强人口规模的水论证与管制，通过适度提高生活用水价格控制缺水地区人口增长。

在唐山、淄博、烟台和盐城等产业高度聚集、水供需矛盾突出的城市，要注重遵循"以水定产"的原则，将水资源作为重要的生产要素之一，通过明确"三产"总可供水资源量确定"三产"规模及结构，提高水资源利用的单位产出，包括提高工业用水的循环利用能力与水平，实现工业用水零增长、负增长，工业用水定额管理。

在运城、开封、信阳、南阳和汉中等城镇化推进迅速、城水矛盾突出的城市，要注重遵循"以水定城"原则，把水作为城市规划建设的核心要素，通过可供应城镇空间的水资源量和城镇人均需水量，来指引城镇的发展规模，加强城市发展及其规划的水论证。

9.6.2　构建节水型城市

华北地区各城市在工业、生活和市政用水方面均有不同程度的浪费现象，因此华北地区各城市在节水方面还有很大的提升空间，此处将从工业、生活和市政方面制定适合华北地区的城市节水方案。

1. 工业节水方案

（1）调整优化高耗水行业结构和布局。严控黄河流域新上高耗水项目，严控京津冀和黄河流域城市钢铁、石油化工等高耗水行业新增产能。推动区域内高耗水行业去产能，降低高耗水行业比重。落实高耗水工艺、技术和装备按期淘汰工作。推动钢铁、石油化工等高耗水行业逐渐向沿海地区布局和转移，加大海水利用力度。

（2）加强节水技术改造，提高工业用水重复利用率。推进企业实施全方位节水技术改造，遴选一批适用于华北地区的钢铁、石油化工等高耗水行业的先进成熟节水工艺、技术和装备并在区域内推广应用，建设一批重点水效提升项目。重点建设钢铁、石油化工行业循环水高效闭式冷却项目，使钢铁行业和石油化工行业工业用水重复利用率分别提高至97%和94%以上。

（3）推广园区集约用水。鼓励工业园区内企业间分质串联用水，梯级用水。推广产城融合废水高效循环利用模式。关中平原城市群、山西中部城市群等地区，新建园区应统筹供排水及循环利用设施建设，实现工业废水循环利用和分级回用。

（4）强化企业用水管理，提高工业用水效率。对规模以上工业企业进行用水统计监测；推动建立高用水企业和工业园区智慧用水管理系统，进一步完善工业节水标准体系，提高工业用水效率。

（5）大力推进非常规水源利用。鼓励工业企业利用海水、雨水和矿井水；推进陕北、晋西等地区煤炭矿井水综合利用，借鉴先进工业园区再生水利用模式，加大推进工业企业再生水利用。

2. 生活节水方案

（1）推广使用节水型生活用水器具。公共供水管网终端就是生活用水器具，其直接关系到用水效率，因而需要全面推广使用节水型生活用水器具，目前常用的有节水型洗衣机、水龙头、淋浴器和便器等。

（2）利用价格杠杆调整水价，促进节水。政府根据有关规定，进行科学调研与试点试运行，合理调整城市供水价格。通过逐步上涨水价迫使居民使用节水器具，培养节约用水和废水回用的意识。

（3）加强生活小区节水型载体的建设力度，推进绿色社区建设，将节水理念贯彻始终。

3. 市政节水方案

（1）发展城市园林绿化节水技术。推广水肥一体化、智能喷灌、滴灌和痕量灌溉等节水技术，改造公园绿地种植结构，提高绿地的雨水滞留和渗透能力，建设节水型绿地。

（2）在华北地区推行节水系统，各项引水、调水、取水、供用水工程建设必须首先考虑节水要求。

（3）淘汰公共建筑中不符合节水标准的用水设备及产品，加大基础性设施的建设力度，加快老旧供水管网的改造，控制管网漏损率在9%以内，提升管网运行的管理水平。

（4）推广雨水收集利用，构建海绵城市。落实雨水收集利用技术。建设城镇雨水利用示范工程，在老旧小区开展透水地面换装改造，在机关、学校、部队、公园等社会单位，因地制宜地对屋顶雨水、道路雨水进行收集，建设下凹式绿地，将收集的雨水用于绿化、景观环境用水等用途。

4. 再生水回用方案

华北地区为我国水资源极度短缺地区，人均水资源占有量为 302 m^3，仅为全国的 1/6，水资源供需矛盾尖锐，区域内除北京、天津外，部分城市未达到《国家节水型城市考核标准》中规定的京津冀地区再生水利用率≥30%，缺水城市再生水利用率≥20%。因此，华北地区各城市再生水利用还有很大的提升空间。具体措施如下。

1）提高再生水生产能力

以城市污水处理厂为依托，配套再生水净化设施，实现污水的高标准处理，提高城市再生水生产能力。

2）加快再生水管道建设

再生水利用管网工程的建设与污水处理厂再生水处理设施的建设同步实施，同时投资建设。再生水利用管网工程的建设与城市新建、改扩建同步实施。鼓励新建、改扩建项目、新建住宅小区按需建设再生水处理设施以及再生水管网，进行再生水回用。

3）实现再生水的充分利用

鼓励工业企业采用再生水作为循环冷却用水；推进再生水补充城市河湖景观生态用

水；鼓励再生水用于园林绿化和市政杂用，实现公共绿地全部采用再生水浇灌，市政杂用包括建筑冲厕用水、道路冲刷、绿地浇洒与降尘用水、冲洗汽车用水及建筑施工降尘水等。

4）完善再生水利用的配套政策

保障再生水供水安全性，建立安全风险应急预案；实行"低质低用，高质高用"政策；制定合理的再生水定价机制；制定再生水利用方面的完整、系统的地方性管理条例，包含再生水利用的用途，管理机构、用水定额的确定，水质管理、规划设计的审批，再生水利用工程的建设、验收、运营管理、违法处罚办法、保障机制等。

9.6.3　生态基流保障方案

华北地区水资源条件先天不足，区域内生产、生活和生态环境用水刚需大，生态水量保障难度大，水利工程生态功能和补水水价机制不完善，制约生态流量保障。针对上述问题采用如下措施。

1. 科学确定生态流量

华北地区由于水资源极度短缺，可以按照基本生态需水量、最大保证率的原则，并考虑外调水条件和保护对象的重要性，按河流、湿地、河口三部分确定生态流量。河流确定生态基流或基本生态水量，以维护流动的河或维系河流廊道功能为基本要求；湿地确定生态水位，以核心区常年保持正常水位为基本要求；河口确定入海水量，以丰水河流为重点，逐步恢复河流入海水量为基本要求。

2. "一河一湖一策"保障生态流量

华北地区河流众多，水系复杂，应"一河一湖一策"进行生态流量保障。生态流量保障要明确生态保护对象、遵守生态流量保障原则、制定主要控制断面生态流量保障目标、强化生态流量管控措施（调度规则、调度方案、补水线路、调度管理）、加强生态流量监测预警等。

3. 多措并举保障生态流量目标

先节水、后调水，优化调度本地水、充分利用非常规水、合理利用外调水，通过"一减""一增"措施，增加生态水量。一是强化大型水库生态调度，保障生态水量。根据水库蓄水量和来水预测，编制水库生态调度方案，通过上游水库合理调度，维持下游湿地生态水量，保持河床湿润，改善河流生境。二是积极实施多水源生态补水，提高水体连通功能。通过外流域调水、生态补水、河渠连通等手段恢复河流水力联系，维持河道一定的水体连通功能，形成动态河流。三是以南水北调工程为依托，以黄河、淮河、海河流域原有水系为基础，构建"南北调配、东西互济"的水资源宏观配置格局。四是充分利用城市再生水和雨洪水作为水体的补水水源。

4. 加强考核评估等监管

依托河湖长制构建完善的县级-市级-省级-流域级河湖生态流量监测网络体系，优化监测频次，增加对氨氮、总氮和总磷等引起湖泊富营养化的水环境指标的监测，强化水质改善对于生态流量的倒逼作用，促使水量恢复的同时进行水质改善，实现生态之河、清洁之河和健康之河。

9.7 华北地区城市水安全保障方案

针对上述解析出的华北地区饮用水水源地水量不足和水质安全问题，提出了适用于华北地区饮用水水源地保护方案，具体方案如下。

1. 水量保障方案

引调水工程建设。加快南水北调中线配套工程建设，受水区水厂以及管道工程基本完工，规划建设的地表水厂基本建成并具备接水条件。有了引江水补充，地表水和地下水互为备用，加之实行联合调度，水量能够满足沿线城市用水需求。

供水水源联合调度。加快各城市区域内饮用水水源的连通工程建设实现城市内饮用水源地互为备用水源，实行水源地联合调度，提高供水保证率。

备用水源建设。加快各城市应急备用水源地建设，备用水源建设保障了城市供水安全，能够满足特殊情况下一定时间内城市居民生活用水需求。

2. 水质保障方案

成立监测机构，开展定期监测。饮用水水质是饮用水水源地安全保障的关键，因此各水源地或设立专门的水质监测机构或由环保、水文等有监测资质的部门开展水质监测工作，建立定期监测制度，确保供水水质达标。

划定保护范围。根据规定划定水源地保护区边界，通过实行封闭隔离，设立明确的地理界标和明显的警示标志，确保供水安全。

整治水源地周边环境。加强执法检查，集中整治水源地周边环境，清理与供水设施和保护水源无关的建设项目，清理城市垃圾、粪便和其他废弃物。

3. 监控管理方案

建设水源地管理信息化系统，实现对饮用水水源地在线监控，开展城镇饮用水水源水质状况信息公开；建立饮用水水源地应急管理系统，完善保护区风险源名录，落实风险管控措施，提升水源地突发事件应急能力和管理水平。

9.8 华北地区城市水环境综合整治路线图

城市水环境综合整治路线图是为华北地区城市在 2021～2035 年对其区域内城市水体综合整治工作提供分阶段的目标和分阶段的宏观对策。其中近期阶段（2021～2025 年）的路线是在上述方案的基础上凝练出来的。中期阶段（2026～2030 年）和远期阶段

（2031~2035 年）的路线需以近期阶段路线为基础，以国家宏观战略为导向，以中远期目标为支撑，对未来城市水环境整治方向进行科学合理的预测，以此确定中远期阶段城市水环境综合整治对策，进而凝练出中远期阶段的综合整治路线，为制定中远期城市水环境综合整治方案提供支撑。

9.8.1　近期阶段（2021~2025 年）

近期阶段区域城市重点任务是推进城市点、面源污染深度减排，实现水环境质量提升；构建节水型城市，辅以水体生态修复措施。

全面开展城市污染负荷削减工作。在生活源方面，需补齐污水收集与处理设施短板，对于排水管网密度低的城市，如阳泉、大同、临汾、信阳、三门峡等市，加大排水管网建设力度，消除管网空白区；针对污水直排问题，设置截污管，完善北京、天津等管网建设较快的大中型城市人口聚集区生活污水毛细管网建设，提高污水收集率；对于混错接和破损问题，开展混错接改造和老化破损管网修复工作，提升污水管网排放质量与水平；对于污水处理效能低和执行排放标准落后的问题，需加快推进唐山、秦皇岛和滨州等城市城镇污水处理厂按照一级 A 标准提标改造；加强城镇生活污水处理设施建设，根据实际情况合理制定污水处理厂出水标准。

在工业源削减方面，重点解决唐山、邯郸等城市钢铁行业，石家庄、东营等城市制药行业，天津、青岛、淄博等城市石油化工行业，榆林等城市煤化工行业等重点行业工业废水污染问题；推动全部工业企业入园，促进工业企业的良性集聚，实施工业集聚区生态化改造，落实工业企业集聚区的清洁生产、达标排放和深度治理相关的规划及措施；完成钢铁、制药、石化等污染行业清洁生产改造；淘汰或改进现有落后的钢铁、石化、制药等工业废水处理技术；加强工业园区管理，完善园区污水收集处理设施，实现工业废水分类收集、分质处理。

在面源污染削减方面，各城市需全面开展汛期管网清淤工作防止初期降雨污染河湖；总结迁安、北京和天津海绵设施建设的经验，形成适用于新老城区分区实施海绵设施建设的技术模式。构建"池-网-厂-河"联动机制，强化各污水处理厂处理水量的科学调配，消除雨季径流污染。针对水资源短缺问题，需加强雨水的收集利用，构建"渗滞为主、蓄排结合、净用相辅"的综合雨水利用系统。

采取上述污染负荷削减措施，使 2025 年受城市影响控制断面优良（达到或优于Ⅲ类）比例达 60% 以上，城市水体劣Ⅴ类和黑臭水体比例降至 15% 以下，城市水体水功能区基本达标，建成区海绵城市建设占比达 40%。

在节水城市构建方面，各城市要依据用水类型的不同遵循不同的量水发展原则，优化水资源配置，北京和天津等人水矛盾突出的城市，遵循"以水定人"的原则；唐山和烟台等水供需矛盾突出的城市，遵循"以水定产"的原则；运城和南阳等城水矛盾突出的城市，遵循"以水定城"原则。系统推进城市工业、生活和市政节水措施，初步完成节水型城市构建。提高城市工业用水重复利用率，特别是西安、邯郸和郑州等城市；控制缺水城市人均日综合生活用水量低于第二阶梯用水量，特别是北京、太原和西安等城市；控制城市供水管网漏损率在9%以下，特别是张家口、枣庄和淮北等城市。加大缺水城市再生水回用力度，特别是京津冀城市群；针对区域内河流干涸断流问题，各城市可参考北京市永定河干涸断流恢复的案例，制定相应的河流水量恢复方案，以再生水、雨洪水为主，上游汇水为辅的补水措施维持城市河流生态水量，提高城市水体生态基流保障率。使2025年城区再生水利用率达35%以上，其中京津冀地区城市达40%以上；万元工业产值用水量降至16 m³以下，其中京津冀地区城市降至11 m³以下，城区部分河流恢复有水。

在水体生态修复方面，需强化河湖水生态空间管控，划分三带（水域带、岸线带、缓冲带）、四区（保护区、保留区、控制利用区、开发利用区）的河流廊道水域岸线，严禁侵占水域及生态缓冲带，已被侵占的水域空间逐步恢复。针对水体富营养化、自净能力差等问题，各城市应通过河湖缓冲带修复、水系连通、水体水质净化和截污等工程措施，初步恢复城市水体自然特性和水生生境，改善水体水质，提高水体自净能力，抑制富营养化进程。使2025年水生生物完整性指数达到"中等"水平。

9.8.2　中期阶段（2026～2030年）

中期阶段在实现城市水环境质量提升的基础上，形成"水环境、水资源、水生态"统筹推进的系统治理格局，同时进一步提升水环境质量，推进水资源合理利用，初步恢复城市水生态系统。

全面完成节水型城市构建，持续推进城市全系统节水。在工业节水方面，严控钢铁、石化等高耗水行业新增产能，降低高耗水行业比重；推广一批适用于钢铁、石化等高耗水行业先进成熟的节水工艺、技术和装备；进一步提高城市工业用水效率，京津冀地区城市钢铁、制药和石化等行业用水效率需达国际先进水平；强化企业用水管理，加强节水技术改造，培育一批节水标杆园区和企业。在生活节水方面，推广节水器具，加强生活小区节水型载体的建设力度，利用价格杠杆调整水价，促进节水。在市政节水方面，需加强城市节水基础的建设和管理，优化供用水结构，提升管网运行的管理水平，加快老旧供水管网的改造，进一步降低城市供水管网漏损率。在再生水回用方面，各城市应依托城镇污水厂提供再生水生产能力，同步加强再生水管道建设，加大工业和市政对再生水的利用力度；进一步加大城区河流生态补水力度，提高生态基流保障率。实现到2030年城区再生水利用率达到45%以上，其中京津冀地区城市达50%以上；万元工业产值用水量降至13 m³以下，其中京津冀地区城市降至9 m³以下，城区主要河流恢复有水。

此外，该阶段仍需持续推进城市点、面源污染深度减排，加大前期污染减排措施的实施力度，进一步削减城市点、面源污染负荷，加快人工湿地和水质净化设施的建设，维持水体水质，并同步推进构建污染物减排措施长效监管机制构建。实现到2030年受城市影响控制断面优良（达到或优于Ⅲ类）比例达70%以上，城市水体劣Ⅴ类和黑臭水体比例降至5%以下，城市水体水功能区基本达标，建成区海绵城市建设占比达到50%。

在水生态修复方面，需加快推进城市河湖缓冲带建设，实现城区河湖缓冲带全面修复，强化河湖缓冲带管控，恢复水陆生态系统之间的联系，全面恢复河流水生生境，人工引导恢复河道生物种群和水生动植物群落，提高生物多样性，初步恢复城市水生态系统。采用上述措施使 2030 年区域内城市水生生物完整性指数达到"良好"水平。

9.8.3　远期阶段（2031~2035 年）

远期阶段重点实现城市水生态系统全面恢复，构建以城市水生态系统健康为导向的"水环境、水资源、水生态"统筹机制，城市水生态系统得到全面恢复。

在水生态恢复方面，实现河湖缓冲带全面恢复，全面恢复水生动植物群落结构和食物链，构成良性稳定的水生态系统，实现河道生态系统的动态平衡和自我修复。还需加强城市水生态环境的科学管理，实现城市水生态系统功能的长效保持，使 2035 年城市水生生物完整性维持"良好"水平。

此外，还需全面完成城市污染减排措施、节水措施及河流水量保障措施的长效监管、运营及维护机制的构建，实现水生态环境质量持续向好，技术方面主要匹配水环境综合整治备选技术库中的管网运维管理等技术。使 2030 年受城市影响控制断面优良（达到或优于Ⅲ类）水质比例达 80% 以上，消除城市水体劣 V 类和黑臭水体水质类断面，城市水体水功能区全面达标，建成区海绵城市建设占比达 60% 以上，城区再生水利用率达 50% 以上，其中京津冀地区城市达 55% 以上；万元工业产值用水量降至 11 m³ 以下，其中京津冀地区城市降至 8 m³ 以下，城区全部河流恢复有水。

根据华北地区水生态环境综合整治目标和综合整治对策形成华北地区城市水环境综合整治技术路线图（图 9-7）。

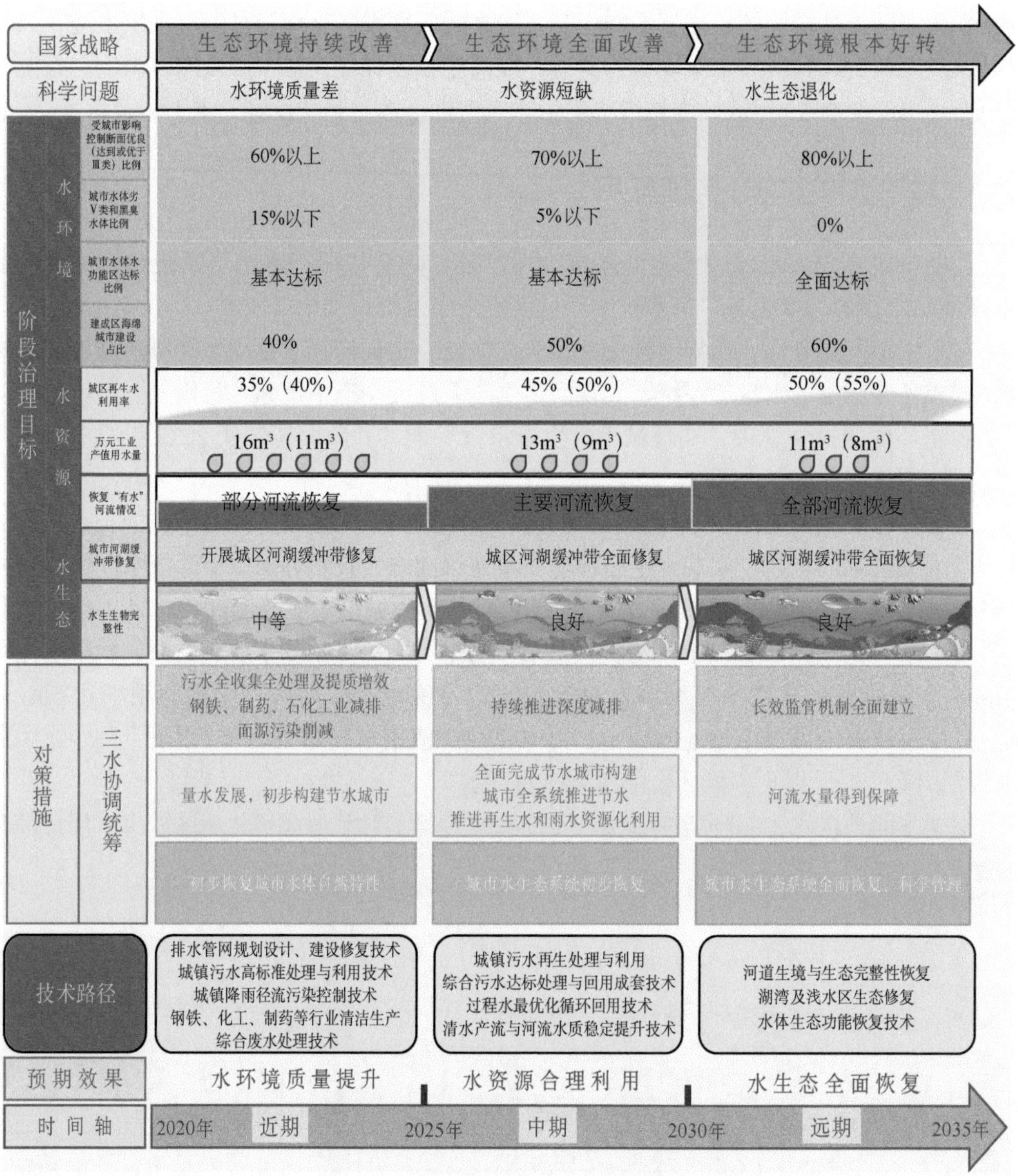

图 9-7 华北地区城市水环境综合整治技术路线图

( ) 内为京津冀要求

第10章 东北地区城市水环境综合整治指导方案

根据第 3 章城市水环境分区结果和第 4 章城市水环境综合整治方案编制内容及方法，形成东北地区城市水环境综合整治指导方案。本章介绍东北地区城市范围内近期（2021～2025 年）、中期（2026～2030 年）、远期（2031～2035 年）城市水环境综合整治指导方案框架，包括方案编制依据、东北地区城市水环境特征和问题解析、城市水生态环境综合整治目标确定、城市水环境质量提升方案、城市水生态恢复方案、城市水资源保护方案和城市水环境综合整治技术路线图，可为东北地区各城市水环境综合整治提供参考。

10.1 方案编制依据

在贯彻国家部委所发布的相关法律法规、条例、规划等相关文件的基础上，结合东北地区城市所发布的相关规划、方案、计划等文件进行编制。主要包括第 6 章所列国家部委相关文件及东北地区所辖城市污染防治工作方案、节约用水条例、节水行动实施方案、水污染防治相关计划、规划等。

10.2 东北地区城市水环境特征和问题解析

本节依据 5.1 城市水体水生态环境特征解析方法，从水环境质量、水生态、水资源 3 个方面分析东北地区城市水环境特征，并进行问题解析。

10.2.1 城市水环境特征

1. 水环境质量

对东北地区 280 个国、省控断面近 6 年的水质变化情况进行了统计分析，见图 10-1。由图 10-1 可以看出，东北地区国、省控断面水质逐年向好，断面水质优Ⅲ类比例从 2015 年的 47%增长到 2020 年的 75%，Ⅳ类、Ⅴ类和劣Ⅴ类断面占比分别从 2015 年的 31%、8%和 13%降至 2020 年的 20%、2%和 3%。虽然该地区国、省控断面水质整体向好，但河流流经城市后，接纳了大量工业废水和生活污水，导致城市内水体污染较为严重。2021 年，哈尔滨中心城区的何家沟、松浦支渠还存在返黑返臭，大量污水未经处理排入松花江

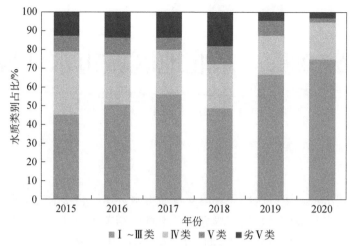

图 10-1　东北地区国、省控断面水质变化情况

资料来源：2015～2020 年各省市水生态公报

的问题。2020 年，辽河流域内 16 座城市的 69 个城区断面水质不能稳定达标，浑河、太子河等支流均存在部分河段个别月份水质劣 V 类情况，丹东、营口、辽源已治理完成的黑臭水体存在返黑现象；2018 年枯水期松花江哈尔滨段上游朱顺屯断面水质为 Ⅳ 类，流经哈尔滨后，城区下游七个断面水质均呈 V 类，这与哈尔滨城区所排污染负荷密切相关（谢毅，2020）。截至 2020 年，该地区城市仍存在 216 个黑臭水体，同时城市中还存在许多重污染微小水体。

东北地区 13 个主要城市近几年的水环境监测数据显示，该地区超过一半的城市水体 TP 浓度超过 Ⅳ 类水质标准；38.5% 的城市水体氨氮含量超过 V 类水质标准。通过第 5 章的城市水体污染指数评价法［式（5-4）至式（5-6）］计算可知，氨氮和 TP 已经成为东北地区城市水体的主要污染物。

2. 水生态状况

东北地区城市水生态受损较为严重，特别是在城市人口规模大、工业产业密集分布的大中型城市，多数河流水体纳污量超过环境容量、人为干扰和人工化现象突出，导致水体污染严重，进而使得城市水体水生生物群落结构改变、生物多样性减少、水体富营养化等问题频发。以辽河流域城市为例，受城市大量生活工业污废水排放以及生态滨岸带被侵占的影响，近 50 年以来，辽河流域水生生物多样性锐减，鱼类物种数量与改革开放前相比下降了近 50%，流域内大部分城市水生态脆弱度为中度脆弱及以上，占比累计达到 88%，其中中度脆弱区占 34%，高敏感区占 43%，极度脆弱区占 11%，主要集中在流域中部平原地区的沈阳、鞍山、辽阳等城市（袁哲等，2021）。

东北地区多数河流水系出现不同程度断流，河流生态流量严重不足。受水资源相对匮乏且时空分布不均的影响，辽河流域河流以长时间断流为主，集中分布在西辽河干流及部分支流、东辽河部分支流、辽河干流部分支流、部分独流入海河流、西辽河部分河段、老哈河部分河段、教来河、秀水河部分河段、二道沟河、五里河、百股河。受冬季冰封期影响,松花江流域多数河流水系在 12 月至次年 2 月处于断流状态。

3. 水资源状况

东北地区城市之间水资源量分布差异较大,水资源总量在 3.73 亿～316.19 亿 m³ 不等(表 10-1)。松花江流域、松花江干流流域和额尔古纳河流域水资源总量较为丰富,流域内的佳木斯、牡丹江、哈尔滨等城市水资源总量超过了 100 亿 m³;而嫩江和辽河流域水资源则相对较少,流域内阜新、辽阳、营口等城市水资源总量不足 10 亿 m³,加之城市人口压力,使得这两个流域内几乎所有城市处于严重缺水状态,其中盘锦、大连、营口、松原、四平等 12 座城市人均水资源量小于 500 m³(图 10-2),属于极度缺水城市。此外,污废水大量排放,造成城市水环境质量下降,使得东北地区城市还面临水质型缺水的困境,严重制约城市经济社会发展。

表 10-1　东北地区城市水资源总量　　　　　　　　　　　　（单位：亿 m³）

城市	城市水资源总量	城市	城市水资源总量	城市	城市水资源总量
赤峰	38.98	辽阳	8.72	哈尔滨	254.9
通辽	37.4688	铁岭	30.72	齐齐哈尔	98
呼伦贝尔	316.19	朝阳	9.21	鸡西	94
乌兰浩特	8.64	盘锦	3.73	鹤岗	83.1
沈阳	30.49	葫芦岛	12.12	双鸭山	89.5
大连	19.96	长春	33.54	大庆	23.9
鞍山	20.38	吉林	96.69	伊春	183
抚顺	24.84	四平	10.9	佳木斯	109.6
本溪	22.23	辽源	6.95	七台河	23.3
丹东	46.03	通化	53.8	牡丹江	137.9
锦州	13.13	白山	85.3	黑河	218.1
营口	6.95	松原	10.99	绥化	96.2
阜新	7.47	白城	24.62		

资料来源：国家统计局城市社会经济调查司,2021。

10.2.2　城市水环境问题解析

1. 城市水体水质问题解析

城市点源对城市水体水质具有重要的影响。近年来,城市面源对城市水体水质的影响也在逐步增大。本小节从点源和面源两方面对东北地区城市水体水质问题进行解析。

1）城市点源问题解析

（1）城市排水管道密度偏低,建设改造严重滞后,老化问题突出。

东北地区大部分城市建成区排水管道密度普遍偏低,排水管网建设滞后。2020 年全国城市建成区排水管道密度为 11.11 km/km²,而东北地区城市排水管道密度仅为 7.44 km/km²。

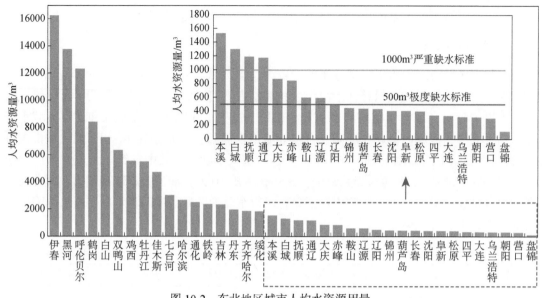

图 10-2　东北地区城市人均水资源用量

资料来源：国家统计局城市社会经济调查司，2021

从图 10-3 可以看出，除通辽、锡林浩特、盘锦三座城市外，其余城市均低于全国水平，特别是本溪、白山、七台河等城市建成区的管道密度还不到 5 km/km²。较低的城市管道密度导致城市内存在大量的排水管网留白区，使得污水未被收集而直接排入受纳水体。2015～2020 年东北地区城市排水管网年均增长率为 5.8%，低于全国平均增长率 8.3%。以吉林省为例，"十三五"时期，吉林省 9 个市州有 7 个未完成新建污水管网任务，吉林、辽源、白山 3 市仅完成 10%左右。

东北地区城市排水管网建设的时间普遍较早，1984 年东北三省城市排水管道长度就已占全国总长度的 1/5，截至目前，大量年代久远的管网仍在使用。以哈尔滨市和吉林市为例，截至 2015 年，哈尔滨主城区中建于 20 世纪 70 年代前的排水管网约为 217 km，占管网总长度的 18%，其中还包括 27 km 已服役 60 年以上的管网（宋紫铭，2020）；2012 年吉林市老旧管线占全市管线的 30%左右，基本建设于 20 世纪七八十年代（许翠红，2012）。近年来，东北地区城市由于排水管网老化所引起的漏损、淤积堵塞等问题频发，导致城区内涝、雨天溢流污染以及地下水污染等情况时常发生，给城市水环境和水安全带来极大威胁。

（2）城市污水处理厂出水水质易受气温影响。

东北地区冬季多年平均温度为−21.8～−4.6℃。严寒气温对该地区城市污水处理厂出水水质带来一定影响，其主要体现在三个方面：①冬季气温低，污水处理厂部分设备装置容易出故障，难以保障出水水质达标（袁振宇，2018）；②对脱氮工艺的影响。研究表明，环境温度低于 10℃硝化细菌和反硝化细菌的存活率大幅下降，使得脱氮效果受到影响（冯叶等，2014）；③对活性污泥的影响。冬季和初春桃花汛时期，对活性污泥的粒度、密度、表面电荷以及微生物群落种类等方面产生影响，导致污泥脱水性和沉降性变差，使得出水水质变差和污染物去除率降低（吴成强等，2003）。

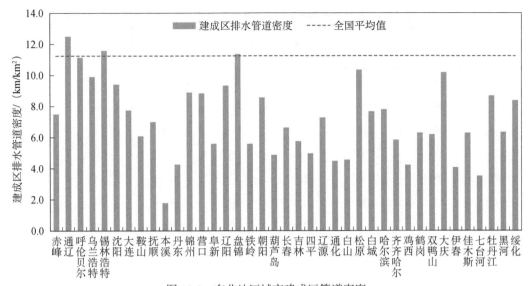

图 10-3　东北地区城市建成区管道密度

资料来源：中华人民共和国住房和城乡建设部，2021

东北地区部分城市污水厂处理能力存在短板。2020 年丹东、绥化等城市的污水厂达到满负荷运行状态；长春市南部、西部、北郊污水处理厂和白山市污水处理厂长期超负荷运行，临时应急处理设施效率较低；吉林省 48 个省级以上工业园区依托城镇污水厂处理工业废水。当夏季短时强降雨或初春桃花汛来临时，城市污水处理厂容易承载过量污水负荷，导致污水处理效果变差，出水水质不稳定。

（3）重工业发展导致难降解污染物和重金属的大量排放。

统计数据显示，2017 年东北地区 36 个城市工业废水排放量为 19.6 亿 m³。区域内沈阳、大连、吉林、哈尔滨、大庆、齐齐哈尔等大中型城市工业废水排放量均达到 5000 万 m³ 以上，超过全国城市工业废水排放量平均值 4242 万 m³（表 10-2）。区域城市所排放的大量工业废水主要来自化工、石化、制药、冶金、印染等工业为核心的重工业产业，其中纺织、造纸、石化、医药、冶金、食品、饮料 7 个工业行业的污染排放比重较大，COD 和氨氮排污负荷分别占工业排污总量的 74.9% 和 83.5%。重工业也导致了大量有毒难降解有机污染物的排放，2017 年地区石油类和挥发酚排放量分别达到 807.1 t 和 16.4 t，约占全国总排放量的 15% 和 8%，主要来自石化、煤化工、化纤、制药及造纸等重污染行业。此外，重工业发展也导致重金属的大量排放，以辽河流域为例，"十二五"时期，总铬和铅排放量分别为 3.83 t 和 1.10 t，重点排放区域为太子河鞍山段和浑河沈阳段；镉和汞排放量分别为 85.06 kg 和 134.41 kg，重点排放区域为大辽河营口段和太子河本溪段。上述难降解污染物和重金属对城市水环境产生严重的污染和生态风险。

（4）河流受控严重且流量季节变化大，城市水体容量有限。

受水资源短缺的影响，辽河流域各河流多属受控型河流，干流上建有水库和堤坝，用于城市用水和农业灌溉用水，河流水量高度受控，部分城市河流基本处于断流状态。2019 年辽宁省内每 1.7 条河流和每 77 km 河长就会有一座水库，已有水库密度远超我国其他北

表 10-2　东北地区各城市 2017 年工业废水年排放量情况 　（单位：万 m³）

城市	工业废水排放量	城市	工业废水排放量	城市	工业废水排放量	城市	工业废水排放量
沈阳	5407	盘锦	1997	松原	548	佳木斯	7232
大连	24805	铁岭	991	白城	267	七台河	2806
鞍山	2609	朝阳	453	延吉	362	牡丹江	13534
抚顺	1842	葫芦岛	1891	哈尔滨	40204	黑河	3842
本溪	2887	长春	2501	齐齐哈尔	11985	绥化	11722
丹东	1126	吉林	11522	鸡西	5855	赤峰	1244
锦州	1997	四平	735	鹤岗	7082	通辽	1810
营口	2048	辽源	603	双鸭山	5930	呼伦贝尔	4131
阜新	658	通化	792	大庆	15856	全国中位数	2501
辽阳	2573	白山	343	伊春	5918	全国平均值	4242

资料来源：国家统计局城市社会经济调查司，2019。

方省区（中华人民共和国水利部，2021）。此外，东北地区部分河流属于季节间歇性河流，汛期 6～9 月河道径流量约占全年的 90%，非汛期河道经常出现干涸断流的情况。同时，冬季枯水期东北地区正值冰封期，水温低，污染物衰减系数小，特别是松花江流域冰封期长达 5 个月。上述因素使得东北地区城市河流水环境容量具有季节性变化大的特征，当在枯水期和冰封期时，河流水环境容量偏小，不足以收纳较大的城市污废水排放量，进而导致城市水环境遭到污染。

2）面源问题解析

（1）城市夏季短时强降雨易发生积水，加剧径流污染。

东北地区城市 1981～2010 年的月均降水量见图 10-4。可以看出，降雨主要集中在 5～9 月，这 5 个月降水量为 496.7 mm，占全年总降水量的 81.7%，其中 7 月、8 月更为集中，两个月的降水量达到 295.4 mm，占全年降雨的 48.6%，并且多数为短时强降雨，极易发生城区内涝。

（2）地区城市雨污合流管道占比较高。

表 10-3 为东北地区城市 2020 年雨水管道和雨污合流制管道的占比情况，有 60% 的城市雨水管道占比低于全国平均值（41.70%），70% 的城市雨污合流制管道占比高于全国平均值（12.60%），说明地区大部分城市雨水管道建设较为滞后，特别是辽阳、葫芦岛、绥化、佳木斯等市的雨污合流制管道占比达到了 50% 以上，易导致城区溢流污染。随着城市化进程加快，城市建成区不断扩大，不透水面积不断增加，而草地、透水路面等透水下垫面面积则持续减少。2019 年东北地区城市透水面积率仅为 35.67%，远低于全国城市平均透水面积率 44.15%，较低透水面积率会导致夏季强降雨时，城市城区内雨水不能及时下渗和排出，最终汇流成降雨径流，将地表和沉积在排水管网的污染物短时间内冲刷入受纳水体，而引起城市水体污染。

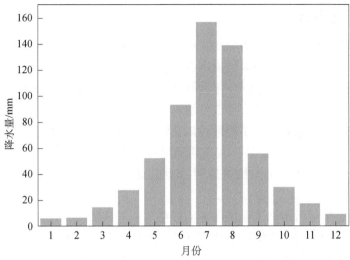

图 10-4　东北地区城市 1981～2010 年的月均降水量变化

资料来源：中华人民共和国住房和城乡建设部，2021

表 10-3　东北地区城市 2020 年雨水管道和雨污合流制管道占比情况　（单位：%）

城市	雨水管道占比	雨污合流制管道占比	城市	雨水管道占比	雨污合流制管道占比	城市	雨水管道占比	雨污合流制管道占比
赤峰	32.7	40.1	辽阳	15.4	63.2	哈尔滨	33.0	47.6
通辽	56.7	0	盘锦	33.9	38.4	齐齐哈尔	55.9	5.6
呼伦贝尔	63.1	0	铁岭	30.7	38.6	鸡西	74.9	15.3
乌兰浩特	33.2	12.7	朝阳	52.7	15.0	鹤岗	0.0	29.3
锡林浩特	53	0	葫芦岛	36.4	59.9	双鸭山	62.4	0.8
沈阳	42.8	28.2	长春	51.2	18.7	大庆	56.2	0.0
大连	47.2	23.2	吉林	56.5	1.2	伊春	19.1	47.1
鞍山	35.2	47.1	四平	29.2	32.4	佳木斯	21.7	65.2
抚顺	25.3	29.0	辽源	54.8	1.4	七台河	26.5	27
本溪	27.7	48.8	通化	33.7	29.6	牡丹江	51.0	25.7
丹东	33.4	50.0	白山	46.6	1.9	黑河	38.9	30.8
锦州	29.0	41.6	松原	50.7	6.2	绥化	13.3	80.0
营口	26.7	43.2	白城	39.8	3.9	全国平均值	41.70	12.60

（3）初春桃花汛引发城区较强的短时融雪水径流，加重水体污染。

冬季降雪过程中，具有较大比表面积的雪花在降落过程中为大气中颗粒污染物质提供附着机会，裹挟着颗粒物质的积雪在初春季节融化后，形成的融雪径流将夹杂着冬季 5 个月累积在地表的物质，引发东北地区严重的城市地表径流污染。此外，该地区城市为缓解道路结冰导致的交通不畅，大量散布融雪剂，而融雪剂中盐类物质多属强电解质，融雪剂被雪融水径流水冲刷进入城市雨水管网中，最后流入城市水体，扰乱了水体原有的电离平衡，加重了水体的污染。

2. 水生态问题解析

东北地区城市水生态环境较为脆弱，水生态系统破坏严重，其主要原因如下：

（1）受人类活动的干扰，地区城市栖息地丧失和破坏问题严重。地区城市河湖岸带被大量挤占，大部分城市的市区段江岸多为硬性砌护堤坝，河岸带植被多为人工种植的杨、柳防护林，植物多样性指数较低，导致外源污染物在缺少河岸缓冲带条件下直接入河，加剧水体污染。城区部分水利水电工程建设以及河道挖沙也对水生生物原有的栖息地和产卵场造成破坏（高山，2021）。此外，人类活动导致外来入侵植物物种数量有所上升，据统计，辽河流域 61% 的检测区外来植物达到 10 种以上，这对城市水生态系统造成较大威胁（钱锋，2020）。

（2）地区大量生活污水和工业废水不达标排放，造成城区水体富营养化、水生生物锐减以及城市河流湿地污染。同时，地区石化、钢铁等重工业排放污染水中重金属浓度偏高，容易导致水生生物尤其是鱼类对有害重金属的吸收和积累。

（3）由于东北地区城市水资源开发利用程度较高以及湖库生态流量调节能力较差等原因，地区城市河道生态需水保障不足，河道流量低于生物生存流量，难以维持河流正常生态系统功能，使得地区城市水生生物完整性普遍较差（李晓钰，2014）。此外，冰封期间，东北地区大部分城市中小河流处于断流状态，鱼类存活率较低，大部分水生、陆生植物凋零枯萎（王添，2020）。

3. 水资源问题解析

1）地区部分城市水资源开发利用程度较高

东北地区局部水资源短缺严重，并且工业、生活和生态用水刚需较大，使得部分区域水资源开发利用程度较高。对该地区 2019 年城市水资源开发利用程度情况进行了统计（图 10-5），2019 年东北地区城市平均水资源开发利用程度为 25%，在国际公认的 40% 合理限度以内，但东北地区有超过一半的城市水资源开发利用程度超过 40%，其中大部分城市位于水资源严重短缺的辽河流域内，特别是辽阳、盘锦、营口的水资源开发利用程度超过了 100%。相比之下，松花江流域内的城市整体水资源开发利用程度较小，但长春、四平、大庆等中大型城市水资源开发利用程度超过了 40% 的安全警戒线。

2）地区城市水资源利用效率偏低

东北地区城市再生水利用程度普遍较低。2020 年东北地区城市平均再生水利用率为 17.1%，低于全国均值 24.9%，其中本溪、营口等城市的再生水利用率还不到 10%。同时，东北地区城市再生水设施建设也相对滞后，建成区再生水管道密度为 0.13 km/km²，低于全国平均水平 0.24 km/km²。在工业用水方面，东北地区煤和石油化工、冶金、机械和食品加工等企业，有相当一部分建于 20 世纪五六十年代，企业设备老化年久失修，加之落后的生产技术与管理水平，导致水资源利用率低、耗水量大和排污负荷大等问题。虽然近年来一些大型工业企业实现了工艺改造，但是相当一批中小型企业的工艺设备还未能更新，高耗水小企业的死灰复燃现象时有发生。据统计，2019 年辽宁省、吉林省和黑龙江省万元工业产值用水量分别为 22.4 m³、42 m³ 和 59.2 m³，吉林省和黑龙江省均超过全国

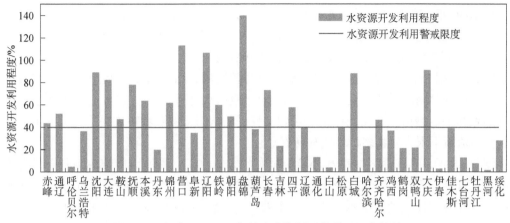

图 10-5　东北地区 2019 年城市水资源开发利用程度情况

平均水平（38.4 m³）。

3）地区城市水资源浪费严重

东北地区城市在生活、市政、工业用水方面均存在不同程度的水资源浪费现象。《城市居民生活用水量标准（GB/T 50331—2002）》中给出东北地区城市居民生活用水量标准不高于 80～135 L/（人·d），而该地区 38 个地级市中，有 13 个城市高于该标准最高值。在市政用水方面，2019 年地区城市公共供水管道漏损率平均达到了 16.5%，超过《国家节水型城市考核标准》规定的 10% 的要求，超过 80% 的城市未达到该要求，其中通化、白山、哈尔滨的漏损率更是超过 30%，全年地区城市由于供水管道漏损导致的水资源损失达到 11.9 亿 m³，约占全国漏损总量的 12%，仅次于东南和华北地区城市。在工业用水方面，在有数据统计的 25 座城市中，辽阳、松原、齐齐哈尔等 12 座城市的工业用水重复利用率低于《国家节水型城市考核标准》规定的 80% 的目标要求。

10.3　东北地区城市水生态环境综合整治目标确定

在对东北地区城市水环境特征和问题解析的基础上，采用第 6 章的方法，构建东北地区城市水生态环境质量提升指标体系，并采用系统动力学方法进行目标优化（见 6.2 节相关案例），给出东北地区城市水环境综合整治近期、中期和远期（2025 年、2030 年和 2035 年）的城市水生态环境综合整治目标（表 10-4），具体如下。

到 2025 年，地区城市较大幅度减少污染负荷，水环境质量得到提升，受城市影响控制断面优良（达到或优于Ⅲ类）比例达到 80% 或以上，城市水体劣Ⅴ类和黑臭水体基本消除，建成区海绵城市建设占比达到 15% 或以上，污水处理率达到 95% 或以上，污水集中收集率力争达到 70% 或以上；水资源利用效率有所提高，城区再生水利用率达到 25% 或以上，力争城市供水管网漏损率降至 9%，万元工业产值用水量降至 35～40 m³，力争工业用水重复利用率达到 90%；城市生物完整性指数达到"中等"状态，城市河道生态基流基本得到保障，水生态环境逐步向好改善。

到 2030 年，东北地区城市水环境质量持续改善，受城市影响控制断面优良（达到或优于Ⅲ类）比例达到 85%或以上，城市水体劣Ⅴ类和黑臭水体全面消除，建成区海绵城市建设占比达到 30%或以上，污水处理率达到 98%或以上，污水集中收集率力争达到 80%或以上；强化城市节水系统进，加强水资源合理利用，城区再生水利用率达到 30%或以上，城市供水管网漏损率降至 8%，万元工业产值用水量降至 30～35 m³，工业用水重复利用率达到 94%；城市生物完整性指数达到"良好"状态，保障城市主要干支流的生态基流达到健康流量下限，生物多样性明显转好。

到 2035 年，东北地区城市水环境质量有较大的改善，受城市影响控制断面优良（达到或优于Ⅲ类）比例达到 95%或以上，城市水体劣Ⅴ类和黑臭水体全面稳定消除，建成区海绵城市建设占比达到 50%或以上，污水处理率达到 100%或以上，污水集中收集率力争达到 90%或以上；城区再生水利用率达到 35%或以上，城市供水管网漏损率降至 7%，万元工业产值用水量降至 20～30 m³，工业用水重复利用率达到 98%；城市生物完整性指数达到"优秀"状态，全面保障城市河道生态基流稳定达到健康流量水平，水生态环境根本好转，"美丽中国"目标基本实现。

表 10-4　东北地区城市近中远期水生态环境综合整治目标

类别	指标	现状	2025 年（近期）	2030 年（中期）	2035 年（远期）
水环境质量	受城市影响控制断面优良（达到或优于Ⅲ类）比例/%	75	80 或以上	85 或以上	95 或以上
	城市水体劣Ⅴ类和黑臭水体比例/%	3	基本消除	全面消除	全面稳定消除
	建成区海绵城市建设占比/%	10	15 或以上	30 或以上	50 或以上
	污水处理率/%	93	95 或以上	98 或以上	100 或以上
	污水集中收集率/%	—	70 或以上	80 或以上	90 或以上
水资源	城区再生水利用率/%	11.3	25 或以上	30 或以上	35 或以上
	供水管网漏损率/%	16.5	9	8	7
	万元工业产值用水量/m³	40	35～40	30～35	20～30
	工业用水重复利用率/%	77	90 或以上	94 或以上	98 或以上
水生态	水生生物完整性	较差	中等	良好	优秀
	城市河道生态流量保障程度	无法保障	保障达到生存流量	保障达到健康流量下限	保障稳定达到健康流量

为了实现以上三个阶段东北地区城市水生态环境综合整治目标，需要分别制定东北地区城市水环境质量提升方案、水生态恢复方案以及水资源保护方案。

10.4　东北地区城市水环境质量提升方案

针对东北地区某一具体城市或城市某特定区域进行水环境综合整治时，需要按照本书第 5～8 章的内容，对具体城市进行水环境特征解析、治理目标确定、环境容量计算和污染负荷削减量分配以及适用技术甄选，然后给出具体城市的水环境综合整治方案。

本节针对东北地区城市水环境特点从生活点源、工业点源及城市面源三个方面提出城市水环境质量提升方案。

10.4.1　生活点源污染控制方案

针对东北地区普遍存在的排水管网密度低、管网老化严重、污水厂出水易受季节性影响等导致生活点源污染的问题，需重点采取对策进行城市污水收集系统补短板、污水处理全覆盖和提质增效，主要包括以下两个方面。

（1）在城市污水收集系统补短板方面。一是加快推进城镇污水收集管网建设，加大对于本溪、白山、七台河等建成区排水管网密度较低城市的管网建设力度，重点推进老旧城区、城乡接合部、城中村雨污水收集管网建设，消除管网空白区。二是针对哈尔滨、长春、沈阳、吉林等城市管网超期服役、老旧化严重的问题，开展城市污水管网全面摸排检查，掌握老旧污水管网位置分布，重点开展排水管网跑冒滴漏、混接错接、管道堵塞等现象的检查维护和修复改造。三是对于丹东、辽阳、葫芦岛、绥化、佳木斯等合流制管道占比较高的城市，加快推进雨污分流改造。新城区管网建设均实行雨污分流制，有条件的已建城区要积极推进雨污分流，对于暂时不具备雨污分流改造条件的城区，通过源头污水减量、溢流口改造、设施调蓄等措施减少合流制排水口溢流次数。对截流与调蓄的合流制污水，有条件的地区要纳入城市生活污水收集处理系统；现有设施能力不能满足要求的，应因地制宜建设分散性污水处理设施对合流制污水进行处理后排放。四是健全排口管理制度，建立"水环境—入河排口—污染源"精细化管理体系，逐步完善入河排口长效监管机制。进一步深入排查和全面摸清掌握各类排口情况，落实责任主体，建立管理台账，杜绝污水直排现象。稳步推进排口规范建设和整治，强化监测能力。

（2）在补齐污水处理能力短板和提质增效方面。一是重视低温对污水处理厂的影响，通过工程措施和管理措施，提高低温下污水处理效果，做好冬季污水处理厂运行，加强设备运维检修，保障设备良性运转。二是针对丹东、绥化、长春、白山等城市部分污水厂长期超负荷运行问题，加快推进城市污水处理厂扩容提标改造，尽快补齐处理能力缺口，解决因污水处理厂处理能力不足造成的城市污水溢流问题，保障污水处理全面稳定达标排放。

依据东北地区城市生活点源污染特征及存在问题，筛选出适用东北地区城市生活点源污染控制的推荐技术，如表 10-5 所示。

表 10-5　东北地区城市生活点源控制推荐技术清单

技术方向	技术名称	关键词
管网集成优化类	排水管道安全运行、养护与修复质量评估体系技术	管网评估、管网修复、运维管理、排水系统、主成分分析
	城市排水管网智能养护与快速检测修复技术	缺陷检测、管网修复、结构性缺陷、视频管道检测、图像识别
	混合截污排水系统效能诊断与混合截污管网运行优化技术	管网评估、排水系统、SWMM、不确定性分析、GIS
	城市雨水管网混接调查与改造关键技术	管网评估、雨污混接、水质特征因子、水力模型

续表

技术方向	技术名称	关键词
管网监管与评估类	排水管渠超声数字化成像检测技术	检测评估、成像检测、数字化诊断、三维检测
	管网优化运行与调度控制技术	优化控制、泵站运行、合流制溢流污水、管网调度、水力模型
	基于排水模型的城镇排水系统内涝管控关键技术	优化控制、排水模型、内涝管控、风险评估
	防涝实时预警预报系统构建技术	管网模型、防汛预警、实时预警、自动监测
污水处理利用类	城市污水处理厂氧化沟系统升级改造技术（巢湖）	整体工艺系统、一级 A、升级改造、氧化沟、回流污泥预浓缩
	北京市城市再生水水质提升技术	整体工艺系统、再生水处理、强化脱氮、脱色、生物滤池
	A²/O 工艺优化与强化脱氮技术	A²/O、升级改造、脱氮、工艺优化、强化生物脱氮除磷
	产业密集型城镇污水处理厂全过程优化运行技术	过程监管与运行优化、节能降耗、全过程诊断、全过程控制、智能管控

10.4.2 工业点源污染控制方案

针对重化工业排放废水中含大量难降解污染物和重金属这一工业点源问题，可采取以下两方面措施进行治理。

1. 加强工业清洁生产力度

全面推动化工、钢铁、造纸、印染、制药等行业实施绿色化改造，加大清洁生产审查力度，推进清洁生产。按照国家产业结构调整，淘汰和关闭或者搬迁一批技术落后、生产力落后、污染严重、资源浪费的工业企业，加快技术的更新换代和产业转型；开展工业循环水回用的经济实践，提高工业再生水回用率，改善工业再生水处理技术，实现全过程在减少工业废水排放的同时，充分利用水资源；依法落实污染源排污许可"一证式"监管，实现所有企业全覆盖；加强排污许可管理，规范企业排污行为，控制污染物排放，保护和改善生态环境，企业应依法持证排污、按证排污，管理部门需依法按证监管。

2. 强化工业园区污染治理

工业园区应当按规定建设污水集中处理设施，推进设施分类管理、分期升级改造，实现工业废水收集处理设施全覆盖，实施工业污染源全面达标排放计划。对于现有及新建、升级的工业园区应规范雨污分流系统，禁止雨污混排。对进入市政污水收集设施的工业企业进行排查和评估，对经评估认定为污染物不能被城镇污水处理厂有效处理或者可能影响城镇污水处理厂出水稳定达标的，要限期退出；经评估可继续接入污水管网的，工业企业应当依法取得排污、排水许可。

依据东北地区工业点源污染特征及存在问题，筛选出适合东北地区城市工业点源污染控制的推荐技术，如表 10-6 所示。

表 10-6　东北地区城市点源控制推荐技术清单

技术方向	技术名称	关键词
钢铁行业水污染全过程控制	转炉炼钢工序节水技术	转炉炼钢、烟尘、温度
	轧钢过程节水技术	轧钢、低温、智能化
	钢铁园区水网络优化与智能调控技术	水网络、优化、智能
	高毒性脱硫废液解毒处理技术	脱硫废液、脱硫、资源化
	高盐有机废水臭氧催化氧化技术	高盐有机废水、高级氧化、催化氧化
石化行业水污染全过程控制技术	基于电絮凝强化除油的电脱盐废水预处理技术	电絮凝、除油、电脱盐、预处理
	苯酚丙酮装置源头减排清洁生产技术	高收率精馏、萃取、源头减排
	丙烯酸酯废水有机酸回收技术	丙烯酸（丁）酯、有机酸、回收
	强化预处理中水回用技术	中水回用、预处理
制药行业水污染全过程控制技术	维生素 C（VC）制药凝结水反渗透再利用技术	制药、凝结水、反渗透、再利用
	残留抗生素深度脱除技术	抗生素、臭氧催化氧化、深度脱除
	高级氧化-UASB-MBR 处理集成技术	高级氧化、MBR
	Fenton 氧化–水解酸化/兼氧/接触氧化处理集成技术	Fenton 氧化、水解酸化、接触氧化

10.4.3　城市面源污染控制方案

1. 城市面源污染源头削减方案

东北地区城市面源污染的源头治理，应当通过地表径流截污设施的建设实现。可采用雨水口截污管道、生物滞蓄系统、绿色覆盖等技术措施，通过生物同化吸收作用和填料层物理过滤作用，高效拦截桃花汛和降雨带来的地表径流污染。具体如下：

（1）降雨径流通常直接流入排水管网，因而选择合适的雨水口以及将雨水口进行改造对污染物的削减具有很好的作用。同时，也可在雨水管和雨水口的连接管处安装拦污格栅，截流污染严重的初期雨水，雨季径流污染去除效果明显。

（2）开展城市低影响开发设施建设，增加城市透水下垫面面积。在道路区域范围内通过过滤、净化、滞留等手段，削减道路外排污染物总量；在城市广场做好排水的前提下优先考虑透水铺装；对于不适宜采用透水铺装的区域，可以考虑渗渠等方式控制雨水，也可采用优化排水装置，把雨水收集汇入调蓄池；优先设置下渗快且美观度高的树池和花坛。同时，借鉴我国海绵城市试点工程经验，根据城市自身环境特征，充分利用自然措施，精心规划排水系统，做好雨水集中性排放设计工作，注重对雨水的收集和处理。

2. 城市面源污染过程控制方案

东北地区城市面源污染的过程削减主要是指雨水径流在管网中的控制，具体如下。

（1）在城市内建设雨水调节池，收集初期雨水，减少东北地区城市内涝；将雨水调节池接入城市污水处理厂，将初期雨水进一步处理后达标排放。

（2）采用城区合流制系统溢流量削减技术，利用经过率定和验证的管网水力模型，结合泵站的启排水位，充分利用管网的调蓄容积，在保证排涝安全的前提下，有效减少系统雨天溢流水量，促进东北地区城市水体水质持续改善。

（3）对溢流口进行原位旋流沉砂分离，减轻后续处理污染负荷；对暗涵的出口进行反冲，避免沉积物累积。

3. 城市面源污染末端治理方案

东北地区城市面源污染的末端治理应充分利用河湖缓冲带和人工湿地。在陆地和水体之间建造滨水缓冲区，通过各种植物的过滤、渗透、吸收等作用减少雨水径流中污染物的含量，起到缓冲的作用，减少自然降雨补水带来的面源污染；构建表面流、潜流或垂直流人工湿地及其组合工艺，在末端治理降雨径流污染的同时，还能改善城市的水生态环境。

依据东北地区城市面源污染特征及存在问题，筛选出适合地区城市面源污染源头、过程、末端控制的推荐技术，如表 10-7 所示。

表 10-7 东北地区城市面源污染控制推荐技术清单

技术大类	技术方向	技术名称	关键词
面源源头污染控制	绿色屋顶技术	绿色建筑小区雨水湿地径流控制技术	初期雨水、径流控制、绿色建筑、雨水湿地
		适用性绿色屋顶源头控污截流技术	绿色屋顶、截流源头控污、渗透、存储回用
	生物滞留技术	花园式雨水集水与促渗技术	雨水花园、污染负荷、渗透、促渗技术、生物滞留
		城市绿地多功能调蓄–滞留减排–水质保障技术	生物滞留、水质保障、初期雨水调蓄、污染负荷
	透水铺装技术	植生型多孔混凝土绿色渗透技术	多孔混凝土、孔隙率、抗压强度、透水系数、透水铺装
		土壤增渗减排技术	透水系数、促渗技术、渗透、生物滞留
面源过程污染控制	径流分流技术	雨水径流时空分质收集处理技术	降雨径流、雨水收集、径流处理
		合流制管网溢流雨水拦截分流控制装置与关键技术	合流制溢流、分离效率、溢流污染处理、雨水分流
		合流制溢流污水末端综合处理技术	合流制溢流、末端处理、溢流污染
	径流截污技术	自动净化雨水检查井与截污技术	分离效率、截污、雨水检查井
		雨水口高效截污装置与关键技术	雨水口、分离效率、截污
		城市溢流污染削减及排水管道沉积物减控技术	溢流污染、排水管道、污染物削减、沉积物
	径流调蓄技术	城区合流制系统溢流量削减技术	合流制、截流倍数、溢流污染、调蓄
		基于水力模型的初期雨水调蓄池设计方法与技术	雨水集蓄、雨水系统、调蓄池、水力模型
面源末端污染控制	物理化学处理技术	用于初期雨水就地处理的旋流分离及高密度澄清处理技术	初期雨水、高密度澄清池、旋流分离、污染物去除、就地处理
		初期雨水面源污染水力旋流–快速过滤技术	初期雨水、快速过滤、分离效率、面源污染、旋流分离
	自然生态处理技术	城市面源污染水体净化生态耦合修复技术	雨水处理、污染物去除、多塘系统、缓冲带
		三带系统生态缓冲带技术	缓冲带、生态处理、雨水处理、污染物去除

10.5　东北地区城市水生态恢复方案

由前文解析可知，东北地区城市河流生态流量不足，秋冬季断流现象严重，水体自净能力较差，水生植被退化严重，并且存在生态缓冲带被城市建设侵占现象。针对以上问题，需要加快推进东北地区城市水生态调查与评价工作，掌握水生生物状况，从岸上、水里及水系之间分别采取措施制定城市化水生态恢复方案。

1. 水生态调查与评价

开展东北地区城市水体生态环境状况调查与评价，调查对象包括河岸带植被、大型水生植物、鱼类、大型底栖动物和浮游生物等。结合调查结果，参考生态环境状况评价技术规范，对城市水生态进行评价，重点评价城市水体生态功能和水土保持功能的情况，根据评价结果，找出各地区城市水生态保护存在的问题，明确各级区域的水生态保护工作重点和方向，有针对性对城市水体开展生态保护修复。

2. 岸上措施

（1）截流减排。强化外源负荷控制措施，可结合实际在河湖岸带种植乔、灌、草相结合的具有水质净化效果的植物，削减入河湖污染负荷，包括严格污水处理厂尾水的氮磷排放标准及稳定排放，城市及农田径流污染水体的控制。

（2）河湖缓冲带构建与修复。在该地区生态修复过程中应分级管控城市河湖水生态空间，全面清退城市河道内非法侵占的用地，以地表径流等非点源污染严重和城市污废水排放较大的受纳河流为优先区域，因地制宜建设河湖生态隔离带，推动城市河湖生态缓冲带建设和扩展。通过科学配置适宜的水生植物种类和品种，强化河/湖滨岸带植被恢复与扩增，保障缓冲带植被覆盖率和连续性，为水生植被恢复创造水文条件。在建设工程完成后制定相应维护管理方案。

3. 水体修复措施

（1）城市水体增氧方案。对于东北地区城市水体污染严重，部分城市甚至出现黑臭水体这一情况，采用曝气增氧进行城市水体复氧，提高水体溶解氧含量，提高水体好氧微生物的活力，促进微生物对有机污染物的消耗。目前，水体曝气增氧有人工曝气复氧、大气复氧和水生生物光合作用复氧。

（2）城市水体补水净化方案。针对东北地区部分城市水体秋冬季节流动缓慢的问题，以污水处理厂经过深度处理的再生水为清洁水源引入或者通过工程调水进行补水，强制水体流动，促进水体生物链系统的形成，丰富水生生物多样性，加快水体自净能力的恢复，从而实现城市水体水质修复和保持的目的。

（3）生态功能恢复方案。运用生态学基本原理及水生生物基础生物学特征，通过引种移植、保护等技术调控水生生物，构建生态空间、生态河岸带、生态河道以达到改善水体生态与环境条件的目的。选择生物物种应该结合治理水体的实际水文条件、植物物种的生长条件及自身生长能力等进行选择。同时，人为创造微生物繁殖环境，利用微生物作用促进水体自净功能发挥，从而有效将污染物转化为 CO_2 和水等物质；通过水生植物、鱼类、底栖动物的合理配置，构成良性稳定的水生态系统。

依据东北地区城市水生态污染特征及存在问题，筛选适合东北地区城市水生态功能恢复的推荐技术，如表 10-8 所示。

表 10-8　水体修复技术清单

技术名称	关键词
滞留区人工复氧及水动力改善技术	河道滞留区、水动力改善、喷泉复氧、河道滞留区
多级自然复氧技术	水体循环、多级坝、自然复氧
小城镇河道侧沟水体修复集成技术	北方地区城市、絮凝沉淀、曝气复氧、菌藻生物膜、芦苇滤床
城市景观水系非常规水源利用优化模式	补水净化、景观水体、水体循环、优化调度
城市景观水体水动力调控与水质保障技术	景观水体、水动力调控、再生水补水、旁路处理、生态重建
湖库健康水生态系统构建技术	水系统构建、生态链构建、生物操纵、生态浮岛
城市河湖水质保持与生态修复技术	多水源补水、旁路处理、人工湿地、植物配置

10.6　东北地区城市水资源保护方案

10.6.1　以水定城，量水发展

东北地区在进行城市总体规划、确定城市发展规模时，要坚持以水定城，量水发展，充分考虑地区城市地域自然特征和水资源制约因素，以水资源承载能力和水生态环境容量为基础，遵循不同的城市量水发展原则，优化水资源配置。沈阳、大连、长春等城市人口规模大，水资源开发利用程度高，水资源严重短缺，城水矛盾突出，更需遵循"以水定城"原则；哈尔滨和吉林水资源较为丰富，但城市规模较大，人水矛盾较为突出，更需遵循"以水定人"原则；鞍山、铁岭、抚顺等城市重工业用水量较大，但水资源严重短缺，供需矛盾突出，更需遵循"以水定产"原则。

为了实现地区城市量水定规模和量水谋发展，首先，要对东北地区城市水资源承载力进行综合评估，建立水资源承载力分区管控体系。其次，要积极提高东北地区城区再生水利用率和工业用水重复利用率，做到循环用水、一水多用。再次，要调整东北地区城市产业结构，优化各行各业的用水工艺，加快推进高耗水行业和技术的关停淘汰。最后，要对东北地区城市实行严格的水资源管理制度，确立水资源管理三条红线，包含确立水资源开发利用控制红线，严格实行水资源消耗总量和强度双控，暂停水资源超载地区新增取水许可；确立用水效率控制红线，坚决遏制用水浪费；确立水功能区限制纳污红线，严控排污总量。

10.6.2　构建节水型城市

东北地区构建节水型城市主要从工业节水、市政节水和生活节水三方面制定对策。

1. 工业节水方案

东北地区工业用水量高于全国平均水平，水资源供需矛盾突出。所以，东北地区需要加强工业节水，实现水资源优化配置和可持续利用，具体措施如下。

1）聚焦重点行业，提升行业废水循环利用能力

聚焦东北地区城市分布集中、废水排放量大、改造条件相对成熟的石油化工、钢铁制造、农副产品加工、纺织印染等工业行业，稳步推进废水循环利用技术改造升级。

（1）对于石油化工行业，应强化用水强度控制，鼓励有条件的园区实施化工企业废水"分类收集、分质处理、一企一管明管输送、实时监测"。大力推广应用电化学循环水处理、高浓度有机废水处理回用、水管网漏损检测、智慧用水管控系统等促进废水循环利用的先进装备技术工艺，降低石化废水排放量。

（2）对于钢铁制造行业，加强鞍山、铁岭、沈阳等钢铁产能集中且极度缺水城市的行业节水管理和考核，强化用水强度控制，积极推动水效对标和节水技术改造。推广应用高效循环用水处理、生产工艺干法半干法冷却或洗涤、高浓度有机废水回用、高盐废水减量、智慧用水等废水循环利用的先进装备技术工艺。

（3）对于农副产品加工行业，加大对于吉林省、黑龙江省城市的谷物磨制、植物油加工、饲料加工方向的节水技术研发力度，利用该行业加工废水中往往含有大量的营养成分及活性功能因子的特点，强化对行业用水中营养成分的回收利用。完善该行业相关政策性指导文件的制定。

（4）对于纺织印染行业，加强废水循环利用能力建设，鼓励化学纤维制造、喷水织造、纺织染整等行业开展水平衡测试和水效对标达标。大力推广洗涤水梯级利用、化纤长丝织造废水高效利用、印染废水膜法深度处理等废水循环利用先进装备技术工艺。鼓励纺织企业加大再生水等非常规水资源开发力度，严控新水取用量。开展废水循环利用水质监测评价和用水管理，推动重点用水企业搭建废水循环利用智慧管理平台。

2）全面落实工业节水目标任务，加强行业节水监督管理

相关部门应把工业节水目标管理责任书有关指标和工作任务进行全面细化分解，量化指标，细化措施，并且每季度对工业节水目标责任书完成情况进行不定期检查、监督、通报和督促整改。切实加强重点行业取水定额管理。规范和监督工业企业用水活动，加大监察力度，对重点耗水企业进行重点监控，摸清企业用水现状，制定出切实可行的节水措施。

2. 市政节水方案

东北地区城市采取的市政节水措施主要有以下两点。

1）提高再生水生产能力和利用率

科学统筹规划地区城市污水处理及再生水利用设施，推进污水再生利用项目建设，解决再生利用设施布局不均衡问题，着重提高中心城区再生水供水能力。因地制宜，合理规划布局再生水输配设施，优先考虑靠近集中用水用户、热电厂以及景观补水河道。对于诸如沈阳、鞍山、长春、四平等水质型缺水和水量型缺水并存的城市，积极拓展城市再生水

资源使用范围,将再生水用于生态景观、工业生产、城市绿化、道路清扫、车辆冲洗、建筑施工、城市杂用等领域,减少城市新鲜水取用量和污水外排量,提高城区再生水利用率。

2)加强城市供水管网漏损控制

对于诸如通化、白山、哈尔滨等供水管网漏损率较高的城市,应积极开展供水管网现状摸排工作,监测和精准识别管网漏损点位。对超过合理使用年限、材质落后或受损失修的供水管网进行更新改造,采用先进适用、质量可靠的供水管网管材和柔性接口。对市政、绿化、消防、环卫等用水,实行全面计量管理。推进供水管网分区计量,逐步实现供水管网的网格化、精细化管理。

3. 生活节水方案

东北地区城市生活节水应从以下方面考虑。

1)积极推进社会单元节水工作

推动节水型企业、节水型单位、节水型社区(小区)建设,特别是沈阳、长春、哈尔滨等人均日用水量超过用水定额标准的城市应结合实际,出台鼓励社会单元节水的政策或措施。结合绿色社区创建行动,充分发挥社区在家庭、单位等整个社会网络中的纽带作用,推动节水理念、节水方法的学习。广泛发动群众、组织群众参与,形成绿色发展方式和生活方式。

2)大力推广和使用节水产品和设备

积极推广技术先进、成熟适用、节水效益显著的节水产品(设备)和工艺,促进节水技术产业化应用,提高用水效率。推广普及节水型生活用水器具,公共建筑必须使用节水器具。推行水效标识制度,对节水潜力大、适用面广的用水产品实行水效标识管理。

3)完善价格机制

完善居民阶梯水价制度,充分发挥价格机制在水资源节约、用水需求调节方面的作用,抑制不合理的用水需求。放开再生水定价,通过与供水价格形成合理价差,引导各类用水户提高使用非常规水资源的积极性和主动性。

10.6.3 饮用水安全保护方案

(1)开展水源地和备用水源地整治,排查水源地保护区内环境问题。推进支流入水源地入口泥沙预控区设置,构建强化净化湿地。确定水源地整治方案并加快实施,确保水源地水质达标。

(2)建设水源地管理信息化系统,实现对饮用水水源地在线监控,继续开展城镇饮用水水源水质状况信息公开。

(3)建立饮用水水源地应急管理系统,完善保护区风险源名录,落实风险管控措施,提升水源地突发事件应急能力和管理水平。

(4)实现流域"双源供水"和自来水深度处理两个全覆盖,实施从水源水到龙头水全过程监管,提高饮用水水质,确保饮用水安全。

10.7　东北地区城市水环境综合整治技术路线图

城市水环境综合整治技术路线图是为东北地区城市在 2021～2035 年对其区域内城市水体综合整治工作提供分阶段的目标和宏观对策。其中，近期阶段（2021～2025 年）的技术路线是在上述方案的基础上凝练出来的；中期阶段（2026～2030 年）和远期阶段（2031～2035 年）的技术路线图需在近期阶段技术路线的基础上，以国家宏观战略为指引，以中远期目标为导向，对未来城市水环境整治方向进行科学合理的预测，以确定中远期阶段城市水环境综合整治对策，进而凝练出中远期阶段的综合整治技术路线，为制定中远期城市水环境综合整治方案提供支撑。

10.7.1　近期阶段（2021～2025 年）

东北地区城市近期阶段的重点任务是控源减排，构建节水型城市，同时开展城市水体生境修复。到 2025 年实现城市较大幅度减少污染负荷，水环境质量得到明显提升，受城市影响控制断面优良（达到或优于Ⅲ类）比例达到 80%以上，城市水体劣Ⅴ类和黑臭水体基本消除，水资源利用效率有明显提高。

对于城市生活点源，主要从排水管网和污水处理厂两方面制定综合整治对策：①开展排水老旧管网全面摸排调查。针对哈尔滨、长春、沈阳、吉林等城市管网超期服役、老旧化严重的问题，全面摸排调查，掌握老旧污水管网位置分布，加强排水管网的跑冒滴漏、混接错接、管道堵塞等检查、维护和更新。②积极推进排水管网建设改造。针对城市排水管网密度整体偏低的问题，加大排水管网建设和改造力度，全面提高排水管网覆盖率，基本消除老城区、城中村、城乡接合部的管网留白区，提升城市生活污水收集率，实施入河排污口排查整治，全面清理城市排污口，减少污水直排现象，力争到 2025 年地区城市污水集中收集率达到 70%或以上。③重视低温对污水处理厂的影响。通过工程措施和管理措施，提高低温下污水处理效果，做好冬季污水处理厂运行，加强设备运维检修，保障设备良性运转；此外，加快推进城市污水处理厂技术和规模的升级改造，提高污水处理厂设计排放标准和运行处理能力，保障污水处理全面稳定达标排放，实现到 2025 年污水处理率达到 95%或以上。

对于城市工业点源，主要从工业清洁生产、控源减排方面制定对策。①推进工业企业清洁生产。淘汰和关闭或者搬迁一批技术落后、污染严重、资源浪费的工业企业，加快技术的更新换代和产业转型，对造纸、钢铁、化工等重污染行业积极开展综合治理和技术改造。加快推进工业企业入工业园。②完善工业园区污水收集处理设施，加强园区内污水深度处理工艺，优化运行控制方式。针对地区工业特征难降解污染物排放量较大的问题，加强工业生产有毒有害污染物监管，对研发、生产、进口和加工使用有毒有机物的相关单位加强监督管理，依法查处违反化学物质环境管理登记有关规定的行为。

对于城市面源污染，主要制定以下综合整治对策：①针对城市初期雨水和初春桃花汛径流污染问题，开展低影响开发设施建设，通过建设绿地、铺装透水路面、建设绿色屋顶等措施，在源头有效截流、渗透、储存、调节城市雨/雪水径流，并实现雨/雪水收集回用。充分利用河湖缓冲带和人工湿地的过滤、渗透、吸收作用，净化和削减地表径流污染。因地制宜配套建设调蓄设施，提高对雨/雪水的蓄滞和收集利用能力。强化雨水口的管理和控制。②针对地区城市短时强降雨导致的溢流污染和内涝问题，完善雨污分流管网系统，加快推进雨污分流改造，特别是针对辽阳、葫芦岛、绥化、佳木斯等合流制管网占比较高的城市，实施雨污管道混错接改造和破损管网修复工程。全面推进厂网一体化和雨污整体运管能力，通过"管网–调蓄池–污水厂–城市水体"的优化调度，实现雨污水收集、转输、调蓄和处理能力的相互匹配，最大限度降低污染物的排放。此外，借鉴和总结我国海绵城市试点工程经验，根据东北地区城市自身特点，形成适用于该地区短时强降雨和桃花汛径流污染的治理模式，实现到 2025 年建成区海绵城市建设占比达到15%或以上。

在水资源方面，以水定城、量水发展，充分考虑自然约束条件，合理确定城市规模、空间结构、开发建设密度和强度，优化城市功能布局，实现水资源优化配置和可持续利用。全面、系统加强城市节水工作，开展节水型城市建设，实现节水、治污、减排相互促进，推动城市高质量发展。对于沈阳、鞍山、长春、四平等水质型缺水和水量型缺水并存的城市，应加强再生水使用力度，减少城市新鲜水取用量和污水外排量，提高再生水利用率，争取在 2025 年城区再生水利用率达到 25%或以上。解决通化、白山、哈尔滨等城市水资源浪费突出的问题，开展供水管网漏损点的精准识别和更新修复工作，到 2025 年力争控制地区城市供水管网漏损率在 9%。强化工业节水，转变工业高耗水方式，提升水资源利用效率。到 2025 年，实现万元工业产值用水量降至 35~40 m³，工业用水重复利用率力争达到 90%。加强再生水利用，争取在 2025 年城区再生水利用率达到 25%或以上。强化公民水资源节约和保护意识。

在水生态方面，开展城市水体生态修复。重视城市再生水、雨/雪水和工程引水等水资源的合理利用，提高城市河流生态基流的配置和调度能力，使城市主要干支流的水体生物生存流量基本得到保障。以地表径流等非点源污染严重和城市污废水排放较大的受纳河流为优先区域，适当构建及扩展河湖缓冲带，通过基底修复、水质改善、水动力调控等方式改善和恢复生境。实现到 2025 年东北地区城市生物完整性指数达到"中等"状态，水生态环境逐步向好改善。

10.7.2 中期阶段（2026~2030 年）

中期阶段的重点任务是在持续推进控源减排的基础上，坚持以水定城、量水发展，重视城市水资源合理开发利用，深入开展节水型城市建设，强化工业节水和市政节水，同时强化城市水体生态修复。

在坚持以水定城，量水发展方面，从水质型缺水和水量型缺水两方面提出对策：①对于水量型缺水城市，如沈阳、鞍山、盘锦等，开展水资源承载力综合评估，制定水资源优化配置方案，完善水量分配和用水调度制度，全面实行取用水的计划管理和精准计量。严格限制城市发展规模、高耗水项目建设和大规模种树，建立覆盖全流域的取用水总量控制体系。②对于水质型缺水城市，如长春、铁岭、哈尔滨等，应加大执行用水总量和污染物排放总量的双约束控制，确立用水效率控制红线，坚决遏制用水浪费；确立水功能区限制纳污红线，严控排污总量。

在城市节水方面，①加大工业利用废水、再生水、雨/雪水等非常规水资源力度，沈阳、鞍山、大连等缺水城市要推动市政污水处理及再生利用设施运营单位与重点用水企业、园区合作，将市政污水、再生水作为工业用重要水源。积极推进工业用水循环利用和处理回用，加强工业废水综合处理，努力实现工业废水资源化，减少工业企业新鲜水取用量。切实加强工业节水技术改造，加快推进高耗水行业和技术的关停淘汰，大力推广使用国家鼓励的节水设备。争取到 2030 年万元工业产值用水量降至 $30\sim35m^3$，工业用水重复利用率达到 94%。②构建区域城市再生水循环利用体系，科学统筹规划城镇污水处理及再生水利用设施，以现有污水处理厂为基础，合理布局再生水利用基础设施，全面完善再生水设施的建设。将再生水用于生态景观、工业生产、城市绿化、道路清扫、车辆冲洗、建筑施工、城市杂用等领域，减少城市新鲜水取用量和污水外排量，实现水资源利用的最大化。争取到 2030 年城区再生水利用率达到 30% 或以上。推进供水管网的改造和查漏，开展分区计量和漏损节水改造，全面降低公共供水管网漏损率，到 2030 年实现供水管网漏损率控制在 8%。③加强节约用水宣传，提高居民的节水意识，积极推进节水型企业、单位、小区的建设，推广使用节水型生活用水器具。

在水环境质量方面，继续推进污染源减排，持续改善城市水环境质量。进一步提高城市管网覆盖率，全面消除城区管网留白区，完善城市老旧化管网改造和更新，实现到 2030 年城市污水集中收集率达到 80% 或以上，污水处理率达到 98% 或以上。构建污染源排放管控体系，实施城市排污口规范化管控和零排放管控。到 2030 年，受城市影响控制断面优良（达到或优于Ⅲ类）比例达到 85% 或以上，城市水体劣Ⅴ类和黑臭水体全面消除，建成区海绵城市建设占比达到 30% 或以上。

在水生态方面，加强城市河湖岸带生境恢复和城市河段景观化建设，强化河湖富营养化控制。持续推进城市河流生态流量的配置和调度，保障城市主要干支流的生态流量达到健康流量下限，到 2030 年城市生物完整性指数达到"良好"状态，生物多样性明显转好。

10.7.3　远期阶段（2031～2035 年）

远期阶段的重点任务是在持续推进深度减排、水资源合理利用的基础上，全面推进城市河流生态系统完整性恢复。

在水环境质量方面，持续完善城市排水管网系统建设，实现城市建成区污水管网全覆盖，污废水全收集、全处理，受城市影响控制断面优良（达到或优于Ⅲ类）比例达到 95%以上，城市水体劣Ⅴ类和黑臭水体全面稳定消除，城市水环境质量整体有较大改善。积极推进海绵城市设施建设，实现到 2035 年城市建成区海绵城市建设占比达到 50% 以上。

在水资源方面，持续推进以水定城、量水发展，完善城市水资源合理开发利用，建成节水型城市，城区再生水利用率大幅提高，达到 35%以上，供水管网漏情况已基本得到控制，漏损率维持在 7%，漏损水量下降明显。工业、市政、生活节水进一步得到完善，万元工业产值用水量降至 20～30 m³，工业用水重复利用率达到 98%。

在水生态方面，全面推进城市河流生态系统完整性恢复。①加强河/湖滨岸带植被恢复与扩增，完善城市河流缓冲带建设；②构建良性稳定的水生生物系统和水生植物群落结构，实现城市河道生态系统的动态平衡与自我修复；③持续完善城市河流生态流量配置和调度，生态流量保障程度显著提升，生态基流稳定达到健康流量水平；④城市河湖空间管控得到加强，岸线保护利用规划体系基本建立，规划约束机制较为完善，涉河建设项目和活动管理制度建立健全，涉河违建、围垦等重大问题得到有效遏制。到 2035 年，争取实现城市生物多样性指数达到"优秀"状态，水生态环境根本好转，"美丽中国"目标基本实现。

根据东北地区水环境治理目标和综合整治对策形成东北地区城市水环境综合整治技术路线图（图 10-6）。

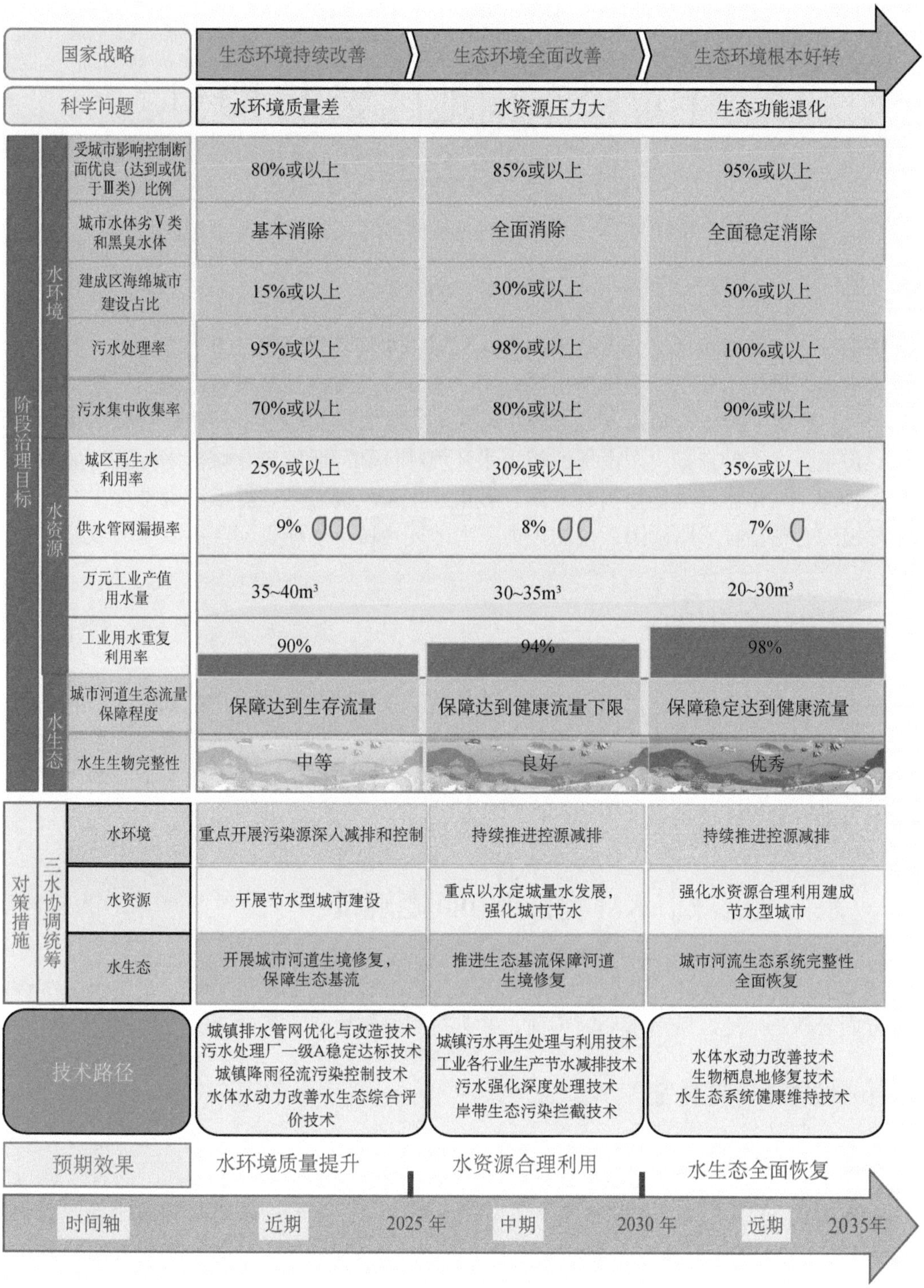

国家战略	生态环境持续改善	生态环境全面改善	生态环境根本好转
科学问题	水环境质量差	水资源压力大	生态功能退化

阶段治理目标	水环境	受城市影响控制断面优良（达到或优于Ⅲ类）比例	80%或以上	85%或以上	95%或以上
		城市水体劣Ⅴ类和黑臭水体	基本消除	全面消除	全面稳定消除
		建成区海绵城市建设占比	15%或以上	30%或以上	50%或以上
		污水处理率	95%或以上	98%或以上	100%或以上
		污水集中收集率	70%或以上	80%或以上	90%或以上
	水资源	城区再生水利用率	25%或以上	30%或以上	35%或以上
		供水管网漏损率	9%	8%	7%
		万元工业产值用水量	35~40m³	30~35m³	20~30m³
		工业用水重复利用率	90%	94%	98%
	水生态	城市河道生态流量保障程度	保障达到生存流量	保障达到健康流量下限	保障稳定达到健康流量
		水生生物完整性	中等	良好	优秀

对策措施	三水协调统筹	水环境	重点开展污染源深入减排和控制	持续推进控源减排	持续推进控源减排
		水资源	开展节水型城市建设	重点以水定城量水发展，强化城市节水	强化水资源合理利用建成节水型城市
		水生态	开展城市河道生境修复，保障生态基流	推进生态基流保障河道生境修复	城市河流生态系统完整性全面恢复

技术路径	城镇排水管网优化与改造技术 污水处理厂一级A稳定达标技术 城镇降雨径流污染控制技术 水体水动力改善水生态综合评价技术	城镇污水再生处理与利用技术 工业各行业生产节水减排技术 污水强化深度处理技术 岸带生态污染拦截技术	水体水动力改善技术 生物栖息地修复技术 水生态系统健康维持技术

预期效果	水环境质量提升	水资源合理利用	水生态全面恢复

时间轴	近期	2025年	中期	2030年	远期	2035年

图 10-6 东北地区城市水环境综合整治技术路线图

第 11 章　东南地区城市水环境综合整治指导方案

根据第 3 章城市水环境分区结果和第 4 章城市水环境综合整治方案编制内容及方法，形成东南地区城市水环境综合整治指导方案。本章介绍东南地区城市范围内近期（2021～2025 年）、中期（2026～2030 年）、远期（2031～2035 年）城市水环境综合整治指导方案框架，包括方案编制依据、东南地区城市水环境特征和问题解析、城市水生态环境综合整治目标确定、城市水环境质量提升方案、城市水生态恢复方案、城市水资源保护方案和城市水环境综合整治技术路线图，目的是为东南地区各城市水环境综合整治提供参考。

11.1　方案编制依据

在贯彻国家部委所发布的相关城市法律法规、条例、规划等文件的基础上，查阅相关统计年鉴和公报，结合东南地区城市相关规划、方案、计划等文件进行编制，主要包括第 6 章所列国家部委相关文件及东南地区所辖城市生态环境保护规划、水污染防治工作方案和节水行动方案等。

11.2　东南地区城市水环境特征和问题解析

本节依据 5.1 节城市水体水生态环境特征分析方法，从水环境质量、水生态、水资源三个方面分析东南地区城市水环境特征，并进行问题解析。

11.2.1　城市水环境特征

1. 水环境质量

东南地区 1621 个国、省控断面水质情况见图 11-1，从断面水质类别占比来看，水质不断好转，2020 年 V 类及劣 V 类水质占比分别为 1.4% 和 0.06%。这些断面大部分分布在长江的干流和主要支流上，而城市水体水质相对较差（表 11-1），存在较多 V 类甚至劣 V 类水体。在对研究区部分城市水体水质逐月调查过程中发现，研究区内孝感、咸宁、嘉兴、湖州、常州、苏州、扬州、镇江、泰州和上海十个城市存在明显的月度变化（图 11-2），表现出在 5～10 月水质变差的现象。另外，2020 年统计东南地区城市建成区内仍有黑臭水体 829 条，数量上占全国的 28.5%，黑臭水体整治工作仍任重道远。

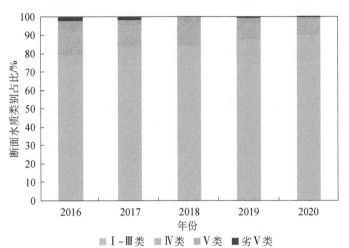

图 11-1 东南地区 2016~2020 年国、省控断面水质情况

资料来源：各省市环境状况公报

表 11-1 2020 年东南地区部分城市水质情况 （单位：%）

城市		水质占比				水环境功能区达标
		I~Ⅲ类	Ⅳ类	Ⅴ类	劣Ⅴ类	
岳阳		81.2	17.2	1.6	0	—
温州		67.1	22.4	10.5	0	78.9
常州		84.4	6.2	9.4	0	—
无锡		82.1	14.3	3.6	0	—
武汉	河流	80	16.7	3.3	0	90
	湖泊	14.6	50	31.7	3.7	46.8
荆州	河流	84.7	7.7	3.8	3.8	—
	湖泊	7.7	69.2	23.1	0	—
荆门	河流	73.5	6.1	12.2	8.2	—
	湖泊	81.8	0	9.1	9.1	—
黄冈	河流	100	0	0	0	—
	湖库	60	6.7	20	13.3	—
上海		74.1	24.7	1.2	0	—

资料来源：2020 年各城市环境状况公报。

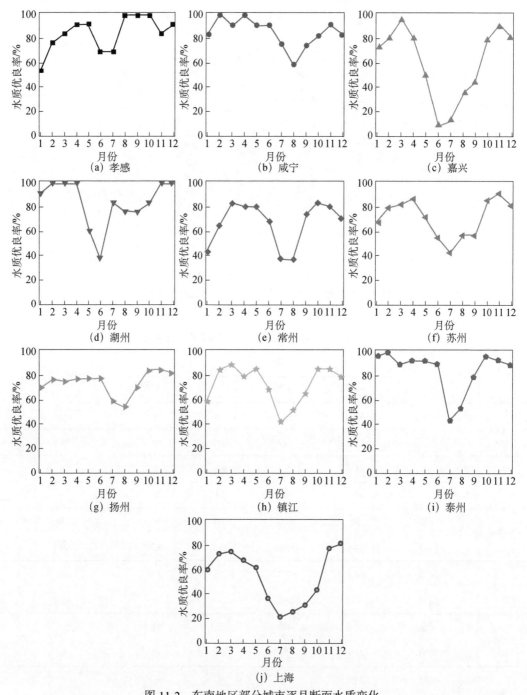

图 11-2　东南地区部分城市逐月断面水质变化

数据来源于各城市环境状况公报，其中孝感、咸宁和上海市数据为 2021 年，其他城市为 2020 年数据

东南地区湖泊水质整体较差，太湖无锡市水域处于Ⅳ类；嘉兴市南湖水质为Ⅴ类；湖北省湖库水域中，优Ⅲ类水域占 62.5%，Ⅳ类占 28.1%，Ⅴ类占 9.4%，主要污染指标为总磷、化学需氧量和高锰酸盐指数。湖泊富营养化风险高，安庆市龙感湖，南京市玄武湖、石臼湖和莫愁湖，太湖无锡市水域，新余市仙女湖，嘉兴市南湖以及上海市淀山湖，均为

轻度富营养化水平；武汉市轻度富营养状态湖泊数量占比 59.7%，中度富营养状态湖泊占比为 23.9%，重度富营养状态湖泊占比 0.7%。

城市建成区内河湖的水生态环境质量由于自身系统性和复杂性仍存在较多问题。长沙市龙王港下游水质差，2020 年 1~5 月 NH₃-N 均劣于 V 类，TP 部分月份劣于 V 类（郭晓芳等，2020）；武汉市内湖在 2019 年实施综合整治工程后水质才由劣 V 类提升至 V 类，但较 Ⅲ 类水体差距还很大，主要污染因子是 TP（林诗琦等，2021）；武汉市 2019 年 1~5 月倒水河的冯集断面 NH₃-N、COD、BOD₅ 均超标，龙口断面 COD 超标（朱敏等，2020）；2018 年荆州市城区水体实测数据显示 41 个断面中只有 22 个满足 V 类水质要求，劣 V 类水体以 TP 超标为主（靳方倩和杜国锋，2018）；九江市琵琶湖 COD 为 Ⅳ~V 类，TP、TN 为 V~劣 V 类，中心城区主要河道均下游水质差，新开河靠近八里湖段水质为 V~劣 V 类（檀雅琴等，2021）；2020 年常州市主城区内 20 个点位水质监测结果显示其中 35% 为 V 类、20% 为劣 V 类（穆守胜等，2022）；2018 年南京市建成区内断面水质达标率仅为 30% 左右（俞欣等，2021）；嘉兴市区下游人中浜和北运桥水质相对较差（娄孝飞等，2020）。众多研究表明，研究区城市内水体水质仍不容乐观。

2. 水生态状况

东南地区水生态现状总体为中等状态，水生动植物群落退化严重，结构趋向简单化，生物多样性下降，水生植被覆盖面积、植物群落数量和结构、生物量等均退化明显，生态功能脆弱。常州市武南区中部及京杭运河以北氮、磷污染严重，水生态健康评价等级以一般和中等为主（张海燕等，2021）；嘉兴市河网水生生物群落结构呈现结构简单、种类少、以耐污物种为主的特点（黄子晏等，2021）；南京市固城湖底栖动物 Shannon-Wienen 多样性指数处于中度污染状态（朱韩等，2021）；金华市浦阳江城区河段物种多样性和功能多样性均明显低于上游近自然河段（盛天进等，2021）；京杭运河扬州和镇江段水草较少，底质坚硬，常州、无锡和苏州段无水草，底质多为淤泥，底栖动物多样性较低，物种单一（李娣等，2021）；高邮湖、宝应湖和邵伯湖物种多样性评价等级为"贫乏"至"一般"，浮游植物藻密度增加，底栖动物敏感物种减少（刘小维等，2020）。

3. 水资源状况

东南地区水资源总量较丰富（表 11-2），地区内城市 2020 年水资源总量 7323.77 亿 m³。各城市水资源总量在 9.73 亿~307.95 亿 m³ 不等，城市间水资源量分布差异大，东南地区 2020 年城市人均水资源量及水资源开发利用情况见图 11-3，按人均水资源量计算，荆门、芜湖、嘉兴等 6 个城市属于重度缺水，上海、苏州、合肥、襄阳等 15 个城市属于极度缺水。部分城市水资源开发利用强度大，区域内 35 个城市 2020 年水资源开发利用率高于全国平均值 18.39%，上海、镇江、扬州、泰州 4 市超过 100%，另有苏州、无锡、南京、常州、南通、马鞍山 6 市在 80% 以上，表明这部分城市用水压力大。

另外东南地区内城市存在饮用水源地安全风险。部分水源地水质不能完全达标，存在 TP 污染问题；同时存在特征有机污染物、重金属、危化品等潜在安全风险。邱国良和陈泓霖（2022）对衡阳市 15 个城市饮用水源地水质风险评价结果显示有 6 个为中风险等级,主要受砷影响;刘俊玲等(2019)对武汉市中心城区饮用水检测共检出 18 种有机污染物,存在一定程度的有机物污染;长江干流 97 个饮用水源地中高风险水源共 8 个,均位于江苏段,分布于无锡、扬州、镇江和泰州 4 市,且无锡市还存在一个潜在风险极高的水源地(杨晶晶,2019);2020 年常州市长荡湖水源地达标率 16.7%,主要影响因素为 TP;湖州市水源地中检测出 34 种典型有机微污染物(施晓帆,2017);嘉兴市饮用水源地磺胺类抗生素检出率范围为 60%~100%(许祥,2019)。

表 11-2　2020 年东南地区城市水资源总量　　　　　　　　(单位:亿 m³)

城市	水资源总量	城市	水资源总量	城市	水资源总量
上饶	307.95	宣城	147.15	随州	60.99
怀化	287.5	咸宁	131.89	台州	60.32
赣州	250.8	衢州	123.97	湖州	59.85
黄冈	236.78	长沙	123.2	上海	58.6
宜春	228	池州	118.47	苏州	58.12
杭州	218.89	十堰	117.25	南通	47.62
吉安	216.41	金华	106.76	萍乡	45.1
宜昌	203.45	武汉	97.48	鹰潭	42.58
九江	200.54	娄底	95.08	嘉兴	42.17
常德	196.8	南昌	94.63	湘潭	41.67
安庆	196.24	衡阳	92.4	南京	41.47
六安	193.73	株洲	91.85	无锡	37.34
抚州	184.6	襄阳	90.27	铜陵	34.2
邵阳	174.9	合肥	89.15	新余	33.68
岳阳	168.9	荆门	84.43	常州	32.02
永州	168.1	温州	83.93	马鞍山	31.2
黄山	161.88	景德镇	81.27	扬州	28.51
丽水	161.87	宁波	80.68	泰州	25.56
益阳	155.1	绍兴	78.43	鄂州	19.43
荆州	154.43	孝感	76.17	镇江	17.83
郴州	148.4	芜湖	66.36	舟山	9.73
张家界	148	黄石	61.69	东南地区	7323.77

11.2.2　城市水环境问题解析

1. 水环境质量解析

生活源和工业源是城市区域内两个主要污染物来源。管网及污水处理厂在点源污染物的收集、处理到进入城市水体的过程中起着重要的作用。另外,随着点源污染的控制,城市面源污染对城市水环境质量的影响开始突显。本小节从点源和面源两个方面对东南地区城市水环境质量问题进行解析。

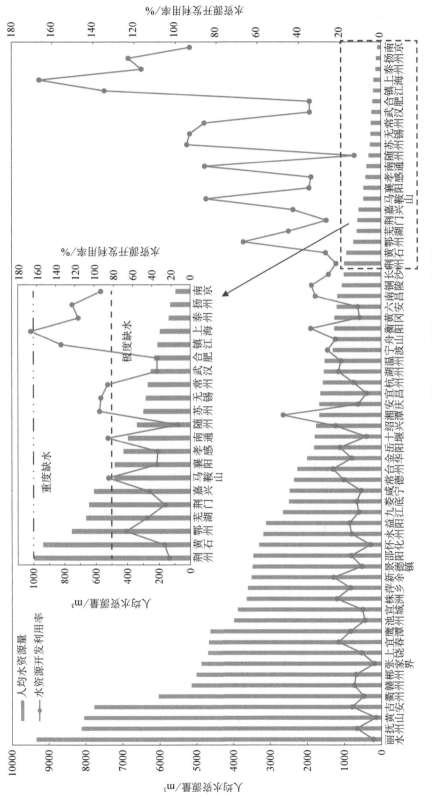

图 11-3 东南地区 2020 年城市人均水资源量及水资源开发利用情况

资料来源: 各城市 2020 年水资源公报

1）点源问题解析

（1）污水排放量大。东南地区地理位置优越，资源丰富，城镇化率高，人口密度大，工业发达，导致地区污废水排放量大。东南地区 2020 年各地级市污水排放总量为 145.7 亿 m³，占全国地级市总和的 29.62%，为 6 个地区之首，其中上海市污水排放量为全国首位，武汉、南京两市排名全国前十，另有长沙等 12 个城市排名前五十，襄阳等 15 个城市排名前一百，65 个地级市中共有 30 个地级市污水排放量排名前一百位（图 11-4）。

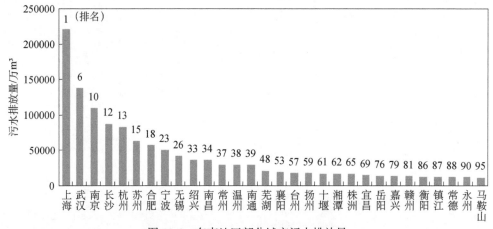

图 11-4　东南地区部分城市污水排放量

资料来源：中华人民共和国住房和城乡建设部，2021

（2）城市排水管网总体状况较好，但仍需改善。从年鉴数据看，东南地区排水管网状况总体较其他地区好，但城市排水管网仍存在不少问题有待改善。东南地区雨污合流制管道占比 17.31%，低于全国平均值 25.09%，在六个地区中占比最低。2020 年 65 个地级市中有 40 个地级市建成区排水管道密度高于全国平均值，25 个城市排水管道密度低于全国平均水平（图 11-5）。其中，萍乡、安庆等市管道密度极低。湖南省除常德、郴州、湘潭、株洲、岳阳五个城市外，其他城市排水管道密度均低于全国平均水平，长沙主城区一半排污管网为雨污合流制，株洲市主城区雨污混接 2761 处，湘潭市主城区近 50 km 污水管网存在断头、缺失问题，且有多处管网空白区。长沙、株洲、湘潭三市沿湘江建有 107 个排水泵站，普遍存在混排问题。2020 年以来，长沙市仅小西门、赵洲港两个泵站就向湘江抽排 1127 万 m³ 雨污混流水，石碑大港排口排放 5890 万 m³ 雨污混流水进入湘江二级支流圭塘河。"十三五"期间，株洲、湘潭 2 市老旧排水管网改造任务完成率仅分别为 7.3%、9.7%，长株潭城市群排水管网断头、缺失、空白区等短板问题非常突出。浙江省公布的 2019 年全省城镇污水处理工作第三方评估情况显示，浙江省 2019 年部分城市生活污水集中收集率偏低，其中湖州、金华、舟山、丽水四市低于 60%；武汉市督察探测出管网混错接点 3932 个；部分城市雨污分流不彻底，直排和溢流污染问题严重，以巢湖十五里河为例，2016 年十五里河内直排水量占污水总量的 32%，直排污染负荷占比将近一半。另外研究区内多为丰水城市，河网密集，地下水位高导致排水管道埋深普遍低于水面高程，污水漏失、外水侵入等问题严重。

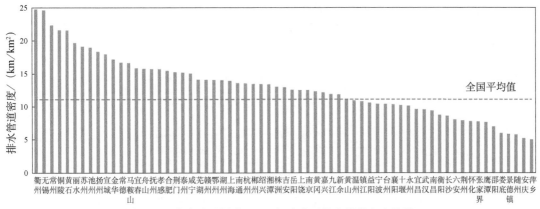

图 11-5　东南地区城市 2020 年建成区排水管道密度状况

（3）污水处理厂运行负荷率偏高。东南地区城市污水处理厂运行负荷率偏高，2020年地区各城市污水处理厂运行负荷率见图 11-6，40 个城市污水处理厂运行负荷率高于全国平均值，其中荆门、新余等 7 个城市高于 100%，襄阳、十堰等 8 个城市在 95%以上。污水处理厂负荷率高可能是两种原因造成：一是在污水收集率不高的情况下，降雨、地下水等外水入渗导致污水水量变大，同时污水中污染物浓度变低；二是污水处理厂设计处理能力本身与城市污水量不匹配。根据中央生态环境保护督察组反馈，2020 年，湖南省全省 161 座县级以上城市污水处理厂有 38 座进水 COD 浓度低于 100 mg/L，江苏省 2007～2019 年城镇污水处理厂处理量增加了近 2 倍，但进水 COD 浓度却下降 16.7%，进水污染物浓度低、污水处理率虚高现象的现象较为明显（李兰娟等，2021）。这种情况下不仅表现为污水处理厂运行负荷率高、运行效果差，而且还会导致雨天管网溢流和污水厂满溢。

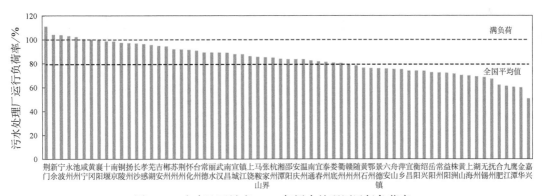

图 11-6　东南地区城市 2020 年污水处理厂运行负荷率

（4）工业废水排放量大，化工污染严重。2020 年东南地区工业废水排放量约 40.72亿 m³，各城市工业废水排放情况如图 11-7 所示。高废水排放量城市主要集中在江浙沪一带及武汉和宜昌两市，万元工业产值废水排放量高的城市以浙江、江西两省内城市较多，尤其值得注意的是绍兴、嘉兴、宜昌等废水排放量大且万元工业产值废水排放量高的城市。

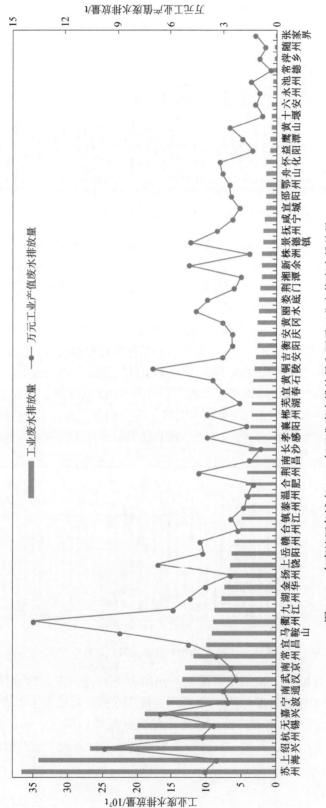

图 11-7　东南地区各城市 2020 年工业废水排放量和万元工业产值废水排放量

资料来源：国家统计局城市社会经济调查司，2021

地区产业结构复杂，工业园区密集，主要包括化工、纺织、电镀、造纸等行业（表 11-3）；地区工业企业大都沿河湖修建，导致地区化工污染严重且环境风险高，部分城市还存在磷矿、磷化工和磷石膏库（简称"三磷"）问题。根据各省市第二次污染普查公报结果，东南地区工业源各污染物排放量前三位行业见表 11-4，化学原料和化学制品制造业及纺织业污染严重；《中国矿产资源报告（2021）》显示湖北省磷矿资源储量为全国首位，占比 26.76%。湖北省和江苏省磷石膏库数量占长江经济带 7 省市的 39% 和 4%；湖北、江苏和湖南磷化工企业数量占比分别为 26%、5% 和 1%；湖北、湖南和江苏磷矿企业数量占比分别为 35%、4% 和 1%（吴琼慧等，2020）。湖北省 2020 年全省磷石膏综合利用率仅为 29%，远低于国家有关部门 50% 的要求，研究区内"三磷"企业集中的城市除总磷总量控制重点城市宜昌外，南通、苏州、宁波、绍兴和杭州等城市也比较集中（李曼等，2021）。因此，除常规污染指标外，特征有机污染物及锑、锰等重金属的污染问题也不容忽视。由于工业园区内污水处理设施不完善和对企业排污监管力度不够，工业园区存在污染重、环境风险高等问题。

地区沿江各城市均有大型港口分布，航运污染源多、风险大。京杭运河、长江等作为地区内的重要航道，运输繁忙，油品运输量、危化品运输量大，存在航运事故造成危化品泄露的潜在风险。含油污水船、岸衔接不畅通；洗舱水化学品种类复杂，处理难度大，部分船舶生活污水和油污水存在不达标排放问题，对城市水环境质量构成潜在的安全风险。

表 11-3　东南地区部分城市主要工业行业类型

城市	主要污染工业行业类型
武汉	光电子器件制造
宜昌	化学原料和化学制品制造、磷矿、磷石膏库
黄冈	化学原料和化学制品制造、医药、农药
咸宁	化学原料制造
荆州	水产养殖、磷矿
十堰	机械制造、化工、电力、采矿
襄阳	化纤、纺织、医药、化工
荆门	磷石膏库、磷矿、磷化工
岳阳	造纸、石油加工、炼焦、核燃料加工、农副食品加工
郴州	有色金属矿采选
常德	煤矿开采、工业颜料制造、化工
娄底	锑矿采选、冶炼
九江	人造纤维（纤维素纤维）、机制纸及纸板制造
上饶	铜矿采选、花画工艺品制造
南昌	汽车制造、纺织服装
合肥	化学纤维、化学原料和化学制品制造、非金属矿物制品、食品制造
铜陵	有色金属化工、矿山和冶炼、磷肥
芜湖	化学原料和化学制品制造、农副食品加工、食品制造
马鞍	化学原料和化学制品制造业、黑色金属采选业、造纸和纸制品

城市	主要污染工业行业类型
无锡	化工、印染、电镀、制药
常州	钢铁冶炼、金属表面及热处理加工
苏州	纺织、造纸和纸制品、计算机通信
嘉兴	纺织、造纸和纸制品
南京	有机化学原料制造、原油加工及石油制品制造、化学农药、工业颜料制造
镇江	电镀
扬州	化学原料和化学制品制造，电力、热力生产和供应，农副食品加工
泰州	精细化工、医药、石化、日化、电镀、医药制造
南通	印染、化工、钢丝绳

表 11-4　东南地区工业源各污染物排放量前三位行业　　　　　　　（单位：%）

污染物	排放量前三位行业	排放量占比	污染物	排放量前三位行业	排放量占比
	纺织业	17.88		化学原料和化学制品制造业	25.47
COD	化学原料和化学制品制造业	12.55	总氮	纺织业	18.50
	造纸和纸制品业	12.48		计算机通信和其他电子设备制造业	3.56
	化学原料和化学制品制造业	26.90		农副食品加工业	25.07
氨氮	纺织业	10.79	总磷	化学原料和化学制品制造业	12.33
	农副食品加工业	7.48		纺织业	10.26

资料来源：各省市第二次全国污染源普查公报。

2）面源污染解析

东南地区城市雨季水质差，由地表径流带来的城市面源污染对于城市水环境污染负荷的贡献不可忽视。宜兴市城区初期雨水径流污染严重，城市面源污染对地表水 COD 贡献大（董智渊等，2018）。九江市城西港区、赤湖工业园和芳兰 3 个区块的 COD 和氨氮污染中城市面源均占据了绝对比例（檀雅琴等，2021）；绍兴市柯桥区全域范围内，COD 污染物主要来源于城镇径流污染，占比约 67%（鞠兴沂等，2021）；周琳等（2019）对合肥市建成区某巢湖支流的污染负荷调查结果显示，COD、氨氮和总磷入河总量中城市地表径流占比分别为 82%、55% 和 44%。

11.2.1 节中提到的部分城市逐月水质变化规律与这些城市的降水量是否存在关联关系，计算孝感、咸宁、嘉兴、湖州、常州、苏州、扬州、镇江、泰州和上海 10 个城市的断面水质优良率和月均降水量平均值，结果如图 11-8 所示，可以发现这些城市在 5~9 月降水量相对丰沛且断面水质优良率相对较差，水质情况与降水量之间表现出较为明显的负相关关系。刘文珺（2017）对永州、衡阳、株洲、湘潭、长沙和岳阳 6 市所在的湘江流域进行水质水量研究，结果同样显示 NH_3-N 和 TP 浓度升高与降水量和降水强度的加大有明显关系。

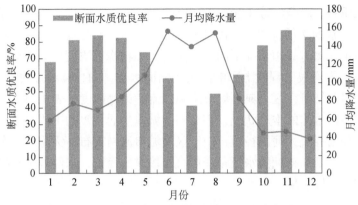

图 11-8 部分城市断面水质优良率及月均降水量对比

资料来源：2020 年各城市环境质量月报和水资源公报

降雨影响城市水体导致雨季水质变差的原因主要有以下三个方面。

（1）污水厂处理效率的影响。

雨季污水处理厂进水水量大、污染物浓度低，苏州新区第二污水处理厂 6～8 月（雨季）日均进水量较大，基本指标进水水质浓度均有下降，且最小值均表现在 7 月，COD、BOD、TN 和 TP 分别较最大值减少了 57.77%、57.09%、39.29% 和 60.67%（卢军辉，2018）。进入污水处理厂的水质水量大幅度波动构成对污水处理厂的冲击，导致处理效率降低，出水水质不稳定，进而影响城市受纳水体水质。

（2）合流制管网溢流污染及分流制管网初期雨水污染。

我国城市合流制排水体系大多截流倍数低，甚至旱季已经形成满管流，在降雨条件下极易形成溢流污染，溢流污水中混杂着雨水和生活污水，且降雨冲刷导致沉积在管道内部的污染物短时间内大量冲刷出来，水质较差。杨默远等（2020）研究表明合流制雨水径流在排放过程中所挟带的生活污水是合流制区域雨水径流污染大的主要原因，且生活污水对合流制雨水径流污染中 TP 的贡献率高达 84.45%；研究显示，苏州市合流制管道的沉积物中含有大量污染物，大暴雨期管道污水中污染物浓度在降雨 15 min 就达到最大值且此时管网已处于溢流状态，其中 COD、SS、TN 和 TP 浓度分别达到 588 mg/L、1068 mg/L、54.2 mg/L 和 5.9 mg/L（金科，2019）；武汉城区巡司河存在着雨天合流区溢流和分流区混流带来的污染压力（胡晗等，2021）；马鞍山市城市内湖东湖具有雨季溢流污染重的特点（吴述园等，2020）。因此合流制管网溢流污染进入污水处理厂会对污水厂造成冲击，若就近入河则直接影响水体水质。

分流制排水管网体系初期雨水水质差，同时存在管网沉积物冲刷现象。宜兴新城区、老城区、环科园三类区域雨水管道在降雨前期的出流水质超过地表 V 类水质标准（杨秋娟，2016）；南京市江北新区分流制管道沉积物中氮、磷溶出浓度随时间先增大后趋于稳定，TP 溶出浓度远远高于地表 V 类水质（徐强强等，2021）。

（3）降雨径流直接进水体。

东南片区降水情况见图 11-9，地区平均年降水量 1257.74 mm，远高于全国平均年降水量 908.60 mm，降水量大、降雨持续时间长，导致地表径流量大。地面沉积物的大量存在，导致径流水质差，康爱红等（2016）研究表明，扬州市径流采样中悬浮颗粒物（SS）浓度是典型生活污水的 7 倍，TN、TP 和重金属均超标；毛旭辉（2018）对苏州市平江新城的模拟结果显示，短时暴雨情况下的排口出流污染物峰值浓度远远超出地表水 V 类水标准，径流雨水就近入河很大程度上影响附近的断面水质，NH$_3$-N 浓度可升至 2.0 mg/L 以上。通过文献调研总结研究区内典型城市降雨径流污染物浓度（表 11-5）可知，其挟带的污染物浓度高于城市水体的本底状况，甚至超过城镇生活污水的平均水平。研究区大多为平原河网城市，降雨径流入河路径短，由于区域城市河网密布，无论是掺杂了生活污水、管道沉积物的溢流污染和初期雨水还是降雨直接形成的径流，未经处理直接进入城市受纳水体均严重影响水环境质量。

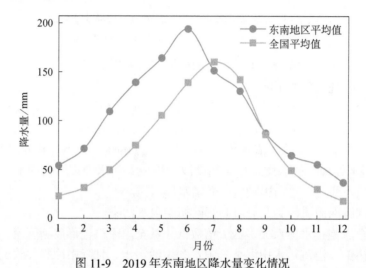

图 11-9　2019 年东南地区降水量变化情况

表 11-5　东南地区典型城市降雨径流污染物浓度　　（单位：mg/L）

城市	污染物浓度				参考文献
	SS	COD	氨氮	总磷	
长沙	7.65～250.22	6.38～278.3	0.09～1.78	1.26～2.49	王沁，2021
武汉	19.01～53.29	22.92～79.91	0.403～0.800	0.063～0.298	王渲，2018
安庆		39.13	0.61	0.168	吴佳佳，2019
芜湖	—	29.10～72.80	0.20～0.80	0.05～0.40	吴伟勇等，2020
萍乡	7500			0.05～0.34	裴青宝等，2021
常州		125.21		0.02	王宇翔等，2017
苏州	39.13	130.72	2.55	0.12	袁艳，2015
宜兴		740～2734	5.87～20.1	1.33～4.27	陈双，2016
嘉兴	0～240	10～40	1～3.5	0.2～0.5	李玉莲，2020
上海	13.24～156.35	—	—	0.53	何梦男等，2018
地表水 V 类水标准	100	40	2	0.4	

注：SS 标准为《污水综合排放标准》（GB 8978—1996）一级标准。

2. 水生态问题解析

1) 水动力不足，自净能力差

东南地区水系发达，河网密布，地形平坦，河道坡降平缓，城市水体大多流动缓慢，水动力不足，河湖的自净能力差，水环境容量小。邹帅文等（2022）对上海市虹口区城市河道的研究表明水体流动性差，DO 导致水体水质间歇性不达标；韩璐等（2022）对扬州市中心城区河道的研究显示西沙河水体流动性严重不足，缺氧严重；金德钢等（2013）以宁波市为例分析影响水体流动的主要因素是河网水系的格局、连通及水量来源等。

2) 水体连通性受阻，岸线破坏，湖泊面积萎缩

大量闸坝工程建设等人类干扰活动使河湖分布格局被动变化，改变了河湖原有的自然水流特性，使河湖水文连通性及生物连通性受阻，湖泊原有生态岸线的破坏，流域内湿地、湖滨、河滨等自然生态空间整体呈减少趋势，自然岸线保有率大幅降低，导致水生栖息地生境碎片化，水生生态系统及其功能受到严重影响。

研究表明，嘉兴市河网密度、水面率和河网发育系数均呈现下降趋势，河网水系表现出明显的主干化趋势（刘永婷，2018）。苏州市内城镇化进展较快的区域在 1960～2010 年的河网密度衰减了 16.23%，水面率在 1980～2010 年减少了 21.06%（林芷欣等，2019）。1971～2000 年，江苏省 13 个典型湖泊总面积下降 1343.55 km^2，周长下降 454.79 km；2000～2010 年，总面积和周长分别下降 253.15 km^2 和 314.99 km（张凤太等，2012）。鄱阳湖水体面积在 1973～2018 年呈极显著下降趋势，21 世纪前 10 年湖区面积的波动情况较 20 世纪 90 年代更剧烈，2010 年后枯水期湖区面积进一步减小，2003～2016 年人类活动导致的土地利用对湖泊面积减小的贡献率为 87.48%（吴常雪等，2021）。1990～2019 年，湖北省大中型湖泊面积共减少了 361.64 km^2，岸线长度共减少了 2406.77 km（廖文秀等，2021）。武汉市 2009～2013 年湖泊面积由 278.76 km^2 下降到 264.7 km^2，消失速度较以前放缓，但仍然在变小（海玮，2016）。河湖水系结构的改变使得城市水体水生态系统结构发生较大变化、部分水生态功能丧失及水生生物群落的减少。江湖阻隔前后无锡市内湖五里湖生物群落所包含的科、属、种数目分别减少 53.85%、36.59% 和 38.71%（郑鹏等，2021）。

3) 湖泊富营养化风险大

东南地区是我国淡水湖泊资源最为集中的区域，湖泊深度大多较浅，面积大于 1 km^2 的湖泊 651 个、大于 100 km^2 的湖泊 18 个，涵盖了我国三大淡水湖泊——鄱阳湖、洞庭湖、太湖，同时又有巢湖、武汉东湖、嘉兴南湖、上海淀山湖等大型湖泊。在人口增长和城市化所带来的高污染负荷的压力下，地区内湖泊富营养化风险高。根据水环境质量现状可知，研究区城市内湖呈现出以轻度富营养化湖泊为主体的形势。以太湖为例，2009 年以来太湖蓝藻水华总体来说没有改善，2017～2020 年还有所恶化，从水华区域来说，从西部、北部逐渐扩展到湖心，甚至东部和南部等。巢湖滨岸带蓝藻水华堆积的高风险区域呈连续片状分布于巢湖西岸与西北岸，占巢湖沿岸区域的 12.1%（钱瑞等，2022）。富营养化过程导致水生植物增多，水体环境改变等影响会增加内源释放的风险，使得湖泊生态

系统更容易发生稳态转换，提高了湖泊修复的难度（郑佳楠等，2022）。同时大型浅水湖泊的优势风向具有明显的年际变化，不同的风场会形成不同的湖泊流（Hu et al.，2020），加上区域河网水体流向交错复杂，部分河段水流方向不稳定，湖泊蓝藻在风向和水流的共同作用下，随湖水倒流进入城市内河，导致环湖河流蓝藻聚集，影响周围城市水生态环境。

综上，区域内城市河网水系复杂，水系自身特征、人类活动干扰带来的水系结构改变及湖泊富营养化带来的湖泊复合型污染对周围城市水环境产生较大影响，同时也使得区域内城市水生态系统功能的恢复更加困难。

3. 水资源问题解析

1）用水量大

东南地区大部分城市水资源量较丰富，但由于人口密度大，经济发达，工业产业结构复杂，且城市人均日综合生活用水量及万元工业产值用水量均较高，地区总用水量大。

区域内 46 个城市的人均日生活用水量高于全国平均值，按照《城市居民生活用水量标准（征求意见稿）》划定，该区域城市内城市居民生活用水量标准及 2020 年各城市实际用水量情况见图 11-10，其中南京、衢州等 20 个城市实际用水量高于第二阶梯用水量最大值，说明这些城市用水量偏高，存在用水浪费问题；2020 年地区内 65 个地级市中 36 个城市的供水管道漏损率高于全国平均值，主要集中在湖北、湖南和江西省内，存在水资源在运移输送过程浪费严重问题。研究区内 35 个城市及苏南、苏中、江西省和浙江省万元工业产值用水量见图 11-11，其中 23 个城市及苏南、苏中、江西省万元工业产值用水量均高于全国平均水平，表明工业耗水量大也是导致东南地区用水量大的重要原因之一。

2）城区再生水利用率低

2020 年东南地区 35 个城市城区再生水利用率见表 11-6。

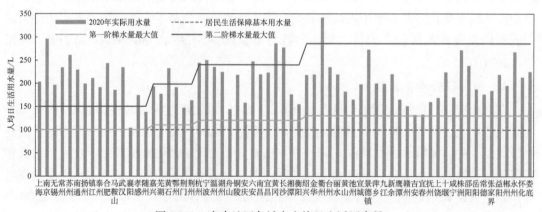

图 11-10　东南地区各城市人均日生活用水量

第一阶梯水量是满足 100%家庭日常生活基本需要的居民生活用水量；第二阶梯水量是满足居民生活改善所需的合理用水量，同时也起到抑制用水浪费行为的作用

资料来源：中华人民共和国住房和城乡建设部，2021

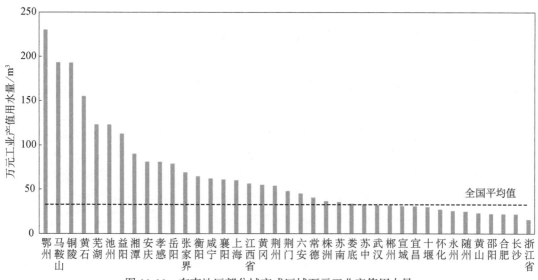

图 11-11　东南地区部分城市或区域万元工业产值用水量

资料来源：各省市 2020 年水资源公报

表 11-6　2020 年东南地区部分城市城区再生水利用率　　　　（单位：%）

城市	城区再生水利用率	城市	城区再生水利用率	城市	城区再生水利用率	城市	城区再生水利用率
荆州	76.27	泰州	25.48	长沙	19.57	衡阳	3.10
鄂州	65.36	宣城	24.89	嘉兴	18.74	衢州	1.75
苏州	52.59	金华	24.75	宁波	15.82	株洲	1.60
六安	44.25	常州	24.43	湖州	15.09	温州	1.27
咸宁	43.11	南通	22.14	扬州	13.32	岳阳	1.25
台州	42.35	舟山	22.00	随州	9.35	邵阳	0.32
无锡	34.00	镇江	21.91	黄山	6.33	襄阳	0.22
黄石	27.58	南京	21.46	芜湖	6.18	张家界	0.03
宜昌	26.45	武汉	21.02	杭州	5.80	全国平均值	24.29

资料来源：中华人民共和国住房和城乡建设部，2021。

由表 11-6 可知，东南地区城市城区再生水利用率整体较低，35 个城市中 22 个城市城区再生水利用率低于全国平均值，其中 12 个城市城区再生水利用率低于 10%。

东南地区水资源总量较丰富，地区人均水资源量较高，但由于人口密度大，经济发达，工业产业结构复杂，且城市人均日综合生活用水量及万元工业产值用水量均高于其他地区，地区总用水量大。

3）存在饮用水安全风险

地区内大部分城市主要饮用水源是长江或其一级支流和大型湖泊，绝大部分城市水源单一，无备用水源。工业园区大都沿江、沿湖、沿河修建，与水源地保护区存在邻近、上下游关系，重化工企业总体呈现近水靠城的分布特征，各类取排水口设置交错分布。港口码头尤其是危化品码头与饮用水水源地的交叉或重叠布局矛盾突出。地区内湖泊蓝藻水华暴发，上游工业企业、码头等突发性水污染事故都会影响饮用水源地安全。

11.3 东南地区城市水生态环境综合整治目标确定

基于东南地区城市水环境问题的现状和解析，采用第 6 章的方法确定并优化城市水环境综合整治目标。本节给出东南地区水环境综合整治近期（2021～2025 年）、中期（2026～2030 年）和远期（2031～2035 年）三个阶段的水生态环境综合整治目标。

到 2025 年，通过控源减排大幅度削减城市污染负荷，水环境质量显著提升，水生态状况得到改善。城市生活污水集中收集率达到 70% 以上，其中南京、苏州、无锡、常州、镇江达到 88%，扬州、泰州、南通达到 75%；全面消除劣 V 类水质断面，太湖、巢湖等重点湖泊不发生大面积蓝藻水华，建成区海绵城市建设占比达到 50%，受城市影响控制断面优良（达到或优于Ⅲ类）比例达到 90% 以上，城市水体水功能区达标率明显提升；构建节水型城市，城区再生水利用率达到 20% 以上（缺水城市达到 25% 以上），万元工业产值用水量较 2020 年下降 16% 或控制在 35 m³ 以下，水生生物完整性保持"中等"水平。

到 2030 年，城市进一步深度减排，建成区海绵城市建设占比达到 60%，受城市影响控制断面优良（达到或优于Ⅲ类）比例达到 93% 以上，基本消除城市黑臭水体，城市水体水功能区基本达标；完成节水型城市的构建，大幅度提升城市节水能力，推进水资源的合理利用，城区再生水利用率达到 30% 以上，万元工业产值用水量在 30 m³ 以下；改善河流和湖泊生态环境，水生生物完整性达到"良好"水平。

到 2035 年，城市水生态环境质量实现根本好转，水生态系统全面恢复。在前阶段城市水生态环境质量得到改善的基础上，恢复城市水生态系统的结构和功能，使水生态系统日趋丰富与完善，生物多样性达到较高水平。建成区海绵城市建设占比达到 70%，受城市影响控制断面优良（达到或优于Ⅲ类）比例达到 95% 以上，全面消除城市黑臭水体，城市水体水功能区稳定达标；城区再生水利用率达到 40% 以上，万元工业产值用水量在 25 m³ 以下，水生生物完整性达到"优秀"水平。

为了实现上述三个阶段东南地区城市水生态环境综合整治目标，需要制定东南地区城市水环境质量提升、水生态恢复和水资源保护方案。

11.4 东南地区城市水环境质量提升方案

对于东南地区内某一城市或城市内某一区域进行水环境综合整治时，需要按照第 5 章中的方法确定城市水环境主控污染指标。后续参照 7.3.1 节中的方法重点针对主控污染指标进行具体城市水体的水环境容量计算，并针对区域内超出水环境容量的污染物，通过7.3.2 节中的城市水环境污染负荷分配方法，考虑具体城市区域的实际情况，确定污染负荷削减方案。具体过程可参照 7.4 节案例。

由上一节可知，由于生活点源、工业点源污染物排放量大，污水处理厂运行负荷率高，排水管网问题突出，城市面源污染严重和富营养化风险大等原因，导致东南地区城市水生态环境质量较差。本节针对东南地区内城市的水环境特点从生活点源、工业点源及城市面源三个方面提出城市水环境质量提升方案。

11.4.1 生活点源污染控制

针对东南地区生活污水排放量大、收集处理方面存在的特征问题，主要从管网收集能力、管网运营能力和污水处理厂效能三个方面提出如下控制方案。

1. 强化管网收集能力建设

加大基础设施的建设，首先消除城市排水管网空白区，加强老城区、城中村等区域的排水管网建设，完善人口聚集区生活污水毛细管网建设，到 2025 年实现排水管网全覆盖。其次针对东南地区人口密集、部分生活污水未经管网收集而直接排入水体的问题，加大排污口排查力度并完善排污口建设。

依据东南地区城市水环境特征及问题，结合水环境质量目标及上述方案，筛选出适用的技术（表 11-7）。

表 11-7 管网改造优化技术系列推荐

技术名称	关键词
排水模式选择的多目标决策模型技术	管网规划设计、排水模式、多属性决策
大型污水管道输水方式决策技术	管网规划设计、平面布局、水力参数、地理信息系统
分散污水负压收集技术	排水技术、污水收集、农村污水、生活污水、真空排水
新型真空排水技术	排水技术、污水收集

2. 提升管网运营能力

区域城市已建管网运营维护能力差，常出现如污水通过管道缺陷处或雨污混接错接点的漏失流走、地下水/河水倒灌进入排水管网将管道内污水挤入河道或稀释污染物浓度等现象。针对上述情况，对已建管网存在的私接、混接、破损、渗漏及堵塞等问题进行全面排查诊断和修复，形成管网检查、改造、监测全过程控制技术与管理体系；全面推进厂网一体化和雨污整体运营能力，通过"管网—泵站—调蓄池—污水处理厂—河（湖）"优化调度，实现雨污水收集、转输、调蓄和处理能力的相互匹配，最大限度削减雨天合流制管网溢流问题。

依据东南地区城市水环境特征及存在的问题，结合水环境质量目标及上述方案，筛选出适用的技术（表 11-8）。

表 11-8 管网检查及运营能力优化技术推荐

技术名称	关键词
排水管道安全运行、养护与修复质量评估体系技术	管网评估修复、运维管理、排水系统、主成分分析
城市排水管网智能养护与快速检测修复技术	缺陷检测、结构性缺陷、图像识别、管网修复

续表

技术名称	关键词
城市雨水管网混接调查与改造关键技术	管网评估、雨污混接、水力模型、视频管道检测、水质特征因子
分流制排水系统雨污混接诊断与改造技术	管网评估、混接改造、分区解析、溯源定位
排水管网破损数值化诊断技术	管网评估、管网破损、管网混接、入渗、水质特征因子

3. 提高污水处理厂效能

解决东南地区污水处理厂运行负荷率高这一问题的对策关键在于对污水处理厂运行情况进行排查，找出根本原因，后续进行改扩建及提质增效工程。

（1）对污水处理厂处理能力进行评估。根据城市污水水量及污水处理厂分布情况，对于污水处理厂设计处理能力不足导致的污水处理厂运行负荷率高的情况，新建高标准城市污水处理厂，或对已有污水处理厂实行改扩建。

（2）检查污水处理厂进水水质。对于污水处理厂进水污染物浓度低且水量大导致的污水处理厂运行负荷率高且污水处理效能差的问题，控制措施需要从管网方面入手。

（3）检查污水处理厂排水水质。对不能稳定达到出水标准的污水处理厂进行提质增效，强化脱氮除磷效能。

针对部分雨源性城市河道缺少生态基流，依靠城镇污水厂尾水进行生态补水的情况，对这些污水厂进行提标改造和尾水品质提升。

依据东南地区城市水环境特征及存在的问题，结合水环境质量目标及上述方案，筛选出适用的技术（表 11-9）。

表 11-9 污水处理厂效能提升技术推荐

技术名称	关键词
排水管网与污水处理厂协同的系统集成分层优化控制技术	优化控制、分层控制、预测控制、实时控制、简化模型
动态复杂条件下污水除磷脱氮设计与运行调控	整体工艺系统、超高标准、深度除磷脱氮、碳源高效利用、精细化控制
基于多目标决策的污水处理厂工艺评估与运行优化技术	过程监管与运行优化、全过程诊断、工艺参数优化、在线监测、三维荧光光谱
污水生物处理工艺全过程诊断与运行优化技术	过程监管与运行优化、运行诊断、全流程控制、达标难点及影响因素识别、功能单元效能测试

11.4.2 工业点源污染控制

东南地区城市工业化程度高，工业点源控制是城市水体污染防治的重要一环。工业点源污染控制主要从强化工业污染专项整治、推行清洁生产和排污许可证管理、加强工业园区收集处理能力及风险源管控等方面进行，具体工业点源控制方案如下。

1. 强化工业污染专项整治

重点解决东南地区重化工问题以及宜昌、荆门等长江中游城市的"三磷"问题，加强控制造纸、印染和化工行业 COD 和氨氮减排及磷矿、磷石膏、磷肥等行业磷污染物减排。在典型行业企业方面重点关注苏州、无锡的印染行业、南京、泰州、江阴等城市的化工行业、镇江的电镀行业、沿江地区的钢铁行业等。

2. 加强工业企业清洁生产和排污许可证管理

加快产业清洁生产、循环化改造、资源综合利用，科学构建产业发展格局。鼓励园区企业进行清洁生产审核，加大对超标、超总量企业的强制清洁生产审核力度，加强高耗能高排放行业清洁生产，严格高耗能高排放项目准入，新建、改建、扩建项目应采取先进适用的工艺技术和装备；推动造纸、印染等传统产业升级改造，采用最佳可行技术减少排污，有序推动相关产业向资源承载能力较强的地区转移。持续开展绿色工艺、绿色工厂、绿色产品、绿色园区和绿色供应链认定工作，构建全生命周期绿色制造体系。大力推动综合利用，促进循环发展。

依法落实污染源排污许可"一证式"监管，实现所有企业全覆盖。加强排污许可管理，规范企业排污行为，控制污染物排放，保护和改善生态环境，企业应依法持证排污、按证排污，管理部门需依法按证监管。

3. 加强工业园区收集处理能力

（1）推进分散企业向园区集中，集中治理园区污染。实施入区企业废水、水污染物总量双控；加强园区内管网建设，实现到 2025 年实现工业园区内管网全覆盖；入园企业工业废水须经预处理达到集中处理标准后，进入污水集中处理设施，污水集中处理设施具有足够规模且出水稳定达标；加强地区内各城市工业园区污水处理设施除磷、除重金属、除难降解有机污染物效能。

（2）推进园区污水集中处理设施建设，科学选择工业废水处理模式。根据区域内不同城市的经济发展水平和工业产值，增加污水处理设施数量，加快园区污水收集管网全覆盖工程建设，鼓励对化工企业废水实行"分类收集、分质处理"。对于城镇污水处理厂处理园区工业废水出水不能稳定达标的，要限期退出城镇污水处理厂并另行专门处理。鼓励工业园区结合产业特点选择适宜的工业废水处理模式。例如，针对高盐、难降解工业废水特点，开展生化处理工艺升级改造，提高污水处理设施有效处理难降解工业废水和特征污染物的能力。

（3）对于以非重污染行业为主依托城镇污水处理厂处理工业废水的工业园区，研究合理监管方法，加强对城镇污水处理厂接收的工业废水水质控制及达标排放的监管。

依据东南地区城市水环境特征及问题，结合水环境质量目标及上述方案，筛选出适用的技术（表 11-10）。

表 11-10　工业源污染控制技术推荐

技术名称	关键词
基于溶解性难降解有机物与新兴微量污染物去除的城市污水高级氧化强化处理技术	城镇污水处理新兴技术、深度处理、新兴污染物、臭氧氧化
城市污水处理厂气浮深度除磷技术应用	城镇污水处理新兴技术、深度处理、深度除磷、气浮、低浊度

续表

技术名称	关键词
高盐有机废水臭氧催化氧化技术	高盐有机废水、高级氧化、催化臭氧
苯酚丙酮装置源头减排清洁生产技术	高收率精馏、萃取、源头减排
丙烯腈废水膜分离资源化-辐射分解脱氰-生物处理技术	膜分离、辐射分解、高效生物反应器
高浓度有机制药废水两级分离内循环厌氧处理技术	高浓度、有机、制药废水、两级分离、内循环厌氧反应器
重金属废水生物制剂深度处理技术	重金属废水、新型生物制剂、深度处理、含铊废水
自絮凝法印染废水预处理技术	电中和、絮凝、预处理
零价铁强化厌氧还原印染废水处理技术	零价铁、生物处理、厌氧

4. 加强工业生产过程安全管理和风险防控体系建设

加强地区内重金属、特征难降解有机污染物等工业风险源管控。要完善建立生产过程安全管理责任机制和手段，加强工业生产有毒有害污染物产生与排放的监管，依法查处违反《新化学物质环境管理登记办法》的行为。推广先进安全的新技术、新装备、新工艺，完善设计、施工、设备建造、维护、监测等全过程标准体系，着力解决安全生产标准缺失、滞后和轻实施等问题，完善工业企业环境风险防控体系。

11.4.3 城市面源污染防控

东南地区由于降水量丰富，再加上城镇化水平高导致土地利用类型的改变，使得城市面源污染问题严重。针对东南地区城市的面源污染特征，主要从管网等排水系统措施上完善径流收集能力与运维水平，同时加强雨水控制，在小区、厂区、工业区、商业区推广小型雨水收集、储存和处理系统，因地制宜推进建城区海绵设施建设；对于新开发和规划开发区域，将海绵城市理念及低影响开发理念融入城市开发建设之中。

1. 排水系统优化措施

（1）排水管道的清淤和养护：利用水力冲洗、机械冲洗以及人工疏通等管道清淤方法，清理因施工过程残留的建筑垃圾和随生活污水排入的生活垃圾、随雨水排入的大量泥沙等淤堵物，减轻其对管道排水能力的损失并防止污染物随溢流进入城市水体。

（2）合理确定截流倍数：综合考虑降雨情况、污染物排放量、排放要求、河流流量及建设和运行费用等，合理设置管道截流倍数，防止截流倍数偏小导致降水量过大时污水不能全部截流而直排入水体。

（3）雨污分流：在地区内条件允许的区域进行合流制管网改造为雨污分流，减少地表径流量。

（4）截流式合流制排水系统：对于难以进行分流制改造的中心老城区等，可保留中心城区部分合流管，沿城区周围水体敷设截流干管，对合流污水实施截流。

（5）提高泵站的雨天排水能力并提升污水处理厂效能，针对东南地区降水量充沛的特点，加强污水处理厂在雨季的应对能力，防止雨季水量超出负荷能力导致污水处理厂污水满溢。

依据东南地区城市水环境特征及问题，结合水环境质量目标及上述方案，筛选出适用的技术（表 11-11）。

表 11-11　排水管道设计与维护技术推荐

技术名称	关键词
合流制系统性能与运行状况的诊断评估技术	管网评估、网缺陷排水管、水力模型、视频管道检测
合流制管网改造策略与方法	管网规划设计、合流制改造、多目标优化
合流制管网分质截流技术	管网规划设计、合流制改造、模型模拟
截流式合流制排水系统溢流污染控制集成技术	管网规划设计、合流制溢流、调蓄、模型模拟、暴雨径流管理模型
排水系统淤积检测和淤积污染控制技术	排水管道、淤积检测、破损检查
城区雨水滞留利用适用性技术	降雨径流、雨水利用、雨水滞留、雨水管理、绿色基础设施
城区排水系统溢流污染控制适用性技术	降雨径流、低影响开发、径流管理、溢流污染控制
合流制系统溢流量控制技术	合流制溢流、末端处理、溢流污染

2. 雨水控制措施

1）截流与渗透

采用截流措施改善降雨径流的水质，在雨水管道系统设置截流井，通过截流作用减轻初期雨水对受纳水体的污染。

因地制宜修建绿色屋顶、下沉式绿地、雨水花园和透水铺装等雨水渗透设施。在建筑物、道路等周边考虑设置下沉式绿地等设施，使其实现滞留净化雨水、防洪减涝、收集雨水、美化环境的作用；在地势比较低的区域设置雨水花园等设施，通过土壤、植物、微生物的渗透、截流和吸附作用净化雨水中的污染物质，达到净化水质、补充地下水的目的；在道路、广场等区域应用透水铺装，利用其表面的高渗透性和基层的孔隙滞留雨水。

2）储存/调蓄

一是直接利用雨水罐和蓄水池等设施收集雨水，采用调节池储存雨水，同时可以利用沉淀、分离等快速净化技术对初期雨水进行处理；二是利用人工设计生态雨水利用系统，其中水生植物系统的天然净化作用拦截雨水径流中的污染物，并起到调蓄的作用，同时兼具生态景观功能，如湿塘、雨水湿地等。

3）传输

城市雨水传输包括地面传输和地下传输。在雨水地面传输过程中设置植草沟，使雨水流入水体或雨水储留调节设施前先通过植草沟，在传输雨水的同时通过植被净化作用保障雨水水质；在小区或厂区布设雨水渗渠，在雨水地下传输过程中拦截雨水中的污染物质。

4）雨水口污染控制

控制雨水口污染最直接的方法是截断污染源。主要控制措施包括：禁止向雨水口内倾倒垃圾和排放污水；在雨季来临前及时对雨水口进行清理，防止雨水口内的杂物污染城市水体；在雨季排放雨水时对雨水口的污染物进行及时清理，加设雨水口截污装置。

5）技术组合应用

相对于单一的低影响开发措施，组合应用的开发措施对地表径流的调控效果更为明显。根据区域类别和特点选择适用的组合技术，包括适用于城市道路、建筑与小区、集中绿地及周边硬化等面源污染控制技术，合理配置不同海绵设施，实现城市海绵体与排水系统相耦合。充分利用现有洼地或湿塘，构建下沉式绿地、生物滞留池、生态湿地等；通过生态绿岛、透水性人行步道及广场等提高城市雨水下渗率；老城区街道路面、老旧小区屋面地面有序开展生态化、绿化改造。

依据东南地区城市水环境特征及问题，结合水环境质量目标及上述方案，筛选出适用的技术（表 11-12）。

表 11-12　雨水控制技术推荐

技术名称	关键词
适用性绿色屋顶源头控污截流技术	绿色屋顶、截流、源头控污、渗透、存储回用
组合式多介质渗滤净化树池技术	净化树池、植物、生物滞留、填料
基于水力模型的初期雨水调蓄池设计方法与技术	雨水集蓄、雨水系统、调蓄池、水力模型
城市道路雨水口的过流能力测试装备技术	雨水口、优化设计、道路雨水
集成截蓄-调蓄-处理的排水系统设计关键技术	雨水截流、雨水调蓄、雨水系统设计
初期雨水水力旋流-快速过滤技术	初期雨水、快速过滤、分离效率、面源污染、旋流分离
合流制管网改造策略与方法	管网规划设计、合流制改造、多目标优化

3. 地区海绵设施建设试点经验推广

东南地区海绵设施建设过程中参照镇江市、嘉兴市、池州市、萍乡市、武汉市、常德市六个首批海绵设施建设试点示范工程。试点城市从设计、建设、运管等各个环节积累了相关经验，在地区建设过程中的工程规划设计工作及相关技术方面，海绵城市相关新、改、扩建工程方面及建设效果评估验收、运行维护等方面提供指导参考，在地区内相似特点和规模的城市中进行推广应用。

11.5　东南地区城市水生态恢复方案

东南地区湖泊众多，富营养化风险大；水网密布，地形平缓，水体流动缓慢，水体水动力不足使得缺氧问题严重，自净能力差等原因导致生物多样性降低、生态功能退化。针对以上问题，加快推进地区水生生物调查工作，掌握水生生物状况，从岸上、水里及水系之间分别采取措施制定水生态恢复方案。

1. 加快推进水生态调查工作

进行城市水生态调查工作，调查对象包括河岸带植被、大型水生植物、鱼类、大型底栖动物和浮游生物，开展生物多样性调查监测和生物完整性指数评价。河岸带植被、大型水生植物和鱼类的调查时间选在植被和鱼类生长最旺盛的季节。大型底栖动物及浮游生物的调查点位和频次与河流水质调查一致。通过调查结果分析，摸清城市水体水生态现状，找出各地区城市水生态保护存在的问题，明确各级区域的水生态保护工作重点和方向。

2. 岸上措施

（1）截流减排并控制湖泊蓝藻水华。强化外源负荷控制措施，削减入湖氮磷负荷，包括严格污水处理厂尾水的氮磷排放标准及稳定排放，城市及农田径流污染水体的控制；完善蓝藻水华监测预警系统。

（2）河湖缓冲带构建与修复。在该地区生态修复过程中应分级管控城市河湖水生态空间，以地表径流等非点源污染严重区域和氮磷超标、水体富营养化较严重的河流湖泊为优先区域，适当构建及扩展河湖缓冲带。根据具体修复功能和目标进行缓冲带生态修复总体设计及技术选择，采取具体生态工程措施进行河道生态缓冲带建设，科学配置适宜的水生植物种类和品种，加强河/湖滨岸带植被恢复与扩增，保障缓冲带植被覆盖率和连续性，加强河/湖滨带生境改善与维护，为水生植被恢复创造水文条件。在建设工程完成后制定相应维护管理方案。

（3）加强水域岸线保护。依法依规划定湖泊管理范围，科学划定湖泊岸线保护区、保留区、控制利用区和开发利用区，明确分区管控和用途管制要求；禁止围湖造地，有序实施退地退圩还湖。

3. 水体修复措施

（1）抑制富营养化湖体对河道影响。由于东南地区的平原河网特征，水体流向不定，针对湖体蓝藻在水流和风向的共同作用下随湖水倒灌进入内河的问题，实施入湖河道蓝藻拦截工程，建设橡胶坝等闸坝工程，抑制富营养化湖水对城市河道的影响。

（2）底泥疏浚。针对区域内重点城市水体不达标或受污染河段，开展底泥污染控制，包括河道清淤疏浚、原位处理和综合整治。在清淤的过程中，底泥中的污染物质可能由于扰动而释放出来，加剧水体污染；清淤可能会破坏水体中原有的生态系统，降低生物多样性，改变种群结构；底泥如果没有得到妥善的处理可能会造成二次污染。在对各城市水体进行底泥疏浚时制定完善的预案避免上述问题。

（3）底质改良。清淤完成后的城市河道，可以利用火山岩碎石块、鹅卵石等比表面积大、具有污染物吸附及拦截功能的天然材料对河床底部进行底质改良。

（4）水体增氧。通过曝气、喷泉等方式增加水中的溶解氧，有效控制水体污染甚至黑臭等现象。推荐曝气增氧技术，通过机械设备将外界的空气转移到水中，达到增氧的目的，简单快速且行之有效，可用于地区内各类城市河道。部分具有景观功能的城市水体可建设喷泉设施，不仅能增加水体中的氧气，加速水体流动，还能增加水体的景观效果。

（5）推进湿地保护和修复。坚持保护优先、自然恢复为主、人工修复相结合，加强湿地保护管理基础设施建设。在水面修建生态浮岛或水陆过渡带修建人工湿地，为河湖生态健康提供安全屏障，扩展水生生物的生存空间。

（6）河湖缓冲带恢复后可以向水体中投放鱼类等水生动物。依照食物链合理性原则选择合适的种类和数量进行投放，同时要对水中的植物和动物有一定的控制管理，恢复水生动植物多样性。

（7）工程调水。针对部分城市水体流动缓慢等问题通过工程调水的方式引水稀释，降低水体中污染物浓度，增加水体流速，提高水体自净能力，丰富水生生物多样性。

（8）水系连通。针对东南地区城市河网水系特性，按照水网合理、水流畅通的要求，实施必要的水系连通工程，包括打通断头浜，对部分河道进行新开连通和拓宽改造，努力恢复河湖关系，不仅包括河湖连通性的恢复，同时加强河湖生态系统之间的整体性和系统性的修复。

依据东南地区城市水环境特征及问题，结合水环境质量目标及上述方案，筛选出适用的技术（表 11-13）。

表 11-13　水生态恢复技术推荐

技术名称	关键词
浅水湖泊生态系统调控与稳定维持技术	经典生物操纵、食物网优化、水质水量调控
利用短食物链进行低污染水体的生态恢复与水质改善技术	短食物链、低污染水、水质改善
滤食性食藻鱼类鲢鳙控藻技术	控藻、非经典生物操纵
削盐–控藻–碎屑生物链联合调控富营养化技术	食物链结构优化、富营养化、控藻
基于草型清水态维持的水生生物群落的优化技术	群落优化、经典生物操纵
浮游动物保育与增殖技术	浮游动物、结构调控
生态修复型的底泥疏浚与处理处置技术	生态修复、底泥处理、底泥疏浚
城市河湖底质生物活性多层覆盖原位处理与控制技术	城市河湖、活性覆盖、原位钝化、底泥处理
疏浚底泥快速脱水干化技术	疏浚底泥、快速脱水、负压直排、脱水干化一体化
入湖河流低污染水旁路改善技术	人工湿地、旁路改善、植物配置、曝气塘、水力提升
高污染负荷雨源型河道水质强化净化技术	原位处理、毒害物降解、河道整治、自然净化、河道反应器
河道水质生物–生态强化净化技术	人工湿地、脱氮率、强化净化、水质改善、净化方法
人工湿地高效净污关键技术	人工湿地、微生物、湿地植物、水质净化、试验区
复氧/低氧潜流人工湿地构建与维护技术	潜流人工湿地、多级串联、人工湿地堵塞原位测定、填料、尾水处理
缓冲带防护区生态建设技术	缓冲带、隔离、生态建设
河流脆弱生境生物多样性保护关键技术	生境脆弱、生态袋、阶梯深潭、基质袋、优势物种
多生境河道构建与水生态改善技术	人工水草、生态浮岛、植物过滤带、多样性指数、原位修复
沟渠河流水生态系统食物链恢复技术	环境流、功能群构建、微地形构筑、食物链恢复、丰富度
以功能修复为目标的汇水区植物群落保护关键技术	脆弱生境、土壤改良剂、灌丛恢复、植物、水源涵养
有机污染河流鱼类底栖动物增殖放流技术	受损河流、群落调查、鱼类增殖放流、育种暂养、重捕监测

11.6　东南地区城市水资源保护方案

11.6.1　以水定城，量水发展

（1）区域内城市要根据其水资源禀赋，以水定城，量水发展。协调城市经济社会发展与水资源利用之间的平衡，结合城市发展战略，加快形成与水资源相适应的产业发展格局，把握水城关系的全局性、系统性和可持续性，将以水定城贯彻到城市的规划、建设、发展、管理及生产、生活和生态的各个环节，制定水资源优化配置方案，完善水量分配和用水调度制度。

（2）推动城市智慧水务建设。建立水务物联网，明确发展需求，通过信息化技术实现产业运营过程中水资源关键指标的全面感知，通过数据共享和分析实现智慧调控，不断优化水资源利用方案。

（3）区域内上海、苏州、合肥等人均水资源量重度/极度紧缺的城市要坚持节水优先，严格计划用水，提高用水效率，制定全民节水行动计划，实现城市水资源消耗总量和强度双控。

11.6.2　构建节水型城市

东南地区人均日综合生活用水量及万元工业产值用水量均高于全国平均值，东南地区人均日综合生活用水量总体呈现不断提高的历史趋势，考虑到未来随着居民生活水平的提高，该指标还可能进一步增长，因此在东南地区未来水环境整治过程中需要不断实施节水，努力实现城市人均日综合生活用水量从增长到下降的过渡；万元工业产值用水量总体呈现不断下降趋势，但考虑到未来工业产值势必不断增加，因此工业总用水量的下降也需要积极实施节水措施。构建节水型城市方案主要包括生活节水、市政节水、工业节水、节水管理措施及非常规水资源利用。

1. 生活节水方案

（1）推广使用节水型生活用水器具，大力推广"节水型住宅"。公共供水管网终端生活用水器具的效能直接影响用水效率，针对用水量大的环节，如洗衣机、便器、水龙头、淋浴器等，不断开发研制新的节水型器具，引导居民淘汰现有住宅中不符合节水标准的生活用水器具，全面推广使用节水型生活用水器具。

（2）加快住宅小区内的管网建设，选择合适的管材，并对管网存在的漏损等问题进行改造。

（3）加强节约用水宣传，提高居民的节水意识。结合"世界水日""中国水周"等相关节日开展节水主题宣传和节水护水志愿服务活动。通过广播、电视、报刊、短信、网络等多种媒体以及微博、微信等网络平台宣传节水的重要性和紧迫性。

2. 市政节水方案

（1）提高节水资金的投入，优化供用水结构。对于节水设施和水平相对落后的城市，

加强公用供水节水管理，推广节水设备和器具，提高用水效率。东南地区部分经济较为发达城市的居民生活、公共和服务业节水量比较大，主要加强先进节水技术的快速有效更迭及应用推广。

（2）建设节水型社会。将工业供水与城市自来水供水分开；强化供水管网的建设，提高区域供水的安全可靠性和供水质量；积极推进管网改造，加强公共供水管网漏损控制。城市绿化要推广节水喷灌与再生水利用技术。

3. 工业节水方案

（1）提高资金投入，积极引进先进的设备和技术，提高工业用水重复利用率，尤其是循环冷却水的利用。

（2）合理调整产业结构，加大技术改造力度。按照以水定供、以供定需的原则，调整产业结构和工业布局，对一些消耗水量大、对水污染严重的工业企业加以限制，对用水效率高的企业进行鼓励。对工业用水项目源头进行监管，对一些高耗水、高污染的项目和设备进行淘汰。在企业中推广节水新技术，优化企业的产品结构和原料结构，逐步加大低耗水原料的比重，优化原料结构，提高用水效率。

4. 节水管理措施

（1）加强计划用水和定额管理。加强水资源统一调度，对纳入取水许可管理的单位和其他用水大户全部实行计划用水管理。在明确城市用水总量控制指标和行业用水定额的基础上，合理制定用水计划指标，加强用水监督管理。

（2）加强最严格水资源管理制度考核工作。全面实施最严格水资源管理制度考核，建立用水总量和强度控制目标责任制，完善考核评价体系，突出双控要求。

（3）严格执行取水许可制度。推进取水许可规范化管理，做好取水许可的台账登记制度建设。明确新增取水许可控制指标，严格新增取水审批，取用水量达到或者超过用水总量或年度用水控制指标的，停止审批新建、改建、扩建取水项目；接近用水总量的，限制审批新增取水。加强取用水计量、监测、统计和信息化管理平台建设，建立取水许可管理信息化系统。

5. 非常规水资源利用

（1）加快中水回用技术推广研究，在小区内建设中水回用、雨水处理系统，将生活污水、雨水通过中水回用系统处理达标后，用于冲厕等回用领域。

（2）推广再生水及雨水等非常规水源利用，在城市道路、小区、广场等建设项目中建设城市"小海绵"对雨水进行集蓄利用，鼓励城乡绿化、环境卫生、建筑施工、道路以及车辆冲洗等用水行业使用非常规水源。

（3）针对污水水质特点和不同行业企业用水要求，研究应用污水回用技术，加强中水回用和再生水利用，鼓励该地区电力、钢铁、纺织、印染、造纸、石化、化工、制革、食品发酵等高耗水企业废水深度处理回用。

（4）推动浙江、上海等沿海地区建设海水淡化工程。鼓励沿海工业园区化工、钢铁、印染、造纸等高耗水产业普及推广海水循环冷却技术应用，提高海水资源利用效率。

依据东南地区城市水环境特征及问题，结合水环境质量目标及上述方案，筛选出适用的技术（表 11-14）。

表 11-14　节水技术推荐

技术名称	关键词
再生水工程实施和运行管理技术	整体工艺系统、污水再生处理、优化配置、水质监测预警、安全运行维护
微絮凝–接触过滤难降解石化废水回用技术	微絮凝、接触过滤、回用
强化预处理中水回用技术	中水回用、预处理
单级水封法消除闪蒸汽的冷凝水回收技术	水封、闪蒸汽、冷凝水回收
印染行业综合废水处理及回用技术系列	印染行业、综合废水、回用

11.6.3　饮用水安全保护方案

（1）开展水源地和备用水源地整治，排查水源地保护区内环境问题。推进支流入水源地入口泥沙预控区设置，构建强化净化湿地。确定水源地整治方案并加快实施，确保水源地水质达标。

（2）建设水源地管理信息化系统，实现对饮用水水源地在线监控，继续开展城镇饮用水水源水质状况信息公开。

（3）建立饮用水水源地应急管理系统，完善保护区风险源名录，落实风险管控措施，提升水源地突发事件应急能力和管理水平。

（4）实现流域"双源供水"和自来水深度处理两个全覆盖，实施从水源水到龙头水全过程监管，提高饮用水水质，确保饮用水安全。

11.7　东南地区城市水环境综合整治技术路线图

为了给 2021～2030 年东南地区城市水环境综合整治工作提供技术支持，在上述综合整治指导方案的基础上，参考地区城市水环境现状并参照国家及地方相关规划政策等内容，本节制定了东南地区城市水环境综合整治分阶段技术路线图。

东南地区城市水环境综合整治技术路线图的总体思路依次为近期阶段以大力减排为主，主要目标为实现水环境质量的提升；中期阶段以深度减排与节水并重，主要目标为在水环境质量稳定良好的基础上实现水资源的合理利用；远期阶段发展重点为生态恢复，主要目标为在水环境质量提升和水资源合理利用的基础上实现水生态的全面恢复。

11.7.1　近期阶段（2021～2025 年）

近期阶段的重点任务应放在点源、面源的减排及重点城市的节水上，同时实施水体生态修复措施。

在点源污染物减排方面，针对区域城市污废水收集、处理系统所存在的问题，重点采取污水收集、管网改造和污水处理厂提质增效等措施。针对地区污水处理厂运行负荷高的问题，要对现有污水处理厂运行情况进行排查，对处理能力进行评估，新建高标准城市污水处理厂，对已有污水处理厂进行提标改造。针对东南地区降雨充沛，由于雨水、地下水掺杂导致的污水处理厂进水污染物浓度低的问题，加强漏损管网检测修复和雨污管网分流改造，全面提升排入城市水体的雨水水质。针对管网密度较低的城市加快建设管网、消除管网空白区、提高污水收集率；完成排污口排查，形成管网检查、改造、监测全过程控制技术与管理体系；全面推进厂网一体化和雨污整体运管能力，通过"管网–泵站–调蓄池–污水处理厂–河（湖）"优化调度，实现雨污水收集、转输、调蓄和处理能力的相互匹配，最大限度削减合流制溢流污水和向环境排放的污染物。

在工业污染防控方面，重点解决东南地区重化工问题以及宜昌、荆门等长江中游城市的"三磷"问题，加强控制造纸、印染及化工行业 COD 和氨氮减排，磷矿、磷石膏、磷化工等涉磷行业污染物减排。在典型行业企业污染减排方面，制定苏州、无锡印染行业、南京、泰州及江阴等城市化工行业，镇江电镀行业和沿江地区钢铁行业的具体减排方案。加强工业园区管理，推进企业清洁生产和排污许可证管理，提升园区废水收集处理能力，加强郴州和铜陵等城市重金属、泰州等城市难降解有机污染物等工业风险源管控。

在面源污染物减排方面，总结嘉兴市已建成海绵城市示范区的经验与教训，对已有海绵措施进行全方位评估，在此基础上形成适合本区域的海绵设施建设成套技术体系，制定区域海绵设施建设规划，建成区海绵城市建设占比达到 50%。

通过上述点源及面源方面的减排措施，东南地区城市水环境质量问题得到控制，受城市影响控制断面优良（达到或优于Ⅲ类）比例达到 90%以上，全面消除劣Ⅴ类水质断面，城市水体水功能区达标率明显提升。

在量水发展和构建节水型社会方面，构建节水型社会，形成城市节水技术体系，其中上海、苏州等极度缺水城市应极度重视，针对研究区用水量大问题，以图 11-10 中用水标准对各城市生活用水进行限制，加大力度推进生活、市政和工业节水；推动浙江、上海等沿海地区建设海水淡化工程。推进再生水回用和工业重复用水率，实现城区再生水利用率 20%以上，万元工业产值用水量较 2020 年下降 16%或控制在 35m³ 以下。

水体修复重点为加强湖泊富营养化控制工作；掌控城市水体生态基流量、水环境容量、水质现状，针对东南地区平原河网的特点，利用水力调控、水体增氧和水系连通工程等方式增加城市水系连通性和水体流速，综合提高水体自净能力；积极推进水生生物物种调查，基本摸清地区水生生物状况，初步规划水生生物恢复路线，水生生物完整性保持"中等"水平并稳中向好。

11.7.2 中期阶段（2026～2030 年）

在前期工作的基础上，持续推进深度减排，稳固水环境治理成果，加强水资源合理利用，中期阶段城市水环境综合整治深度减排及节水并重同时初步恢复水生态系统。

将近期阶段的点源减排技术进行集成与区域推广，加强运维管理体系。

海绵设施建设方面，对"十四五"时期海绵城市试点城市无锡、杭州、马鞍山、岳阳等建设经验进行总结，并在前一阶段发展基础及经验上加快推进，建成区海绵城市建设占比达到 60%。

通过上述点源及面源方面的减排措施，东南地区城市水体实现受城市影响控制断面优良（达到或优于Ⅲ类）比例达 93%以上，城市水体水功能区基本达标，城市黑臭水体基本消除。

在生活、市政节水方面，加大城市节水资金的投入，包括使用节水型生活用水器具、推广生活/市政中水回用，完善城市公用供水管网建设和控制，实现城区再生水利用率达到 30%以上。

在工业企业节水方面，提高用水重复利用率、调整产业结构、加强工业中水回用和再生水利用。加强用水全过程精细化管理，以区域内化工、印染等重点行业领头，推进区域内全行业节水，大幅提升城区再生水利用率；鼓励沿海工业园区化工、钢铁、印染、造纸等高耗水产业普及推广海水循环冷却技术应用，提高海水资源利用效率。实现万元工业产值用水量在 30 m³ 以下。

这一阶段区域持续强化湖泊富营养化控制工作，全面完成水生生物物种调查工作，并根据地区水生生物现状制定详细恢复计划，努力恢复城市水生态系统，包括湿地、缓冲带构建，建设生态浮岛等，以及水体生物多样性恢复技术，初步恢复水体中植被和水生动物，水生生物完整性达到"良好"水平。

11.7.3　远期阶段（2031～2035 年）

在近、中期重点推行污染源减排和节水措施保证水环境质量和水资源状况提升的基础上，远期阶段全面恢复地区城市水生态。

远期阶段在前两个阶段的基础上对已形成的点源、面源污染物控制技术体系进行长效监管、运营及维护，保证水环境质量持续稳定良好，实现受城市影响控制断面优良（达到或优于Ⅲ类）比例达 95%以上，城市水体水功能区稳定达标，城市黑臭水体全面消除。建成区海绵城市建设占比达到 70%。在中期阶段形成的节水体系基础上完成节水型城市建设并稳定发展，再生水利用率达到 40%以上，实现万元工业产值用水量在 25 m³ 以下。

在水生态恢复方面，在近、中期阶段成果保证生境状况良好情况下考虑区域本地水生生物种群特点及食物链原则，合理投放水生物种，恢复水生生物种群，形成健康的水生态系统。在水环境质量优良、生态流量保障的基础上实现水生态全面恢复，水生生物完整性达到"优秀"水平。

根据东南地区水环境治理目标和综合整治对策，形成东南地区城市水环境综合整治技术路线如图 11-12 所示。

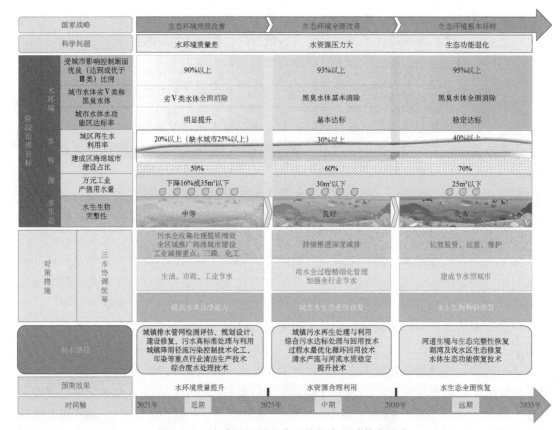

图 11-12　东南地区城市水环境综合整治技术路线

第12章 南部地区城市水环境综合整治指导方案

根据第 3 章我国城市水环境分区及其特征和第 4 章城市水环境综合整治方案编制内容及方法，形成南部地区城市水环境综合整治指导方案。本章介绍南部地区城市范围内近期（2021～2025 年）、中期（2026～2030 年）、远期（2031～2035 年）水环境综合整治指导方案框架，包括方案编制依据、南部地区城市水环境特征和问题解析、城市水生态环境综合整治目标的确定、城市水环境质量提升方案、城市水生态恢复方案、城市水资源保护方案、城市水安全保障方案和城市水环境综合整治技术路线图，目的是为南部地区各城市水环境综合整治提供参考。

12.1 方案编制依据

在贯彻国家部委所发布的与城市相关的法律法规、条例、规划等文件的基础上，结合南部地区省、市所发布的相关规划、方案、计划等文件，编制城市水环境综合整治指导方案。其中，国家及部委文件参照第 6 章城市水环境综合整治目标确定部分，省级文件主要包括各省份水污染防治行动计划实施方案等，以及南部地区所辖城市水污染防治相关计划、发展规划和各省市的年度环境质量公报等。

12.2 南部地区城市水环境特征和问题解析

12.2.1 南部地区城市水环境特征

1. 城市水环境质量特征

本研究区域^①包括福建、广东、广西和海南（除三沙市）区域内 47 个地级城市，该地区共有省控及以上断面 500 余个。从图 12-1 可以看出，区域内水环境质量逐年向好。但是，城市内水体生态环境质量问题较多，城市河道中生活、生产垃圾随处可见，水质情况明显低于国省控断面。南部地区城市水环境主要污染因子为氨氮和总磷，2018 年，该地区城市生活污水中氨氮和总磷年排污量分别达 420474.9 t 和 42047.5 t，排放量巨大，给城

---

① 不包括港澳台地区。

市水体造成严重污染。其中珠江三角洲城市群是污染最严重、最集中的地区，生活排污量前四位分别是广州市、佛山市、深圳市和东莞市，合计排污量占该地区城市总体排污量的29.39%。广州市水体Ⅰ~Ⅲ类断面比例只有76.9%，城市内下游断面水质明显低于上游断面；潮州市水体Ⅰ~Ⅲ类断面比例仅为83.3%，市区内枫江深坑断面水质仍属于劣Ⅴ类；南宁市内河八尺江、四塘江水质为Ⅳ类，良庆河和西明江水质为Ⅴ类；湛江市水体Ⅰ~Ⅲ类断面比例只有76.9%，海口市水体水质Ⅰ~Ⅲ类断面比例也只有83.7%。上述城市水质Ⅰ~Ⅲ类断面比例均低于区域省控及以上断面Ⅰ~Ⅲ类比例。

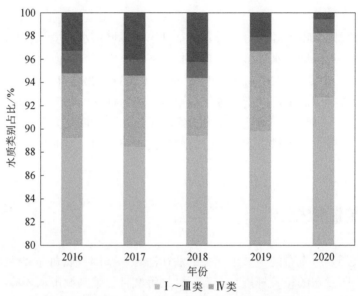

图 12-1　2016~2020 年南部地区城市水体断面情况

资料来源：2016~2020 年各省（区）市生态环境状况公报

2. 水生态特征

随着人口增长、城市化进程的加快以及人们生活方式的变化，南部地区城市生活污水和工业废水的排放量日益增加，给城市水环境带来了巨大的压力，导致江河湖天然水体水环境质量和水体自净能力下降，部分湖泊出现了不同程度的富营养化、水生生物群落结构改变、生物多样性减少、外来物种入侵等一系列生态环境问题。例如，西江流域肇庆城市段水体浑浊，氮、磷等营养元素超标，已经出现不同程度富营养化（吕家齐，2019）；桂林城区段河汊存在富营养化问题，漓江鱼类数量减少了47.1%，大型经济鱼类种类数量明显减少，底栖动物在整个水生态系统中表现得比较脆弱，尤其是在枯水季节时显得尤为突出（庞小华和唐铭，2019）；珠海市内水体湿地面积减少，港口湾内生境退化，存在污染富集等生态风险。

3. 水资源特征

南部地区水资源较为丰富，2019 年地区水资源总量约为 5474 亿 m³，占全国水资源总量的 18.85%，但各城市水资源分布严重不均。从图 12-2 可以看出，三明、南平、龙岩、韶关、清远、柳州、桂林、百色和河池等市水资源总量均超过 200 亿 m³，而厦门、莆田、深圳、珠海、汕头、东莞和中山等市水资源总量仅为 20 亿 m³ 左右，加之部分城市水环境质量差，出现了水质型和水量型缺水并存的问题。自 2020 年 8 月以来，受降水不断减少的影响，广东、福建、广西等省区城市遭受不同程度旱情，截至 2021 年，192 万城镇居民正常用水受到影响，且主要集中在广东东部（深圳、东莞、潮州、揭阳等）和福建部分城市，使水资源总量本就匮乏的城市用水更加紧张，已成为制约城市经济发展的一个重要因素。

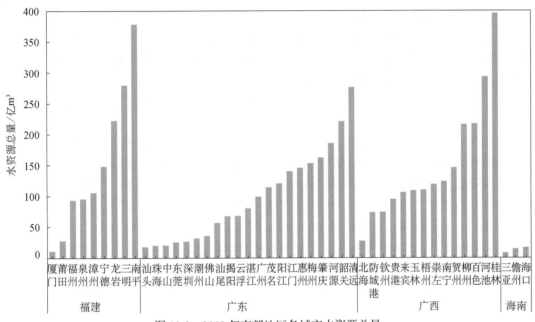

图 12-2　2019 年南部地区各城市水资源总量

资料来源：各省（区）市水资源公报

4. 水安全特征

南部地区饮用水水源以地表水为主。其中，西江是广西各城市的主要供水水源之一；北江是广州、佛山、肇庆等城市的主要供水水源之一；东江是深圳、河源、惠州、东莞、香港等城市的主要供水水源。这些城市水源供给类型单一，并且水资源调蓄能力有限，存在水源地引发的水安全潜在风险问题。同时，南部地区港口众多，存在由于航运码头导致的水源地污染风险和城市水环境的安全风险。例如，西江肇庆段船舶生活垃圾及污水的排放，给肇庆市内河生态环境带来了严重的污染，也给肇庆市饮用水源地带来不同程度的安全风险（吕家齐，2019）；桂林市桂江上游航运发达，船只多使用柴油作为燃料，还有部分饮用水水源保护区内的船只活动，存在风险隐患；梧州市莲花大桥下游的运煤码头煤渣大量散落在码头及河岸，受雨水冲刷将可能对桂江水质造成污染，引发水安全问题（胡秀英，2015）。

12.2.2 城市水生态环境问题解析

参照第 5 章城市水环境特征及问题解析方法，基于南部地区城市水环境的特征，从城市水环境质量、水生态、水资源和水安全四个方面对区域内城市水环境问题进行解析。

1. 城市水环境质量问题解析

南部地区城市水环境质量问题从点源、面源和内源三个方面进行解析。

1）点源问题解析

（1）城镇人口多，污废水排放量大。

城镇居民生活污水的排放是影响城市水环境质量的主要点源污染。南部地区城镇化水平高，人口密集。2016～2020 年，地区城镇人口从 12922 万人增长到 14290 万人（图 12-3），人口密度高达 366.5 人/km²，约为全国的 2.5 倍，同时污废水排放量也从 98.13 亿 m³ 增长到 116.47 亿 m³，城镇人口和污废水排放量的过高过快增长，给城市排水系统带来了极大的压力。

城镇人口基数大的城市污废水排放量也高。该地区城市人口分布悬殊，且主要集中在重点发展城市，城区人口超过 200 万的城市有 7 个，分别是福州、厦门、广州、深圳、汕头、东莞和南宁，不仅如此，广东、福建的城镇化率水平也远远高于广西和海南，尤其是珠三角城市群的城镇化率水平已经和发达国家持平，相对应的污废水排放量也远高于其他城市，像广州、深圳等市已经超过 10 亿 m³，伴随产生的污染负荷给城市污水处理系统带来巨大压力，据统计 2018 年珠江三角洲就有约 50%的废水未经处理直接排放，给珠江三角洲的水环境质量造成严重威胁。

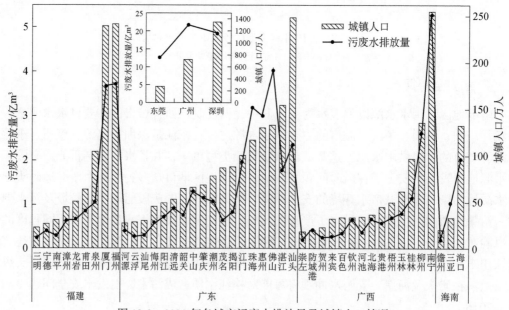

图 12-3　2020 年各城市污废水排放量及城镇人口情况

资料来源：中华人民共和国住房和城乡建设部，2021

（2）部分城市排水管网建设较为滞后，合流制溢流污染严重。

区域城市排水管道平均建设密度为 11.27 km/km²，整体与全国平均管道密度（11.11 km/km²）持平。尽管近年来该地区城市排水管网和处理设施有较大的建设力度，但是管网建设并不均衡，主要表现为沿海城市较为发达。在 47 个城市中仍然有 22 个未达到全国平均水平，特别是清远、茂名、潮州、龙岩、泉州和桂林等市排水管道密度分别仅为 2.20 km/km²、4.40 km/km²、4.66 km/km²、6.06 km/km²、6.25 km/km² 和 6.99 km/km²（图 12-4），排水管网建设欠账多，基础设施普遍滞后。

随着城市人口数量逐年攀升，污废水排放量也随之增加，目前很多城市已经无法完全满足对排水管网的需求。城市排水管网设计标准低、污水收集管网短板较为突出、不同管网交接处渗漏严重甚至堵塞、管网老旧破损和混接错接广泛存在，尤其是城中村、老旧城区、城乡接合部等地区存在排水管网建设空白区，使污水不能全部收集，未收集的污水通过雨污混接、污水直排等途径最终进入城市河道，导致城市水体黑臭和水生态环境的恶化。据报道，2020 年粤西地区城市污水收集率仅 52.5%，粤东、粤北城市污水收集率更低，分别只有 34.5%、32.5%，不足珠江三角洲地区的 1/2。

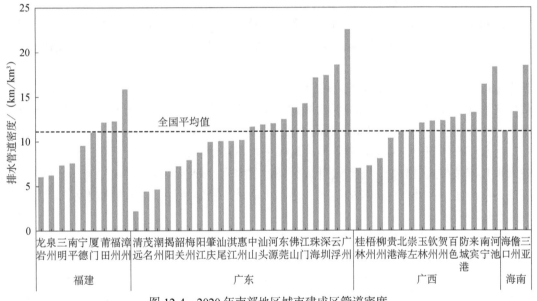

图 12-4　2020 年南部地区城市建成区管道密度

南部地区城市存在排水体制混乱、合流制溢流和雨水设施不完善等问题。2020 年全国雨污合流管道占比平均为 12.6%（图 12-5），在南部地区 47 个地级市中，雨污合流管道占比超过全国平均值的有 26 个城市。其中，以韶关市、汕头市、湛江市、揭阳市、柳州市和梧州市等为代表的城市，合流制管道占比均在 50% 以上，管网雨污分流改造压力大，且管网老化破损严重，难以负担越来越大的污水排放量，降雨过后易出现内涝，这些城市的老城区在雨季时溢流污染较为显著，受纳水体接收大量的合流制污水，造成严重的污染。

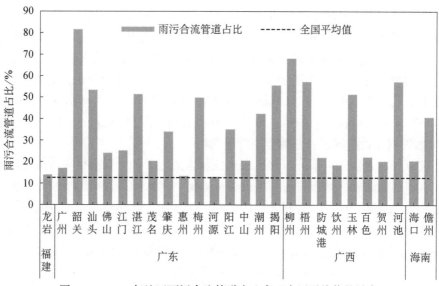

图 12-5　2020 年地区雨污合流管道占比高于全国平均值的城市

（3）部分城市污水处理厂运行负荷率过低。

2020 年南部地区污水处理厂平均运行负荷率为 79.48%（图 12-6），略高于全国平均水平（77.81%）。但是，由于区域内城市发展不平衡，部分城市污水处理厂仍存在运行负荷率过低的问题。47 个城市中有 21 个城市未达到全国平均水平，特别是宁德、三明、梅州和崇左市的污水处理厂运行负荷率仅为 54.87%、53.70%、52.98% 和 39.63%，未满足运行负荷率不低于 60% 的要求。部分污水处理厂运行负荷率低说明该城市的污水管网与污水处理厂建设不配套，排水管网建设滞后，覆盖率和收集率偏低，使污水不能全部收集。另外，污水厂设计规模与实际情况不符，城镇人口不断增多，污水处理厂在建设规划时会考虑未来几年城市人口数量，导致设计规模超过了实际处理污水量，造成"大马拉小车"的现象，从而使污水处理厂处理效能差，出水水质难以稳定达标，排放到城市水体从而威胁水生态环境质量。

（4）工业发达且主要集中在珠三角城市群。

2019 年南部地区工业产值为 71631.87 亿元，占全国工业总产值的 19.02%，工业发达，废水排放量也较大。其中，福建工业废水年排放量为 15.66 亿 m³，广东为 13.03 亿 m³，广西为 3.43 亿 m³，部分城市的工业废水年排放量及主要工业类型如表 12-1 所示。该地区的工业企业主要分布在沿海城市，工业园区密集，产业结构复杂，以电子、汽车制造、化工和有色金属等重污染行业为主。因此，工业废水中含有大量重金属和有毒有害物质，处理难度大，再加上园区污水处理厂处理设施不完善，导致部分工业废水不达标排放，甚至未经处理直接偷排。此外，部分工业园区选址不当、入园要求低、园区内污水处理设施建设滞后，污染防治水平差，直接造成城市水体污染加重。例如，珠海市随着对岸线的不断开发，特别是化工、造船、电子等产业带动沿海聚集区的开发建设，还有一些小加工厂、废品收购站、洗车场等存在偷排现象，导致城市水环境不断恶化，使好氧有机污染物、营养污染物和重金属形成的有毒有害复合污染类型逐渐成为珠江三角洲城市群水体污染的

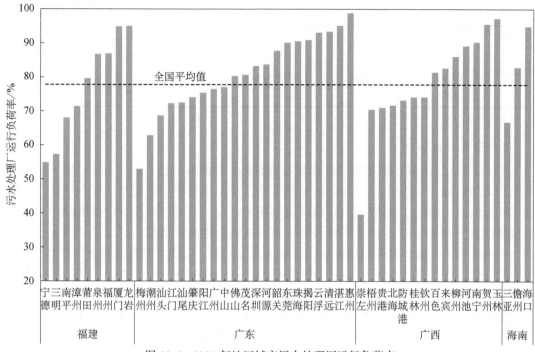

图 12-6　2020 年地区城市污水处理厂运行负荷率

资料来源：国家统计局城市社会经济调查司，2021

新特征，严重威胁着区域城市水环境质量（刘金等，2021）。

表 12-1　2019 年南部地区部分城市工业废水排放量及主要工业类型

省区	城市	工业废水年排放量/万 m³	主要工业类型
福建	福州	6255	电子、信息、机械制造、纺织
	厦门	24039	电子、机械、石化
	泉州	11217	制造业、纺织、建筑
	漳州	96501	食品、机械、电子、电力
广东	广州	14019	汽车、电子、石化
	深圳	7759	电子、物流、金融
	珠海	4127	家用电器、生物医药、石油化工
	韶关	9006	冶金、有色金属、电子
	佛山	15780	陶瓷、纺织、有色金属、钢铁
	江门	9753	制造业、化工、纸制品
	肇庆	5734	新能源汽车、先进装备制造、节能环保
	惠州	5958	电子、化工
	东莞	21275	电子、服装纺织
	中山	6836	家电、五金、电子

续表

省区	城市	工业废水年排放量/万 m³	主要工业类型
广西	南宁	4681	建筑、电子、机械、生物医药、食品蔗糖
	河池	6888	有色金属、电力、化工
	来宾	4997	制糖、电力、冶炼

资料来源：国家统计局城市社会经济调查司，2021。

2）面源问题解析

图 12-7 为 2019 年地区平均月降水量与优Ⅲ类水质断面占比。2019 年地区年均降水量高达 1812.95 mm，约为全国年均降水量的 2 倍，降雨主要集中在每年的 4～9 月，并在 6 月达到峰值。由图 12-7 可以看出，在降雨初期（1～4 月）随着雨量的不断增大，优Ⅲ类水质断面数量占比下降，其主要原因是区域内城市土地利用强度大，不透水路面比例较高，排水体系不完善，存在错接混接和管道沉积等问题，降雨径流将沉积在地表和排水管道中的沉积物冲入受纳水体，且初期降雨挟带的污染物浓度很高，使城市水体污染加剧；夏季降雨丰沛时（5～8 月），优Ⅲ类水质断面占比上下浮动，没有明显变化；在 9～10 月，降雨明显减少，但优Ⅲ类水质断面比例并没有升高，主要是地区种植的甘蔗、茶树和水果等都在这一时期成熟，制糖、制茶和罐头等行业大量生产加工，由此产生了大量季节性生产废水，以广州、东莞、汕头、揭阳和莆田等为代表的一些城市，其水体污染存在显著的季节性污染特征；冬季时（11～12 月）降雨较少，优Ⅲ类水质断面占比有了明显的提高，说明降水径流导致的面源污染不容忽视。以深圳市的深圳河为例，以降水量>5 mm 的天数（共 65 天）来统计深圳河流域降雨期间的污染负荷，其中 COD、氨氮、总氮和总磷的入河总量为 16630 t、961 t、1978 t 和 262 t，分别占全年入河负荷的 54.6%、48.4%、38.7% 和 55.4%，降雨径流污染是深圳河的主要污染来源之一（程鹏等，2021）。

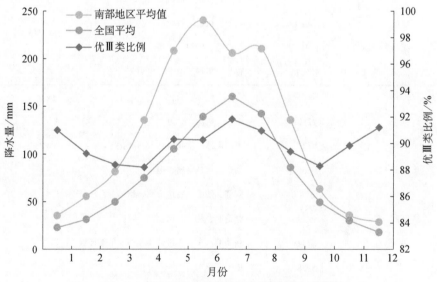

图 12-7　2019 年地区平均月降水量与优Ⅲ类水质断面占比

资料来源：中华人民共和国住房和城乡建设部，2021

3）内源问题解析

地区城市内水体流速缓慢，加上河道两岸水土流失、入河面源污染及未清理的水生植物等，经过长时间物理、化学和生物作用在河道底部形成底泥，极易导致河道淤积。淤积的底泥一方面作为内源不断向水体中释放污染物，加剧了水质污染；另一方面使河床底部厌氧化严重，从而造成了底栖生物死亡，进一步降低水体含氧量，减弱了水体复氧自净能力，导致污染物更容易沉积至底泥中，从而持续加重周边河道内源污染。另外，由于部分河道淤积严重，河床逐年抬高，部分河道非常狭窄，水流不畅，严重影响河道生态引水和区域排涝能力。

2. 水生态问题解析

南部地区城市水生态问题主要成因如下。

（1）水质污染给水生态带来危害。南方河流以生活污水、工业废水、初期雨水污染为主。随着城市化和工业化的发展，生活污水和工业废水排放量剧增，再加上城市排水系统处理能力不足，大量污水直排入河，对城市水环境造成极大负荷，超出水体自净能力，使生态系统遭到破坏。污水中含有大量有机物，水体中的微生物分解有机物过程中消耗大量溶解氧，使水体缺氧，从而发黑变臭形成黑臭水体；生活污水和工业废水中含有的大量氮和磷直排入河也会引起水体富营养化。

（2）工程的修建忽略了水生态平衡。南方城市降水丰富、汛期多，为了防洪排涝，保障水利安全，很多河道新建了许多水利设施，对河道进行裁弯取直加固河岸、修筑堤坝等，破坏了河流的连续性，阻断了生态系统的物质循环，再加上水体黑臭和富营养化，人类活动的干扰使湿地面积萎缩，城市河湖岸带和生态用水被挤占，河流自净能力和自我调节能力严重受损，导致河流生态平衡受损。例如，福州市城区光明港水系由于内河沿岸用地紧张，截污难度大，水系水动力差，常年水质污染严重，使内河水体丧失自净能力，从而引发水体富营养问题（陈世杰，2018）。

（3）水产养殖业发达。南方水系发达，河流众多且温度适宜，有利于水产养殖业的发展。在养殖过程中常出现过量投喂饲料和水产品日常代谢产物沉入水底，水中有机物随着时间推移不断增多，水中溶解氧大量消耗，导致水中生物大量死亡，水体容易出现黑臭。同时，为了防治病害，促进养殖生物生长，会向水体投加化学农药、添加剂、抗生素等，氮磷元素不断累积导致水体富营养化。

3. 水资源问题解析

南部地区城市水资源问题主要成因如下。

1）城市间人均水资源量差异大

2019 年南部地区城市人均水资源量为 3494.4 m³，远高于全国人均水资源量的 2077.7 m³，但是城市间水资源分配严重不均。图 12-8 是 2019 年水资源开发利用程度及人均水资源量低于 8000 m³ 的城市，龙岩、三明、南平和河池市人均水资源量已超过 8000 m³，而区域内 47 个城市中还有 23 个城市未达到全国平均水平；有 10 个城市人均水资源量低于 1000 m³，属于重度缺水城市；厦门、深圳、东莞、汕头和佛山等市人均水资源量甚至还不足 500 m³，处于极度缺水状态，且水资源开发利用程度高达 60% 以上，远远高于全国平均值的 20.73%。这些城市主要由于水资源总量本身匮乏，人口密集，导致人均水资源量严重不足，再加上水资源开发利用程度大和城市水环境质量差，存在不同程度的水量型缺水和水质型缺水问题。

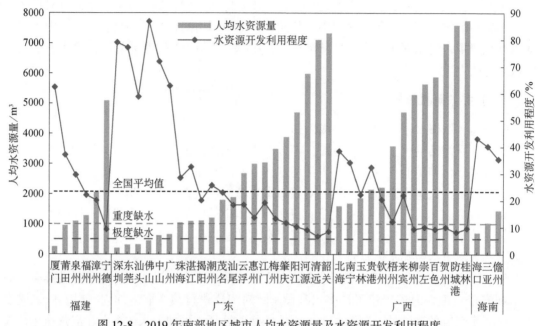

图 12-8　2019 年南部地区城市人均水资源量及水资源开发利用程度

资料来源：中华人民共和国住房和城乡建设部，2021

2）城市水资源浪费严重

区域内城市存在不同程度的水资源浪费现象。图 12-9（a）列出了区域内人均日生活用水量高于用水定额的城市，即在 47 个城市中有 24 个城市居民生活用水量超过了用水定额，且主要集中在珠江三角洲城市和广西的城市中，特别是南宁、桂林、梧州和北海市人均日生活用水量达到了 350 L 以上，远远超过了全国平均水平（179.97 L），说明生活用水浪费较为严重。区域内有 23 个城市万元工业产值用水量高于全国平均值（38.4 m³），见图 12-9（b）。其中三明、南平、梅州、崇左、玉林、桂林、南宁和贵港等市万元工业产值用水量已经超过 80 m³，广西的城市占多数，主要与当地冶金、有色金属、石化和钢材等重工业有关，长期形成的工业企业高耗水等传统用水方式，导致水资源浪费严重。此外，由图 12-10 可以看出，部分城市管网漏损率较高，2020 年全国平均管网漏损率为 13.39%，区域内有 22 个城市漏损率已超全国平均值，因此在后续治理中也要关注城市供水管网漏损的控制。

3）部分城市再生水利用率较低

南部地区城市再生水利用量和利用率相对较低。2020 年全国平均再生水利用率为 24.29%，福建、广西和海南城市整体水平都未达到全国平均值。从图 12-11 部分城市再生水利用情况来看，城市间差异明显。深圳市再生水利用率已经达到 70%，而龙岩、汕头、

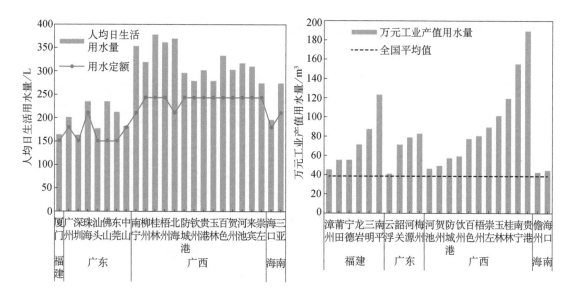

(a) 人均日生活用水量高于用水定额的城市　　(b) 万元工业产值用水量高于全国平均值的城市

图 12-9　2019 年人均日生活用水量和万元工业产值用水量高的城市

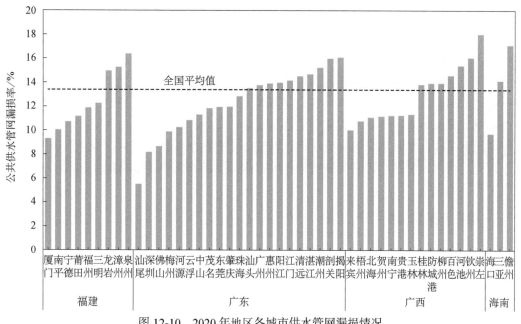

图 12-10　2020 年地区各城市供水管网漏损情况

肇庆、湛江、汕尾等市再生水利用率还在 10% 以下。由于再生水管网覆盖度不高，再生水水质、水价以及工业产业类型等因素，使市政杂用及工业用水规模很小；而且再生水利用对象单一，绝大部分用于河道补水。例如，2018 年厦门市再生水等其他水源供应水量 690万 m³，仅占供水总量的 1.03%；深圳市自 20 世纪 90 年代初推广建筑中水利用以来，陆续建成 300 余处中水利用设施，但工业及城市杂用再生水管道未实现系统性覆盖，目前已建的工业及城市杂用再生水管道远不及规划规模，再加上布局分散、管理难度大、投资运行成本高、水质难以保障等问题，绝大多数已停止使用（王增钦，2021）。

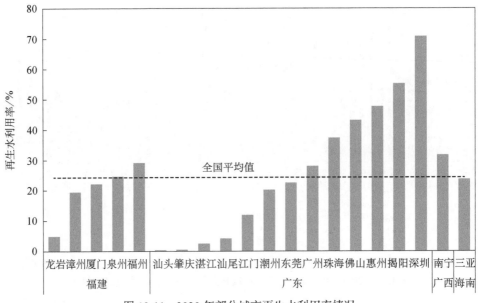

图 12-11　2020 年部分城市再生水利用率情况

4）水质型缺水现象较为突出

南部地区虽然整体水资源丰富，但是城市建设对水资源的索取也在逐步增多，工业、居民生活用水量和排放量均在增加，再加上城市水体受到污染、再生水利用率不高、水资源浪费严重和人们对水资源的节水意识淡薄等因素的共同作用，使得地区城市不同程度地存在水质型缺水和水量型缺水现象。尤其是在珠江三角洲城市群，由于区域经济的高速发展和高耗水的社会经济系统的双重压力，珠江三角洲污水排放量巨大，城市河流和内湖往往作为受纳水体，河湖已普遍受到污染，因此水质型缺水问题更加突出，出现了"守着河湖没水喝"的现象。

4. 水安全问题解析

1）饮用水源地问题解析

（1）高风险行业区域性集中。南部地区重金属和危化品等高风险行业分布呈现出显著的区域性。以四个典型高风险行业为例，金属表面处理和热处理加工业基本集中在珠三角河网区和西江流域中下游；化学原料及化学品制造业主要分布在珠三角河网区、北江流域、西江流域、粤东诸河和粤西诸河；有色金属冶炼和压延加工业集中分布在珠三角河网区和北江流域；有色金属矿山采选业则主要分布在北江流域中上游。部分流域和区域因工业企业密集分布所致的环境安全隐患风险严峻（车赛男，2021）。

（2）化工园区布局风险突出。以广东省为例，全省共有各类化工园区 54 个，这些化工园区分布在 14 个相关城市，共有 10 个园区影响到附近的集中式饮用水源地。与单一企业不同，园区的环境风险源种类繁多、存储量大、布局比较集中，园区内危险源之间、企业之间可能互相影响。例如，深圳市宝安区石岩水库周围以化工、橡胶、电子等工业企业为主，且在石岩水库汇水范围内，对水源地水质安全存在很大的风险（王增钦，2021）。

（3）交通移动源风险高。危化品交通运输一旦发生事故泄漏，污染物会快速扩散到临近水体，引发更大范围的流域性污染，甚至造成跨界以及集中式饮用水源地等污染，因而危化品交通运输的危害难以控制。截至 2019 年，广东省经营性道路危险化学品运输企业共有 985 家，营运车辆总数达 28 万辆，主要分布在珠三角和沿海沿江地区城市，特别是茂名、东莞、广州 3 个城市。2010～2019 年全省交通事故次生的突发环境事件占突发环境事件总数的 30.7%，绝大部分都与危险化学品运输相关。因此，危化品交通运输也是突出的环境风险源之一（樊霖和李佼，2021）。

2）航运问题解析

南部地区航运业发达，航运业的发展在给南部地区城市经济带来发展的同时，也给南部地区城市水环境也带来了很大的影响。例如，广东省航运主要集中在大湾区，2018 年大湾区货物吞吐量超过 16 亿 t，一共有生产性码头 1778 个，其中包括广州港、深圳港、珠海港、东莞港、惠州港等几个大港。10 年间，近海海域污染范围已超过 20 万 km²，部分海湾和航运业海域的污染问题十分严重。例如，西江肇庆段船舶水污染一是油类污染，船舶主机多采用柴油机，当出现船舶油污水、船舶溢油时，不仅污染内河水源，而且会造成水体缺氧使水生生物缺氧而死，从而破坏生物链条；二是船舶生活垃圾及污水的排放，会影响内河安全，污染内河生态环境。广西内河水上危险货物运输具有明显的经济性特点，梧州市紧邻广东，危险货物运量较高；贵港市危险货物运量也较高。广西危险货物运输主要为散装油类和散装液化化学品，梧州市和贵港市油类运输 7156 万 t，运输量大，风险源级别最高，而贵港市的风险源数量最多，共有 18 个风险源。因此，广西的航运也给水环境带来巨大的风险。

12.3　南部地区城市水生态环境综合整治目标的确定

从南部地区城市水环境的特征和问题解析可以看出，该地区城市水环境问题仍然突出。根据第 6 章水生态环境综合整治目标的确定方法，利用系统动力学方法建立和优化地区城市水生态环境提升目标（见 6.2 节案例），给出该地区城市水环境近期（2021～2025 年）、中期（2026～2030 年）和远期（2031～2035 年）的提升目标，具体如下。

到 2025 年，使区域内城市水生态环境质量显著提升，构建节水型城市，水生态状况有所改善。区域内受城市影响控制断面优良（达到或优于Ⅲ类）比例达到 93% 以上，基本消除城市水体劣Ⅴ类和黑臭水体，城市水体水功能区达标率提升到 90%，城市污水集中收集率达到 70%，建成区海绵城市建设占比达到 50%；城区再生水利用率达到 30% 以上，万元工业产值用水量下降至 32 m³ 以下，公共供水管网漏损率控制在 9% 以内；水生生物完整性达到"中等"水平。

2030 年的目标是在水环境质量稳中向好的基础上完成节水型城市的建设，缓解水量型缺水的问题，进行生态治理，修复水生态。到 2030 年，受城市影响控制断面优良（达到或优于Ⅲ类）比例达到 95% 以上，全面消除城市水体劣Ⅴ类和黑臭水体，城市水体水功能区达标率提升至 95%，城市污水集中收集率达到 80%，建成区海绵城市建设占比达到 60%；城区再生水利用率达到 40%以上，万元工业产值用水量下降至 26 m³ 以下，公共供水管网漏损率控制在 7%以内；水生生物完整性达到"良好"水平。

2035 年的目标是在前两个阶段城市水环境质量得到保障、形成完整节水型城市的基础上，使城市环境质量全面提升，水生态系统的结构和功能全面恢复。到 2035 年区域内受城市影响控制断面优良（达到或优于Ⅲ类）比例达到 98%以上，彻底消除城市水体劣Ⅴ类和黑臭水体，且不发生返黑臭现象，城市水体水功能区达标率提升到 98%，城市污水集中收集率达到 85%，建成区海绵城市建设占比达到 70%；城区再生水利用率达到 50%以上，万元工业产值用水量下降至 23 m³ 以下，公共供水管网漏损率控制在 5%以内；水生生物完整性达到"优秀"水平，生态环境质量实现根本好转，"美丽中国"基本实现（表 12-2）。

表 12-2 地区城市水生态环境近中远期提升目标

类别	指标	2020 年（现状）	2025 年（近期）	2030 年（中期）	2035 年（远期）
水环境质量	受城市影响控制断面优良（达到或优于Ⅲ类）比例	90～92	93 以上	95 以上	98 以上
	城市水体劣Ⅴ类和黑臭水体比例/%	2	基本消除	全面消除	彻底消除
	城市水体水功能区达标率/%	86	90	95	98
	城市污水集中收集率/%	60	70	80	85
	建成区海绵城市建设占比/%	20	50	60	70
水资源	城区再生水利用率/%	20～30	30 以上	40 以上	50 以上
	万元工业增加值用水量/m³	40	32 以下	26 以下	23 以下
	公共供水管网漏损率/%	12	9	7	5
水生态	水生生物完整性	较差	中等	良好	优秀

为了实现上述三个阶段南部地区城市水生态环境综合整治目标，需要分别制定南部地区城市水环境质量提升方案、水生态恢复方案、水资源保护方案和水安全保障方案。

12.4 南部地区城市水环境质量提升方案

城市水环境质量提升方案的制定是根据第 5 章的城市水环境特征及问题解析方法确定城市水环境主控污染指标后，依据第 6 章城市水生态环境综合整治目标的构建方法确定提升目标，参照第 7 章中的方法对主控污染指标进行具体城市水体的水环境容量计算和污染负荷分配，最终确定污染负荷削减方案。具体流程可参照 7.4 节中案例。本节主要针对整个南部地区城市水环境质量问题，从生活点源、工业点源、城市面源和城市内源提出适合该地区城市的水环境质量提升方案。

12.4.1 生活点源污染控制方案

由 12.2.2 节中水环境质量问题解析中的生活点源问题解析可以看出，南部地区城市在管网和污水处理厂收集方面仍然存在欠缺，因此，针对污水收集和污水处理厂提出以下方案。

1. 生活污水收集控制方案

针对南部地区城市人口密集，生活污水排放量大，管网密度差异大，合流制溢流污染严重等问题，提出以下措施。

（1）全面排查污水管网和排污口。对污水处理厂进水 COD 浓度较低、水质断面不达标的城市，从管网混错接改造、管网更新、破损修复等方面进行排查，掌握污水管网中存在的问题。重点对辖区沿河两岸的非法入河排污口、河道内及两侧的生活污水和工业废水排污口进行现场逐一排查，对排查中发现的问题及时处理。

（2）提高排水管网覆盖率，补齐污水收集管网短板。对于污水管网密度偏低的城市，特别是清远、茂名、潮州、龙岩、泉州和桂林等，加大管网设施建设力度，消除城中村、老旧城区、城乡接合部和建制镇等收集管网的空白区，完善广州、深圳等人口聚集区生活污水毛细管网建设。

（3）实施雨污分流改造。针对溢流污染比较严重的城市，诸如韶关、茂名、揭阳和柳州等合流制管道占比均在 50% 以上的城市，实施混错接、漏接、老旧破损管网更新修复，推进雨污分流、清污分流等，因地制宜地采取工程措施，降低合流制溢流污染，提升污水集中收集效能。持续推动"厂网河（湖）一体化"建设、运行和管理，力争到 2025 年实现区域内城市生活污水管网全覆盖、全收集。

2. 污水处理厂控制方案

针对南部地区部分城市污水处理厂运行负荷率较低，对现有污水处理厂进行提质增效，保障污水处理设施全面、稳定达标排放，争取到 2025 年实现市政污水全处理。具体措施如下。

（1）对于珠江三角洲地区等人口密集、污水排放量大的城市宜以集中处理方式为主，对于广西等人口少、相对分散，短期内集中处理设施难以覆盖的地区，应合理建设分布式、小型化污水处理设施。

（2）加快推进防城港、钦州、崇左等长期低负荷或超负荷运行的城市污水处理厂升级改造，新增污水集中处理设施须同步配套建设污水收集管网，加快接管进度和管网建设，扩大纳污范围，提高污水处理厂的运行负荷率，保障污水处理设施全面、稳定运行，地级及以上城市的生活污水全部达到一级 A 排放标准。

（3）加强污水处理厂脱氮除磷工艺。将污水处理厂预处理、二级生物处理、深度处理和尾水消毒等各工艺段的老化设备和处理工艺换新；优化运行控制方式，制定厂网联动调度运行优化控制策略，实现污水平稳运输；严格遵守污水处理厂进出水的水质要求，实现处理稳定达标。

依据南部地区城市生活点源污染特征及存在问题，筛选出适用于南部地区城市生活点源污染控制的推荐技术，见表 12-3。

表 12-3 生活点源推荐技术清单

技术名称	关键词
管网改造优化技术系列	
城市雨水管网混接调查与改造关键技术	管网评估、雨污混接、水力模型、水质特征因子
合流制管网分质截流技术	管网规划设计、合流制改造、模型模拟
新型真空排水技术	排水技术、市政污水、污水收集、真空排水
混合截污排水系统效能诊断与混合截污管网运行优化技术	管网评估、排水管网缺陷、水力模型、视频管道检测
城市排水管网优化调度与管理决策支持技术	优化控制、联合调度、管理决策、厂网联动
基于排水模型的城镇排水系统内涝管控关键技术	优化控制、排水模型、内涝管控、风险评估
污水处理利用技术系列	
城市污水系统运行机理与设计提升技术	整体工艺系统、机理研究、工艺参数优化、污水管网、脱氮除磷
微孔曝气变速曝气氧化沟技术（桂林）	强化生物脱氮除磷、氧化沟、微孔曝气、同步硝化反硝化、沟型
微絮凝-砂滤深度处理工艺优化与自动加药系统	强化深度处理、化学除磷、微絮凝、砂滤、自动加药
产业密集型城镇污水处理厂全过程优化运行技术	过程监管与运行优化、节能降耗、全过程诊断、全过程控制、智能管控

12.4.2 工业点源污染控制方案

由于南部地区城市工业发达，重污染企业多，导致重金属和有毒有害物质污染严重。因此，针对南部地区工业点源污染问题，提出以下几点措施。

（1）重点关注城市内电子、石化、有色金属等重污染行业，加强工业生产有毒有害污染物产生与排放的监管，加快污染行业产业升级、新型技术研发和绿色产业发展，加强工业风险源管控等。

（2）加快所有工业企业入园，尤其对电子、机械、石化、冶金、有色金属等工业企业污染负荷实现大幅度削减后再入园，全面完成清洁生产改造，完善工业园区污水收集处理设施，加强园区内污水处理脱氮除磷工艺，优化运行控制方式，制定厂网联动调度协调，运行优化控制策略。对于申请加入的工业企业进行严格的选择，争取从源头上控制工业污染。在园区内部，要坚决关停污染环境、浪费资源、设备落后、产能低下的企业、生产工业和技术设备，严格控制电子、石化、冶金、建材、有色金属等高能耗、高污染、高排放的项目的建设，实现工业园区污染源控制达标排放和零散污染工厂易地搬迁等。

（3）加强工业企业清洁生产和排污许可证管理。加快推进冶金、有色金属等行业的清洁生产，实现处理设备升级改造并推进原料在运输、装卸、转移和工艺等生产过程中的深度治理；采用最佳可行技术减少排污，适当引入复合酶清洁生产技术、印染废水深度处理与回用技术和高浓度含氨废液中氨回收关键技术等新兴技术，对废水严格把控，实现废水水质达标排放。

依据南部地区城市工业点源的特点，筛选出适用于南部地区工业点源污染控制的推荐技术，如表 12-4 所示。

表 12-4　工业点源推荐技术清单

技术名称	关键词
全过程优化的焦化废水强化处理技术	
高毒性脱硫废液解毒处理技术	脱硫废液、脱硫、脱氰、资源化
高效脱氰脱碳混凝技术	焦化废水、脱氰、混凝、脱氰剂
综合废水深度处理与回用技术	
低浓度有机物深度臭氧氧化技术	深度处理、钢铁综合废水回用、催化臭氧氧化
高盐有机废水臭氧催化氧化技术	高盐有机废水、高级氧化、催化臭氧
腈纶废水高聚物截流回收–A/O 生物膜–氧化混凝处理技术	高聚物截流、A/O 生物膜、氧化、混凝
有色行业污酸及酸性废水污染控制技术	
酸性高砷废水还原–共沉淀协同除砷技术	酸性、高砷、共沉淀、协同除砷
铅冶炼污酸中铅、砷重金属和氟氯离子高效脱除新技术	铅冶炼、污酸、重金属、氟氯

12.4.3　城市面源污染控制方案

针对 12.2.2 节中提及的南部地区高温多雨、枯水期水流较小且流速缓慢、降雨径流污染严重等引发的面源污染问题，主要从源头削减、过程控制和末端治理进行同步治理。

1. 城市面源污染源头削减方案

南方地区城区内不透水下垫面的比例较高，而且新城区内还有大量建筑施工区，因而在降雨初期，降雨径流严重。针对以上问题，采取源头削减，主要从截流与渗透、储存和传输几个方面进行治理。

（1）地区城市楼顶绿化覆盖率很低，几乎为闲置状态，可以因地制宜对原有屋顶进行改造，新建屋顶采用绿色屋顶技术，使用环保型无毒材料，目前南宁市规划展示馆已成功建设。

（2）地区城市道路多采用沥青、砖等材料，可以对原有道路适当改造，采用透水铺装技术，包括城市非机动车道、住宅小区内部道路和公园道路等，目前南宁市南湖公园、滨湖广场等均有应用。

（3）积极推进海绵设施建设，加大雨水收集综合利用设施建设力度。新建城区要落实调蓄空间、雨水径流和竖向管控等要求，增加下沉式绿地、植草沟、人工湿地、砂石地面和自然地面等软性透水地面；老城区改造要以解决易涝易淹点和缓解水资源短缺等问题为导向，结合老旧小区改造、绿地景观、市政道路建设等，做好雨水罐、蓄水池、湿塘、雨水湿地等储存设施的建设工作，提高雨水资源就地消纳、就地利用的水平。制定该区域海绵设施建设规划，总结厦门、深圳、珠海等海绵设施建设的经验，形成适合该区域的海绵设施建设成套体系并在全区域城市内进行推广。

依据南部地区城市面源污染源头削减的思路，筛选出适用于南部地区城市面源污染源头削减的推荐技术，见表 12-5。

表 12-5 面源污染源头削减推荐技术清单

技术名称	关键词
面源源头削减类技术	
强化雨水渗透及净化的渗透浅沟构建技术	雨水渗透、渗透路面、透水沥青
不透水下垫面径流处理技术	降雨径流、下垫面、雨水花园、下凹式绿地
绿色屋顶构建技术	降雨径流、绿色屋顶
城市绿地多功能调蓄–滞留减排–水质保障技术	生物滞留、水质保障、初期雨水调蓄、污染负荷
同步脱氮除磷两相生物滞留技术	脱氮除磷、生物滞留
管网源头削减类技术	
雨水径流时空分质收集处理技术	降雨径流、时空分质
基于降雨特征的初期雨水调蓄池设计技术	降雨、初期雨水、调蓄池
基于新型雨水篦的道路雨水高效净化技术	道路雨水、高效净化

2. 城市面源污染过程控制方案

针对南部地区降水量大且持续时间较长，采取城市面源污染过程控制，主要从雨水口的截污、管理和排水管道的设计与维护，包括合理确定截流倍数、雨污分流、排水管道的清淤及养护、初期雨水控制、存储调蓄等几个方面进行治理。

（1）安装截污铁箅和截污挂篮等截污装置，防止大颗粒和杂物的进入，制定相关法律法规禁止倾倒，定时统一清理。

（2）加强初期雨水控制，增设雨水收集利用装置。

（3）在原有排水系统的基础上改造新型雨污排水系统，确定合理截流倍数。

（4）定期排查，加强对排水系统的维护和保养，定时清淤，保障排水管道稳定运行。

依据地区城市面源污染过程控制思路，筛选出适用于城市面源污染过程控制的推荐技术，见表 12-6。

表 12-6 面源污染过程控制推荐技术清单

技术名称	关键词
面源过程类控制技术	
基于旋流分离及高密度澄清装备的初期雨水就地处理技术	初期雨水、旋流分离、就地处理
基于调蓄的雨水补给型景观水体水质保障技术	调蓄、雨水补给、景观水体、水质保障
分流制排水系统末端渗蓄结合污染控制技术	排水系统、分流制、渗蓄结合
管网过程类控制技术	
新型真空排水技术	排水系统、真空
老城区滨河带适宜性真空截污技术	老城区滨河带、真空截污
大管径原位修复内衬管材料制造技术	管网修复、大管径、原位修复

3. 城市面源污染末端治理方案

根据南部地区特点，城市面源末端治理可采取滨水缓冲区修复、人工湿地和塘-湿地净化组合建设等几类措施，主要治理思路包括。

（1）整体规划，充分利用水流特性及原生植物等当地自然资源，从景观生态学角度出发，提出修复与设计对策。

（2）因地制宜，根据现实自然地理状况结合最新的城市河道设计理念制定适宜的生态方案。遵守自然规律，维护其城市水体多重生态功能。

依据南部地区城市面源污染末端治理思路，筛选出适用于南部地区城市面源污染末端治理的推荐技术，见表 12-7。

表 12-7　面源污染末端治理推荐技术清单

技术名称	关键词
物化处理技术	
泵站雨水强化混凝沉淀过滤净化处理技术	雨水、沉淀、混凝、过滤
初期雨水水力旋流-快速过滤技术	初期雨水、快速过滤、分离效率、面源污染、旋流分离
生态处理技术	
复合流人工湿地处理系统与技术	生态净化、人工湿地、面源控制
城市面源污染水体净化与生态耦合修复技术	雨水处理、污染物去除、多塘系统、缓冲带

12.4.4　城市内源污染控制方案

针对 12.2.2 节提及的部分城市河流底泥淤积厚度大、污染严重，且会对河道行洪造成一定影响的问题等，首先开展重点支流河道生态清淤工作，有效降低河道内源污染负荷，确保河道水系畅通，不断恢复和提高河流整体引排能力，进一步增强水体自净能力。对水动力明显不足的河道开展水系连通工程，科学调度干支流河网水流，充分补充河道生态基流，增强干支流水系间水循环动力，进而加快推动河道水质改善。

然而南部地区的用地紧张，大量疏浚底泥的堆放与处理处置面临巨大挑战，故仅对污染严重的底泥主体进行疏浚。由于原位覆盖材料会抬高河床高程，影响河道行洪排涝，同时，汛期河道流速较快、水位暴涨暴落，对覆盖层的破坏性较强，影响修复效果，因此，不建议采用原位覆盖技术。对于植物修复技术，水生植物生长周期较长，处理效率较低，而黑臭河道的治理时间紧、任务重，故不考虑采用原位生物修复技术进行底泥的治理，推荐对地区城市河流进行原位化学处理。

12.5　南部地区城市水生态恢复方案

南部地区城市仍然存在水生态环境脆弱，水生态系统破坏严重的问题。因此，针对以上问题提出以下几点措施。

1. 加强河湖缓冲带建设

禁止围湖造田，有序实施退地还湖，持续推进湖泊"清四乱"（乱占、乱采、乱堆、乱建）。加强湖区采砂管理，严厉打击非法采砂行为。改造河岸的植物生态环境，采用水边植物和覆土相结合，重建受损或退化的生态系统，促进河流生态系统的良性循环；建造自然河岸线，恢复鱼类和鸟类的活动空间，恢复河岸多种生态系统；改善人水关系，扩大水生生物的栖息空间，采用块石、卵石和其他材料建造低水河岸。通过河流断面形态与河床改造、生态护岸护坡、栖息地营造、水生生境保护，尽可能地恢复河流横向和纵向的连通性，防止河床材料的硬质化等措施，使河流更接近自然河流。

2. 城市水体生态修复

结合河道整治工程，对水体进行天然水补给，促进水体污染物的转移、扩散，通过水资源的合理配置维持河流生态需水量，通过污水处理控制污水排放，实现水质初期改善；采用微孔曝气增氧技术及设置生态浮岛，保障水中氧气充足，氧化水中氮磷等元素，降低河道污染程度，进一步净化河流水质；在底质环境改善的基础上，增加水生植物种类，提高生物多样性水平，坚决打击非法捕捞行为，依法严格外来物种引入管理，加大重大危害入侵物种管理，采用适合的水生态系统技术，恢复水生态系统结构和功能。

依据南部地区多数城市的水生态问题，筛选出适用于南部地区城市的推荐技术，见表 12-8。

表 12-8　水体修复推荐技术清单

技术名称	关键词
污染负荷控制技术	
城市河道水陆生态界面重建与污染拦截技术	城市河道、生态护岸、生态滤床、水质改善
生态修复型的底泥疏浚与处理处置技术	底泥疏浚、生态修复
城市河湖底质生物活性多层覆盖原位处理与控制技术	河湖底质、生物活性、原位处理
水体水质提升技术	
城区河道水质净化与生态修复集成技术	城区河道、多元生态、底泥控制、充氧造流、生物操纵
城市河湖水系水质保障与修复技术	城市河湖、人工湿地、植物修复、水质保障、优化调度
城市水环境系统综合评价技术	水环境监测、预警、指标体系、综合评价
景观水体水质改善多级复合流人工湿地异位修复技术	景观水体、水质改善、复合人工湿地、异位修复
多水源补水技术集成及优化调度模型	多水源补水、深度净化、技术集成、优化调度
水生态功能恢复技术	
河流水质长效保持技术	河流水质、生态滤床、植物修复
城市缓流水体生境修复与生态景观建设技术及应用	缓流水体、生态浮岛、微孔曝气、生态基填料、水生植物

12.6　南部地区城市水资源保护方案

南部地区城市存在水量型和水质型缺水并存、水资源浪费严重等问题，针对问题提出城市水资源保护方案具体如下。

12.6.1　坚持以水定城，量水发展

对于地区内水量型缺水严重的城市，如厦门、汕头、佛山和东莞等，应根据其水资源量，协调城市经济发展，制定水资源优化配置方案，完善水量分配和用水调度制度。地区内城市工业行业种类繁多，用水情况复杂，建议以水定产，严格控制产业的门槛和发展规模，限制用水总量，推进火电、石化、钢铁、有色、造纸、印染等高耗水和高污染项目的技改或有序退出，从整体上优化区域工业产业结构。

对于地区内水质型缺水严重的城市，如珠江三角洲城市群，注重水资源的合理利用，加大执行用水总量控制和污染物总量排放约束控制。因地制宜地开展分布式污水处理和集中处理相结合的方式，一方面提高污水的收集回用，避免长距离大排水系统造成的污染扩散；另一方面可减少大面积管网无法覆盖造成的乱排现象。坚持节水优先，制定全民节水行动计划，实现城市水资源消耗总量和强度双控，从而改善水环境质量。

12.6.2　构建节水型城市

1. 生活节水方案

我国南部地区城市生活污水排放量大，人均日生活用水量高于全国平均水平，节水经济机制不健全，管理不到位，居民节水积极性低。因此，可着重推进生活节水，采取以下措施。

（1）经济较为发达城市的居民生活、公共和服务业用水量占比较高，可以推广节水器具的应用，通过优化供用水结构，建设中水利用设施，采用跨层再利用模式，实现生活用水控制增长、工业用新水零增长的目标。

（2）充分利用各种信息平台和传媒手段，创新节水宣传教育方式，增强全民节水意识。

（3）加强用水管理，建立完善的利于节水的水价体系，合理调整城市水价标准，实施不同水源同城同业同质同价；对城市居民水费计价设备进行"一户一表"改造。

2. 市政节水方案

南部地区城市市政用水量大，部分城市节水公共设施相对落后，对于市政节水可采取以下措施。

（1）逐步完善节水型行政区、节水型行业评价标准，建立节水公报制度。完善节水补贴政策，通过财政补贴等方式支持节水产品推广，建立统一的节水统计制度。

（2）增大常规水源和非常规水源之间供水差价，实施节水设备项目与节能环保享受同等税收优惠政策，符合要求的节水设备按相应比例抵免当年企业所得税。

（3）降低城市管网漏损量。各城市要摸清供水管网等设施底数，加快城区老旧供水管网的改造，对超过合理使用年限、材质落后或受损失修的供水管网进行更新。

3. 工业节水方案

南部地区城市工业污水排放量大，产业布局与水资源承载能力不适配，城市间水资源差异巨大。针对以上问题，可采取以下措施。

（1）要全面对工业、产业园区等规划水资源论证，推进适水评价工作，建立区域、单元、产品、工艺等适水等级标准评价和评估机制。

（2）完善构筑节水技术推广服务体系，对三明、南平、南宁、贵港等高耗水行业发达的城市，在主要用水产品中推行强制性节水，完善构筑节水技术推广服务体系，推动工业高效冷却与循环利用、废污水分级分质处理回用等行业先进实用节水技术及设备的推广应用，完善高精度管网漏损监测、工业生活用水量测控一体化设备等适用管理设施体系。

（3）修订各行业取用水定额标准、完善高耗水工艺和技术装备的淘汰机制，在高耗水行业和主要用水产品中推行强制性节水标准。

4. 再生水回用方案

南部地区城市再生水利用率相对较低，对龙岩、厦门、汕头、肇庆、湛江等再生水利用率比较低的城市，加大建设再生水利用设施，从有利于污水处理资源化利用及城市河道生态补水角度出发，推动再生水作为缺水地区的"第二水源"，加强再生水的回用，提高污水回用效率，可采取以下措施。

1）提高再生水在城市杂用水中的使用比例

提高再生水在城市杂用水中的用量，科学布设再生水取水点，并做好再生水消毒工作。再生水在城市杂用中主要用于冲厕、道路清扫、消防、城市绿化、车辆冲洗、建筑施工等，根据取水的要求，合理铺设再生水管网，布设再生水取水点，方便取水。

2）将再生水回用于工业用水

南部地区城市主要从两个方面推动工业生产过程水资源的循环利用，一方面，通过在工业生产环节提高水资源重复利用率，减少新鲜用水量；另一方面，通过鼓励工业企业在冷却、洗涤、锅炉等对用水水质要求较低的环节使用再生水，从而不断提高工业节水的水平。

3）将再生水作为城市湖泊补水水源

以再生水作为城市湖泊的补水水源，在国内外均有成功的案例，如北京奥林匹克森林公园的"龙形水系"就是以再生水作为补水水源，通过引入再生水，调节水体水力停留时间，改善水动力条件，提高水体自净能力，助力水质长效改善和保持。一般认为水体达到地表水IV类水质的再生水即可作为补水水源，同时结合源头截污和水体生态修复技术等可实现湖泊水体水质的改善和保持。

12.7　南部地区城市水安全保障方案

南部地区由于水源地供给类型单一，港口众多，存在由航运码头导致的水源地污染风险等，针对此问题，分别从饮用水源地和航运安全方面提出整治方案。

12.7.1　饮用水安全保护

1. 加强对污染源的治理

加强饮用水源地流域内污染源的治理与管理工作，减少污染源对饮用水水源地的影响。做好污染源头污水就地处理系统的铺设工作，最大程度上收集点源污染物，降低污染物直接排放或不达标排放入水源地的可能性，从源头上减少污染源的数量和影响程度；可以考虑集中收集水源地周边的居民生活污水，建立规模适当的就地污水处理站，处理后达标的生活废水排放至饮用水水源取水口下游 500 m 处，尽可能降低居民生活污水对水源地的影响。

2. 加强水源地周边的生态环境建设

对水源地保护区进行划分，设置隔离、警示设施，提高对水源地的保护建设程度，积极推动退耕还林、还草工程，有效提高水源地的污染抵抗能力和恢复能力。在水源地周边建设自然湿地，用自然湿地代替传统的护堤，充分发挥湿地的生态保护作用。

3. 加强水源地的监督和管理

积极建立健全水源地保护的法律法规和制度，建立相应的环境监测、监察执法体系，尽可能提高水源地的监督和管理工作质量，做到对水污染问题早发现、早处理，降低水源地出现大范围、严重污染的可能性，提高应对污染风险的应急反应能力。

4. 建立健全应急预警机制

饮用水水源地保护以事前预防为主。通过设置水质监测设施、站点等方式监督水源地的水质变化，并划分水质变化危害程度级别，设置相应的应急预案。

12.7.2　航运安全保障

南部地区航运业发达，会给城市水环境安全带来很大的影响，因此提出以下措施。

1. 加强船舶污染防治

加快淘汰老旧落后船舶，鼓励节能环保船舶和船上污染物储存、处理设备的改造；严格执行船舶污染物排放标准，限期淘汰不能达到污染物排放标准的船舶，严禁不达标船舶进入运输市场；严禁船员船客将废弃物、废水直排河道，规范船舶垃圾、含油污水等污染物排放与接收，认真核实船舶污染物去向，严厉打击船舶非法排污行为；加强船舶修造和拆解污染控制，加强船只用油"跑、冒、滴、漏"的日常监管，船只须配备污油回收桶，严禁将废机油倾倒河流，防止船舶污染事件的发生。

2. 加强预防性管控

建立船舶危防类事故风险源监管制度，对相关企业、船舶开展全面的风险源排查，对船舶危防类风险源进行辨识评估，按照一源一档建立风险源数据库，并对每个风险源制定有针对性的风险防控和海事监管措施，实施分级分类管理。

12.8 南部地区城市水环境综合整治技术路线图

南部地区城市依然存在水环境质量不稳定达标、水生态脆弱、水资源量分布不均及水量型和水质型缺水等问题，为了实现 3 个阶段的水生态环境提升目标，需要分别从近中远期提出相应的综合整治对策，且在各个阶段的综合整治过程中有所侧重。

12.8.1 近期阶段（2021～2025 年）

近期阶段的重点任务是对生活点源、工业点源和面源进行控源减排，特别是重金属和难降解有毒污染物的控源减排，构建节水型城市并进行水体修复。

在生活点源方面，从管网和污水处理厂两方面进行控源减排，具体对策有：①提高管网覆盖率，补齐污水收集管网短板。对于污水管网密度偏低的城市，特别是清远、茂名、潮州、龙岩、泉州和桂林等，加大管网设施建设力度，消除城中村、老旧城区、城乡接合部和建制镇等收集管网的空白区，完善广州、深圳等人口聚集区生活污水毛细管网建设；对于以韶关、湛江、茂名、揭阳、柳州和梧州等为代表的合流制管道占比高的城市，实施混错接、漏接、老旧破损管网更新修复，推进雨污分流等，因地制宜地采取工程措施，降低合流制溢流污染。清理排污口、查缺补漏，形成管网检查、改造、监测全过程控制技术体系，力争到 2025 年实现区域内城市生活污水管网全覆盖、全收集。②市政污水处理厂提质增效。针对污水处理厂运行负荷率低的城市，特别是宁德、三明、梅州和崇左等，新增污水集中处理设施须同步配套建设污水收集管网，加快接管进度和管网建设，扩大纳污范围，提高污水处理厂的运行负荷率，保障污水处理设施全面、稳定运行，争取到 2025 年实现市政污水全处理。

在工业点源控制方面，重点关注重污染行业，加强重金属、有毒有害污染物等工业风险源管控；加快所有工业企业入园，尤其对地区城市的主导企业，像福州、厦门和深圳的电子、机械等企业，韶关、河池的石化、冶金、有色金属等企业实现污染负荷大幅度削减后再入园，推进企业清洁生产和排污许可证管理，加强工业园区管理，完善工业园区污水收集处理设施。

在面源污染控制方面，首先是实行雨污错接混接改造和雨污分流改造；其次是制定该区域海绵设施建设规划，总结厦门、深圳、珠海等海绵建设试点城市的经验，形成适合该区域的海绵设施建设成套技术体系并在全区域城市内进行推广。争取到 2025 年使该区域受城市影响控制断面优良（达到或优于Ⅲ类）比例达到 93% 以上，城市水体劣Ⅴ类和黑臭水体基本消除，城市水体水功能区达标比例达到 90%，建成区海绵城市建设占比达到 50%。

在水资源方面，坚持以水定城、量水发展，构建节水型城市。对于地区内水量型缺水严重的城市，如厦门、汕头、佛山和东莞等，应根据其水资源量，协调城市经济发展，制定水资源优化配置方案，完善水量分配和用水调度制度。地区内城市工业行业种类繁多，用水情况复杂，建议以水定产，严格控制产业的门槛和发展规模，限制用水总量，推进火电、石化、钢铁、有色、造纸、印染等高耗水和高污染项目的技改或有序退出，从整体上优化区域工业产业结构；对于地区内水质型缺水严重的城市，如珠江三角洲城市群，注重水资源的合理利用，加大执行用水总量控制和污染物总量排放约束控制。到 2025 年使地区城区再生水利用率达到 30% 以上，万元工业增加值用水量下降至 32 m³ 以下，公共供水管网漏损率控制在 9% 以内。

在水生态修复上，近期阶段针对区域部分城市存在黑臭水体及水体富营养化等问题，开展控源截污，内源清淤，初步改善水体水质，阻断水生态污染源，避免持续恶化等，到 2025 年水生生物完整性达到"中等"水平。

12.8.2　中期阶段（2026～2030 年）

中期阶段的任务是在持续推进控源减排的基础上，强化水资源合理利用，完成节水型城市的建设，形成完整的城市节水体系，并且进行水体生态修复。

在水环境质量方面，从生活点源、工业点源和城市面源等方面继续整治，完善城镇排水管网优化与改造，采用检测评估和运维管理技术来巩固点源污染控制成效，持续推进海绵设施建设，到 2030 年使区域受城市影响控制断面优良（达到或优于III类）比例达到 95% 以上，全面消除城市水体劣 V 类和黑臭水体，城镇污水集中收集率达到 80%，城市水体水功能区达标率达到 95%，建成区海绵城市建设占比达到 60%；在水生态方面进行生态治理和修复，结合河道整治工程，恢复河流自然属性；加强河湖缓冲带的建设，改造河岸的植物生态环境，建造自然河岸线等，在水质改善的基础上综合提高水体自净能力，到 2030 年水生生物完整性达到"良好"水平。

在形成完整的节水型城市方面，主要从生活、工业、市政节水和再生水回用来进行，具体对策有：对于人口密集、生活用水量大的城市主要推进生活节水，诸如珠江三角洲和南宁、桂林、柳州等，推广节水器具的应用，通过优化供用水结构，建设中水利用设施等；对三明、南平、南宁、贵港等高耗水行业发达的城市，在主要用水产品中推行强制性节水，完善构筑节水技术推广服务体系，推动工业高效冷却与循环利用、废污水分级分质处理回用等行业先进实用节水技术及设备的推广应用；逐步完善节水型行政区、节水型行业评价标准，建立节水公报制度；推动再生水作为缺水地区的"第二水源"，对龙岩、厦门、汕头、肇庆、湛江等再生水利用率不高的城市，加大建设再生水利用设施；对于水质型缺水城市优先将达标排放水转化为可利用的水资源，就近回补自然水体；对于水量型缺水城市实施以需定供、分质用水，推广再生水用于工业生产、市政杂用和河湖湿地生态补水等，形成完整的城市节水体系。到 2030 年使城区再生水利用率达到 40% 以上，万元工业产值用水量下降至 26 m³ 以下，公共供水管网漏损率控制在 7% 以内。

12.8.3 远期阶段（2031～2035 年）

远期阶段的重点任务是在近期和中期水环境质量稳中有升，形成完整节水型城市的基础上进行水生态恢复，使水生态系统得到全面提升。

本阶段在前两个阶段的基础上继续保证水环境质量持续向好，对已形成的点源、面源污染物控制技术体系进行长效监管、运营及维护，完成节水型城市的建设。到 2035 年南部地区受城市影响控制断面优良（达到或优于 Ⅲ 类）比例达到 98% 以上，城市水体劣 Ⅴ 类和黑臭水体彻底消除，且不再返黑臭，城镇污水集中收集率达到 85%，城市水体水功能区达标率达到 98%，建成区海绵城市建设占比达到 70%；城区再生水利用率达到 50% 以上，万元工业产值用水量下降至 23m³ 以下，公共供水管网漏损率控制在 5% 以内。

在水生态方面，在近、中期阶段成果能够保证生境状况良好情况下，合理投放水生物种，使水生生物种群恢复，水生态环境进一步提高。同时，借鉴东莞市水生态文明试点建设过程中的"助推绿色崛起、提高城市品位、夯实基础研究"的建设模式，进行水生态保护。到 2035 年水生生物完整性达到"优秀"水平。

根据南部地区水环境提升目标和综合整治对策形成南部地区城市水环境综合整治技术路线图（图 12-12）。

图 12-12　南部城市水环境综合整治技术路线图

第13章 西南地区城市水环境
综合整治指导方案

根据第 3 章我国城市水环境分区及其特征和第 4 章城市水环境综合整治方案编制内容及方法，形成西南地区城市水环境综合整治指导方案。本章主要介绍西南地区城市范围内近期（2021～2025 年）、中期（2026～2030 年）和远期（2031～2035 年）城市水环境综合整治指导方案框架，包括方案编制依据、西南地区城市水环境特征和问题解析、城市水生态环境综合整治目标确定、城市水环境质量提升方案、城市水生态恢复方案、城市水资源保护方案、城市水安全保障方案和西南地区城市水环境综合整治技术路线图，目的是为西南地区各城市水环境综合整治提供参考。

13.1 方案编制依据

在贯彻落实国家关于城市水环境有关法律法规、政策的基础上，结合西南地区省市所发布的相关法律法规、条例、规划等相关文件的基础上，确定西南地区城市水环境综合整治目标和指导方案。主要包括第 6 章所列国家部委相关文件及西南地区所辖城市总体规划、水污染防治工作方案、节水行动方案和水源地环境保护规划等。

13.2 西南地区城市水环境特征和问题解析

本节依据第 5 章城市水体水生态环境特征解析方法，从水环境质量、水生态、水资源和水安全四个方面分析西南地区城市水生态环境特征并进行问题解析。

13.2.1 西南地区城市水环境特征

1. 水环境质量特征

根据 2016～2020 年各城市生态环境状况公报，汇总西南地区水体 700 多个国、省控断面 2016～2020 年水质情况（图 13-1）。可以看出，西南地区近 5 年国、省控断面水质逐年向好，Ⅰ～Ⅲ类水体由 2016 年的 80.8%升至 2020 年的 92.8%。然而，西南地区城市水体水质仍较差，Ⅴ类、劣Ⅴ类占比还较高。2018 年遵义市湘江河有断面水质为劣Ⅴ类，主要支流虾子河、蚂蚁河、礼仪河、舟水河、高泥河 5 条河流均为劣Ⅴ类；2019 年昆明市 35 条入滇池河流中广普大沟、姚安河为劣 V 类，沙站河总磷浓度超标 3.96 倍；2019 年重庆市主城九区 34 条二级支流中 V 类及劣 V 类断面比例占 23.61%；2019 年大理白族自治州（简称大理州）金星河长期为劣 V 类；贵阳市水体水质并不稳定，特别是三级支流和四级支流断面总磷浓度在部分月份甚至出现 V 类及劣 V 类情况；成都市金马河、锦江、沱江流域的大部分支流水质长期为 V 和劣 V 类。另外，地区城市黑臭水体的问题也较为突出，被确认的城市黑臭水体有 218 条。

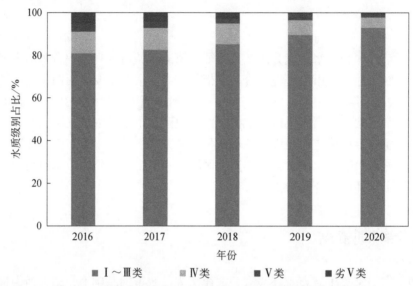

图 13-1 西南地区城市 2016～2020 年国、省控断面水质情况

2. 水生态状况

西南地区城市河湖自然结构受损严重，大部分城市水体自净能力差，河湖水生生物的生境遭到破坏，水生植被面积减少，浮游植物种类组成较单一，水生生物多样性下降，底栖动物群落呈现全面退化趋势，水生态健康状况呈现"差"或"亚健康"状态（张阳春，2021；欧阳莉莉等，2018；杜娟等，2021；张方辉等，2019）。另外，地区城市河湖富营养化现象严重，昆明市滇池自 20 世纪 90 年代以来几乎年年暴发蓝藻水华，2019 年滇池全年暴发水华；大理州洱海目前处在"草型清水稳态"向"藻型浊水稳态"转换的时期，局部范围的藻类水华时有发生。

3. 水资源状况

西南地区水资源较为丰富，但由于地形地貌条件限制，现状条件下可利用水资源量少，生态基流缺乏。西南地区长江多条支流属于水量型缺水，处于径流深不足 200 mm 的少水带，如丽江市的达旦河和楚雄彝族自治州（简称楚雄州）的龙川江等，其中达旦河径流深仅 99.9 mm。西南地区部分河道水利不连通，河段生态流量难以保证，枯水季节更甚。另外成都市中心城区的中小河道（秀水河、苏坡四斗渠、苏坡六斗渠等）、外江流域的西河泗江堰断面在枯水期断流。

4. 水安全状况

饮用水水源地存在风险。西南地区部分水库不能稳定达到Ⅲ类水质,水质有下降的趋势,且存在污染物超标和富营养化的情况。昆明市柴河水库及大河水库存在总磷超标的情况,时常有发生富营养化的风险;绵阳市鲁班水库目前处于中营养状态,相对于Ⅱ类水质标准,其 TP 超标 90.42%,TN 超标 44.28%,COD、BOD 易在 3~7 月集中超标;贵阳市阿哈水库水源地附近有废弃煤矿,存在重金属超标潜在风险;昭通市鱼洞水库有总氮超标风险;遵义市海龙水库在库尾、库汊、坝前等水域均已发生一定规模的蓝藻水华;重庆市渝北区 4 座水库的综合营养状态指数(TLI)评价为富营养状态。

13.2.2　西南地区城市水环境问题解析

1. 水环境质量解析

根据各城市第二次污染源普查公报,西南地区城市水环境问题可从城市点源、面源和内源三个方面进行解析。

1)点源问题解析

(1)生活污水收集处理设施落后。根据各城市第二次污染源普查公报,统计出西南地区部分城市(自治州)2017 年生活源 COD、氨氮、TN 和 TP 排放负荷量及其占本市(自治州)污染负荷比例(表 13-1)。西南地区各城市(自治州)生活源排放占比都很高,是区域城市的主要污染源,特别是成都、广元、巴中、阿坝藏族羌族自治州(简称阿坝州)、凉山彝族自治州(简称凉山州)、贵阳、六盘水、遵义、铜仁和丽江等地区生活排放负荷占比已超过 90%。因此,该区域城市生活源是城市水环境污染的重要来源之一。

表 13-1　西南地区部分城市(自治州)2017 年生活源污染排放负荷量和占全市污染负荷比例

城市 (自治州)	COD/t	占比/%	氨氮/t	占比/%	TN/t	占比/%	TP/t	占比/%
重庆	36700	66.73	4400	85.18	16500	87.49	800	80.45
成都	58700	93.17	6700	97.10	19500	95.59	600	90.65
自贡	4508	86.19	287	78.28	997	87.75	39	87.96
泸州	20638	94.66	2317	96.10	3400	73.14	214	94.32
绵阳	12385	87.49	1826	96.96	3364	94.36	320	94.76
广元	6228	94.46	719	98.88	1042	96.82	75	95.44
遂宁	9214	85.67	1034	92.17	1564	82.08	128	88.99
内江	7541	78.71	622	87.89	1303	86.67	82	82.28
宜宾	11233	54.37	1266	83.36	1847	78.75	186	82.18
广安	12184	77.38	1521	92.97	2045	89.35	172	89.23
达州	19500	83.04	2481	97.84	3643	95.87	246	92.45
雅安	7114	91.47	654	96.41	1116	94.38	73	72.99
巴中	6378	92.54	617	98.11	987	97.11	45	91.04

续表

城市 （自治州）	COD/t	占比/%	氨氮/t	占比/%	TN/t	占比/%	TP/t	占比/%
资阳	2221	55.76	367	84.89	586	80.22	27	61.71
阿坝州	3761	94.41	489	99.03	614	97.28	56	98.66
凉山州	16355	96.27	1739	98.89	2479	95.28	169	97.55
贵阳	14122	95.17	2664	98.37	6335	98.10	235	96.88
六盘水	13400	93.69	1400	99.18	1900	97.07	177	99.14
遵义	26200	94.24	2900	98.29	4300	96.86	300	96.36
铜仁	8900	91.93	1100	98.27	1400	97.30	151	96.97
昆明	11709	79.77	3161	96.11	5524	91.05	152	68.76
曲靖	14889	88.23	1758	96.67	3297	96.31	178	95.93
丽江	2327	90.59	347	98.48	661	97.14	56	95.00
临沧	5033	80.48	526	85.94	943	86.48	74	83.31
楚雄州	8951	89.98	899	97.09	1542	95.28	123	92.25
红河州	7124	81.97	571	84.90	1467	87.27	88	89.85

注：红河州全称为红河哈尼族彝族自治州。

　　排水管网是城市重要的基础设施，是污水收集的关键，该地区城市建成区排水管道密度如图 13-2 所示。有 26 个城市建成区排水管道密度低于全国 11.11 km/km² 的平均值，特别是阿坝州马尔康（2.37 km/km²）、遵义（3.29 km/km²）、黔东南苗族侗族自治州（简称黔东南州）凯里（3.42 km/km²）、红河州个旧（4.13 km/km²）和大理州大理（4.29 km/km²）的排水管道密度很低，说明该地区排水系统建设进度滞后，不能满足城市排水需求。再加上排水管道混接错接、管道老化和破损、内壁腐蚀严重等问题，导致地下水、雨水进入排水管网，挤占管网的输送容量，降低污水处理厂的进水浓度。例如，重庆江北区排水管道混接错接有 416 处、缺陷管段共检测缺陷点 48744 个（黄小钰等，2021）。上述这两方面问题造成地区城市污水集中收集率偏低，地区各省市城镇污水处理提质增效三年行动实施方案（2019～2021 年）的文件中提到，2018 年西南地区共有 30 个城市建成区生活污水集中收集率低于 50%（除贵阳外），其中泸水的生活污水集中收集率仅为 9.8%。此外，几乎每个城市的城中村、老旧城区和城乡接合部区域都存在大量排水管网留白区，大量生活污水未经处理直排入河，给城市水环境带来较大的污染。

　　城市污水处理厂的稳定运行削减生活点源污染主要保障，该地区城市污水处理厂运行负荷情况如图 13-3 所示。

　　由图 13-3 可知，该地区凉山州西昌（107.30%）、阿坝州马尔康（107.05%）和临沧（103.01%）等 7 个城市污水处理厂运行负荷高于 100%，污水处理效果不佳，存在超负荷污水直排问题。究其原因，一是这些城市人口扩增，居民生活水平提高，生活污水量增长迅速，污水处理厂建设滞后于污水排放量增量，导致污水处理厂处理能力不足，例如，昆明市近十年人口增长迅速，污水处理厂运行压力较大；二是外水入侵，地区降水量大，城

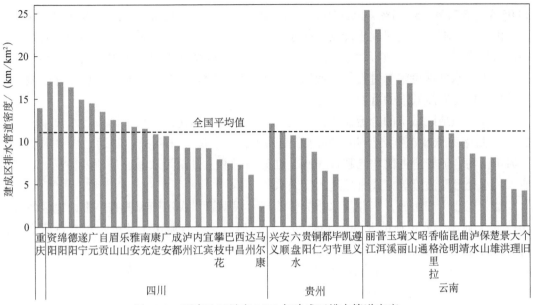

图 13-2 西南地区城市 2020 年建成区排水管道密度

资料来源：中华人民共和国住房和城乡建设部，2021

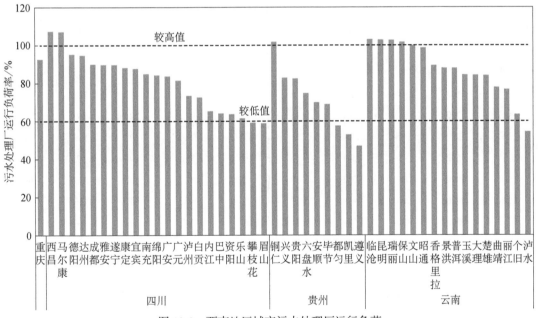

图 13-3 西南地区城市污水处理厂运行负荷

资料来源：中华人民共和国住房和城乡建设部，2021

市又大多都是雨污合流制排水，雨季时大量雨水进入合流制管网中，水质波动较大，导致处理效能下降，例如，西昌、马尔康、铜仁、临沧、瑞丽、保山等城市由于外水入渗导致污水中污染物浓度降低，污水处理厂进水 BOD 浓度小于 100 mg/L。

由图 13-3 还可以看出，还有部分城市存在污水处理厂运行负荷过低导致处理效能低的问题，攀枝花、眉山、都匀、泸水、凯里和遵义的污水处理厂运行负荷分别为

59.05%、58.77%、57.51%、54.37%、52.87%和46.86%，未能满足不低于60%的要求。究其原因，一是城市厂网建设不配套，排水管网覆盖率低，加上管道老旧、漏损等问题导致污水收集率偏低；二是城市污水处理厂设计规模和实际情况不符，出现"大马拉小车"问题。另外污水处理设施未进行提标改造，管理制度不健全、维护不到位，也是许多城市污水处理厂处理效能低下的重要原因之一。

另外，该地区城市的合流制管网比例高，分流制管网建设落后，雨季污水收集较难。2020年黔南布依族苗族自治州（简称黔南州）都匀、凉山州西昌、昭通、六盘水和乐山等城市雨污合流管道占比均已超过50%，在暴雨时期大量雨污水易通过地表径流、管网溢流、污水处理厂溢流等方式直接进入受纳水体。

（2）工业生产粗放，工业废水排放负荷高。根据第二次污染源普查公报，地区各城市2017年工业源排放负荷情况如表13-2所示。可以看出，各城市工业废水排放负荷不容忽视，其中宜宾、资阳和重庆工业源COD排放分别占该城市总排放量的46%、44%和33%；自贡工业源氨氮排放占比为22%；泸州工业源TN排放占比为27%；资阳和昆明工业源TP排放占比分别为38%和31%。

表13-2　西南地区部分城市（自治州）2017年工业源污染物排放负荷量　（单位：t）

城市（自治州）	COD	氨氮	TN	TP	城市（自治州）	COD	氨氮	TN	TP
重庆	18300	766	2358	194	资阳	1762	65	145	17
成都	4300	200	900	62	阿坝州	222	5	17	1
自贡	722	79	139	5	凉山州	634	20	123	4
泸州	1163	94	1249	12	贵阳	716	44	123	7
绵阳	1770	57	201	18	六盘水	902	12	57	1
广元	365	8	34	4	遵义	1600	50	139	11
遂宁	1542	88	341	16	铜仁	781	19	39	5
内江	2039	86	201	18	昆明	2969	128	543	69
宜宾	9426	253	498	41	曲靖	1986	60	126	8
广安	3562	115	244	21	丽江	242	5	19	3
达州	3983	55	157	20	临沧	1220	86	147	15
雅安	663	24	66	27	楚雄州	997	27	77	11
巴中	514	12	29	4	红河州	1567	101	214	10

该地区城市工业源各污染物排放量占比前三的行业如表13-3所示，主要集中在农副食品加工业，化学原料和化学制品制造业，酒、饮料和精制茶制造业等行业。重庆及眉山泡菜、调味品加工废水盐度很高，现有废水处理工艺中未能有效除盐；自贡市存在长期向金鱼河排放含盐高温废水的情况；临沧、德宏傣族景颇族自治州（简称德宏州）和保山等8个城市（自治州）甘蔗制糖废水深度处理技术的使用率只有18%左右，部分企业TN、TP仍存在超标排放问题（许文等，2020）；遵义、宜宾和泸州酿酒行业发达，其废水COD和氮磷浓度高、pH低，处理效果差。由此可看出这些城市较显著的问题是食品行业

生产粗放，废水水质变化大，处理达标率低。

表 13-3　西南地区城市工业源各污染物排放量前三位行业　　　　（单位：%）

污染物	排放量前三位行业	排放量占比	污染物	排放量前三位行业	排放量占比
COD	农副食品加工业	27.08	TN	农副食品加工业	16.47
	化学原料和化学制品制造业	5.57		化学原料和化学制品制造业	33.99
	酒、饮料和精制茶制造业	17.25		水的生产和供应业	7.67
氨氮	农副食品加工业	18.97	TP	水的生产和供应业	7.67
	化学原料和化学制品制造业	25.81		农副食品加工业	25.44
	造纸和纸制品业	4.94		化学原料和化学制品制造业	23.10

　　重庆市大渡口区、德阳、六盘水等 12 个地区是西南地区老工业基地，沿江分布大中型工业企业较多，以化工、机械行业为主，其废水中特征有机污染物浓度高，且含有多种有毒有害物质，本身处理难度大，再加上园区内污水处理设施建设不完善，建成后也未正常运行，导致外排废水不能稳定达标，使得城市内水体污染负荷超载严重。

　　磷和磷化工产业是西南地区的特色和优势，这些"三磷"企业大多傍河而建，分布在城市内部及周边。磷矿在开采过程中产生大量的废渣和磷石膏库，防渗措施不到位，经过多年累积堆放，高浓度含磷废水长期进入地下水及地表水中；磷化工企业普遍存在雨污分流不彻底，初期雨水收集设施不完善的问题；含磷农药企业生产过程中产生大量有机磷和难降解有机物，回收处理不到位，冲释到地表水体中引起较大的环境风险；磷矿企业矿井废水易超标排放，雨水冲淋磷矿石会产生固体悬浮物和总磷浓度高的废水（赵玉婷等，2020；刘志学等，2020；吴琼慧等，2020）。这些"三磷"企业产生的废水进入城市水体中，造成城市水体总磷超标和富营养化现象。

　　2）面源问题解析

　　城市面源污染已成为地区城市水环境质量恶化的重要原因之一。2019 年昆明市面源污染中 COD 和总磷占全市排放总量的 16% 和 14%；内江市单次降雨 COD 污染负荷为34.6～73.7 t，而全年城市面源中 COD 污染负荷则达到城镇生活源的 20% 左右（王军霞等，2014）。西南地区全年降水量 1051 mm，高于全国平均年降水量 908.6 mm，且季节性分配不均匀（图 13-4）。从监测数据来看，该地区在 1～4 月降水量较少，低于全国平均值，随着 4 月降水量增大，城市水体断面优Ⅲ类比例大幅度下降，这主要是因为在雨季来临之前，地表累积了大量污染物，初雨径流冲刷地表沉积物进入水体，其浓度远超于地表水Ⅴ类标准，导致城市水体水质下降，又因该地区城市以山地、丘陵地形为主，道路坡度陡，地面径流系数大，污染物被冲刷的速度加快（王倩等，2015）。例如，典型山地城市重庆 5 月道路降雨径流中 TSS 和 COD 浓度为 710 mg/L 和 442 mg/L（何强等，2014），5 月以后城市降水量持续增大，在大量雨水持续冲刷下，地表径流中污染物浓度下降，城市水环境质量上升。由此可见，降雨径流带来的污染是造成城市雨季水体水质下降的重要原因。

　　同时，需要重视雨季工业园区的面源污染问题。例如，贵阳市工业园区磷矿企业的原料露天堆放未实现完全棚化，磷矿石在传输、粉碎、筛选等过程中有较多的物料散落并堆

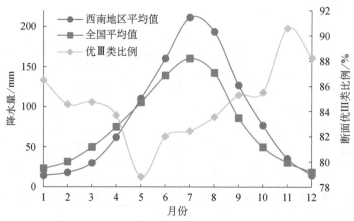

图 13-4　西南地区城市 2019 年月平均降水量及断面优Ⅲ类比例变化情况

积，未开展生态修复的废石堆场在雨季形成挟带大量污染物的地表径流，大量矿粉泥浆随进出车辆沾染后扩散，导致贵阳市洋水河磷矿企业面源和堆场面源占面源总磷入河的 85% 左右（吴琼慧等，2020）。

3）城市水体内源解析

城市水体水质较差的原因除了外源污染负荷输入，还存在内源污染的问题，如长时间未实施清淤，水体底部沉积物在春夏季节温度回升之际，会发生内源污染释放。内源污染物的主要来源如下：一是上游生活源悬浮物等顺流而下沉积在河段中；二是水生植物和藻类生物量枯萎死亡后的残渣等也会沉积在河湖中；三是湖库附近居民未经批准擅自筑坝，进行非法渔业养殖，将库水拦截形成封闭的"死水"，每年向库内投放化肥及人畜粪便进行养殖，大量剩余饵料和鱼类排泄物沉降于湖库底部。

2. 水生态问题解析

西南地区城市水生态问题从以下方面进行解析。

1）河湖、湿地面积减少

城市化过程中对土地的需求持续增加，城市建设用地不断扩张，不同程度侵占了河湖和湿地面积。例如，近十五年间滇中城市群城乡建设用地面积提升了 26.23%，而河、湖和湿地面积分别减少了 1.92%、1.79% 和 9.81%（吕东蓬，2019）。

2）水利工程下泄生态流量不足

西南地区水能开发力度大，大部分水利水电项目均阻断了河道之间水力联系，导致部分河段水生态受损，且未建立完善的水资源调度方案。西南地区水库大多是 20 世纪六七十年代兴建，因建设之初对生态环境保护重要性认识不足，大部分水库均未考虑生态下泄设施，导致在枯水期和检修期间，并无落实下泄流量的工程措施和管理措施，造成河流存在减脱水河段，对下游城市河流流量造成一定影响。宜宾市和资阳市因上游水力落差大，水电开发幅度大，造成城市水生态问题较为严重；三峡库区蓄水后，重庆市部分自然河流变为类湖泊型水体，平均水速由 2.68 m/s 下降至 0.38 m/s，流速缓慢加上氮磷浓度高使蓝绿藻在夏秋季成为优势种类（杨浩等，2012）。

3）多种原因导致湖库富营养化

伴随城市人口快速增长、工业的发展和生活水平的提高，城市居民生活、工业以及其他城市用水需求逐年增加，导致城市生活点源、工业点源污染负荷持续增加，大量污废水排入城市水体中，再加上水体周边建设用地不断扩张、河道硬化渠化和矿产资源开发等人类活动加剧了水土流失，破坏了河湖底栖动物群落结构，水体净化能力下降，导致城市河湖富营养化风险大（刘勇等，2015）。以滇池为例，尽管近些年来滇池水质有所好转，但每年蓝藻水华仍会暴发，滇池地区磷矿富集，其水体磷本底值高于一般湖泊，入河污染负荷又不断增加，更加剧了富营养化水平。

4）外来物种入侵

水体中外来物种的入侵会影响片区水体水质、水生态食物网结构。其中，外来水生植物不仅易堵塞城市河道，还会因其生长迅速、单一成片的特点造成水体富营养化；外来鱼类则易降低水生生物多样性。例如，滇池在引入凤眼蓝后，原有的 16 种主要水生植物相继消亡，水生动物从 68 种降到 30 种，其中鱼类减少了 10 种（杨成，2020）；喜旱莲子草曾入侵成都市水源保护地云桥湿地，不断挤压本地水生植物生长空间，致使当地常见水生植物菱叶凤仙花数量急剧减少。

3. 水资源问题解析

西南地区城市水资源问题可从以下方面进行解析。

1）人均水资源量不足

西南地区水资源比较丰富，水资源总量仅低于东南和南部地区，占全国地级市水资源总量的 13.8%。但时空和地域分配非常不均匀，根据 2019 年各城市（自治州）水资源公报中数据显示，如图 13-5 所示，重庆、达州等 14 个城市人均水资源量均低于 1700 m³ 的缺水警戒线，成都、内江等 9 个城市属重度缺水型城市，自贡市、遂宁市已处于极度缺水的状态。

2）水资源浪费严重

西南地区城市供水管道漏损率如图 13-6 所示，该地区城市供水管道漏损率为 13.46%，高于全国平均值 13.39%，2020 年地区内城市公共供水漏损水量共 7.82 亿 m³，占全国地级及以上城市漏损水量的 9.96%。其中，康定、广元、六盘水等 37 个城市未达到《国家节水型城市考核标准》中规定的 10% 的要求。

地区城市产业结构不合理，化学原料和化学制品制造业、煤炭开采和洗选业及非金属矿采选业等高耗水行业众多，工业用水量大，导致城市工业用水浪费严重。统计 2019 年各城市（自治州）水资源公报中万元工业产值用水量的数据，如图 13-7 所示，18 个城市的万元工业产值用水量超过全国平均水平，其中贵州省和云南省高于全国均值的城市数量占 76.5%，尤其黔东南州和安顺市的万元工业产值用水量高达 97 m³ 和 95 m³。

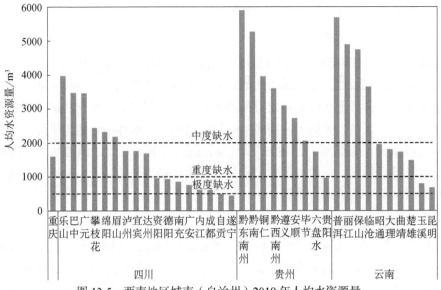

图 13-5 西南地区城市（自治州）2019 年人均水资源量

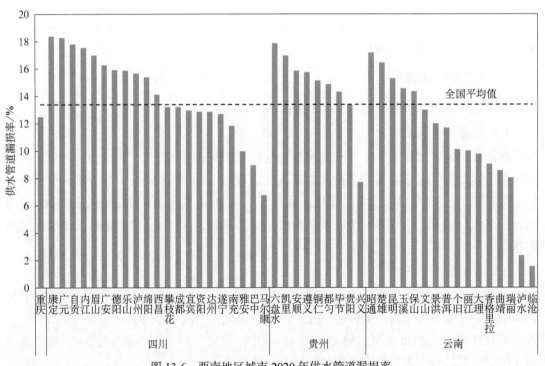

图 13-6 西南地区城市 2020 年供水管道漏损率

资料来源：中华人民共和国住房和城乡建设部，2021

3）再生水利用率低

地区内不少城市缺水状况严重，有效利用再生水能实现水生态的良性循环，减轻水资源供给压力，西南地区城市 2020 年再生水利用情况如图 13-8 所示。可以看出，地区 16 个城市再生水利用率远低于全国 24.3% 的平均水平；从城市缺水程度来看，自贡属于极度

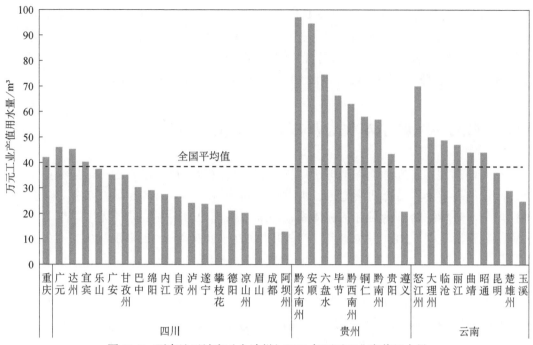

图 13-7　西南地区城市（自治州）2019 年万元工业产值用水量

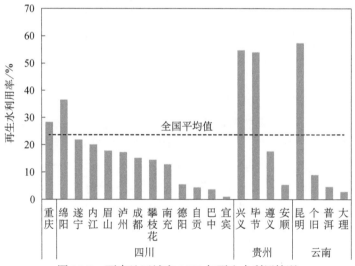

图 13-8　西南地区城市 2020 年再生水利用情况

资料来源：中华人民共和国住房和城乡建设部，2021

缺水状态，但再生水利用率却只有 4.32%；德阳、南充和成都属于重度缺水城市，再生水利用率也仅为 5.45%、12.79% 和 15.01%，这与《关于推进污水资源化利用的指导意见》中到 2025 年缺水城市再生水利用率达到 25% 以上的目标仍有不小的差距。

4. 水安全问题解析

集中式饮用水水源地在环境整治、风险管理等方面仍存在一些问题，水源地水质受到周边"三磷"污染、重金属污染以及上游水质影响,水质存在恶化风险;地区城市部分水源保护区尚有违法违章建设项目,且应急备用水源建设滞后,现有应急备用水源多为水源地间的相互备用;地区水源地监督管理长效机制尚未健全,对饮用水水源地的监管与信息化滞后,导致应急监测能力不足,无法第一时间采取保护水源地的措施。

13.3 西南地区城市水生态环境综合整治目标确定

基于西南地区城市水环境问题的现状和解析,在贯彻国家有关城市水环境法律法规、政策的基础上,结合西南地区省市发展规划等内容,采用第 6 章的方法,构建西南地区城市水环境综合整治目标指标体系,并采用系统动力学方法进行优化。西南地区水环境综合整治近期(2021~2025 年)、中期(2026~2030 年)和远期(2031~2035 年)的目标如下。

2021~2025 年,坚持"以水定城、以水定地、以水定人、以水定产"和"节水优先、空间均衡、系统治理、两手发力"治水思路,保障城市水安全,提升城市水环境质量。西南地区城市在该阶段以削减污染物负荷量为核心,重点控制超标严重的氮、磷排放;实现对生活污水的全收集全处理;做好工业、市政、生活节水,减轻水资源压力;积极加强海绵措施、径流污染控制设施的建设来减轻城市面源污染负荷。实现受城市影响控制断面优良(达到或优于 III 类)比例为 90%以上,城市水体劣 V 类和黑臭水体比例为 0%,城区再生水利用率提升到 20%~25%,万元工业产值用水量下降到 32~38 m^3,建成区海绵城市建设占比达 40%,城市河湖生态流量保障率达 85%以上,水生生物完整性达到"中等"水平。

2026~2030 年,提升城市水资源合理利用程度。在前一阶段西南地区城市水环境水质得到基本保障的情况下,全面推进海绵城市建设,提升再生水利用率,全面推进工业清洁生产,加快产业转型升级步伐,丰富城市水体及周边区域的生物多样性,形成天然的水体净化系统。实现受城市影响控制断面优良(达到或优于 III 类)比例达到 95%以上,城区再生水利用率提升到 30%以上,万元工业产值用水量下降到 27~33 m^3,建成区海绵城市建设占比达 50%,城市河湖生态流量保障率达 90%以上,水生生物完整性达到"良好"水平。

2031~2035 年,全面恢复城市水生态。在前一阶段城市水环境生态质量和水生态功能得到改善与恢复的基础上,进一步改善河流和湖泊生态环境,全面恢复水生态系统的结构完整性和功能稳定性,提升城市水环境在城市景观、经济、文化中画龙点睛的作用,打造生态宜居城市。实现受城市影响控制断面优良(达到或优于 III 类)比例达到 99%以上,城区再生水利用率提升到 40%以上,万元工业产值用水量下降到 22~31 m^3,建成区海绵城市建设占比达 60%,城市河湖生态流量保障率达 95%以上,水生生物完整性稳定达到"优秀"水平。

为了实现上述三个阶段西南地区城市水环境治理目标(表 13-4),需要分别制定西南地区城市水环境质量提升方案、水生态恢复方案、水资源保护方案和水安全保障方案。

表 13-4　西南地区城市水生态环境综合整治目标

类别	指标	2025 年目标	2030 年目标	2035 年目标
水环境质量	受城市影响控制断面优良（达到或优于Ⅲ类）比例/%	90 以上	95 以上	99 以上
	城市水体劣Ⅴ类和黑臭水体比例/%	0	0	0
水资源	城区再生水利用率/%	20～25	30 以上	40 以上
	建成区海绵城市建设占比/%	40	50	60
	万元工业产值用水量/m³	32～38	27～33	22～31
	城市河湖生态流量保障率/%	85 以上	90 以上	95 以上
水生态	水生生物完整性	中等	良好	优秀

13.4　西南地区城市水环境质量提升方案

对于西南地区内某一城市或城市某一区域进行水环境综合整治时，需要按照第 5 章中的方法确定水环境主控污染指标；参照 7.3.1 节中的方法重点针对主控污染指标对治理的水体进行水环境容量计算，并对超出水环境容量的污染物通过 7.3.2 节中的城市水环境污染负荷分配方法，考虑具体城市区域的实际情况，确定污染负荷削减方案，具体方法可参照 7.4 节中案例。本节针对西南地区内城市的水生态环境特征，从生活点源、工业点源及城市面源三个方面提出城市水环境质量提升方案。

13.4.1　生活点源污染控制方案

由 13.2.2 节可知，西南地区城市生活源是第一大污染源，生活源的治理目前需要解决污水收集率低和污水处理效能低的问题。为此给出如下生活点源污染控制方案。

1. 强化排水管网排放许可管理

为了保障城镇排水与污水处理设施安全运行，需强化城镇污水排入排水管网许可管理。各控制单元城镇排水主管部门需对辖区内从事工业、建筑、餐饮、医疗等活动的企事业单位、个体商户等排水户开展普查，重点摸清排水口设置位置坐标、水质、水量等相关信息，城镇排水设施覆盖范围内的排水户应当按照国家有关规定，将污水排入城镇排水设施；实施分类管理，制定不能集中纳管的城镇居民散户生活污水治理计划，并负责实施；监管城镇生活污水排水户及居民散户连接管、治理设施维护管理工作。

对于符合《城镇污水排入排水管网许可管理办法》（简称《办法》）中排水许可证申领核发条件的既有排水户，应及时完成证书补办；对于不符合《办法》中排水许可证申领核发条件的既有排水户，要依法给予关停，督促整改；对于新增排水户，须严格按照《办法》要求，依法办理排水许可并加强日常监管，规范排水行为。

2. 提高污水管网收集效率

全面提高城镇污水收集管网体系的收集效率，强化控源减排，完善城市污管网收集系统，控制溢流污染；加强老旧排水管网、节点和泵站的更新改造，定期对排水管网系统进行清淤维护，新城区加快管道建设；具备清污分流实施条件的试点区域开展片区雨污分流改造；实施管网留白区的系统改造，全部截流至污水处理厂，推进城市建成区到2025年生活污水集中收集率力争达到70%以上。

1）排查管网建设情况

全面开展建成区污水收集和处理现状排查，启动城镇生活污水次级支管的查漏补缺建设工作，检查雨污分流、污水接管情况和污水去处，摸清断头管、干支管、新旧管及排污口接驳不到位等情况。依托地理信息系统等建立周期性检测评估制度。

2）管网系统升级改造

加快现有排水系统改造，努力建成由"用户—支管—干管—污水处理厂"组成的路径完整、接驳顺畅、运转高效的污水收集系统。优先推动城中村、老旧城区、建制镇和城乡接合部的污水截流、纳管，对雨污混接、错接的管道，按照雨污分流原则进行整改；对于倒坡、破损、下沉、堵塞、无法疏通的管道，以及破损渗漏的检查井，要进行修复或翻建；难以进行改造的，应采取截流、调蓄和治理等措施。特别要做好沿河、沿湖截污管道及检查井、阀门与管道接头处的缺陷修复，实现污水管网系统连通成网，排水畅通，污水应收尽收。

针对管网密度远低于全国水平的城市，如攀枝花市、遵义市和大理州等，全面加快管网建设，提高污水收集处理水平和服务范围；针对雨污合流管道比例较高的城市，如黔南州都匀、凉山州西昌、昭通、六盘水和乐山等，新建处理设施和管网时充分考虑雨污分流原则，进行设计建设。

3）加强管网养护工作

西南地区管网建设较为缓慢，管道老旧、破损的情况较多，需加强城镇排水与污水收集管网的日常养护工作，并根据不同城区、不同管径的维护要求，网格化划分养护片区，制定污水管网年度养护计划。

3. 污水处理厂提质增效

针对地区存在污水处理设施超负荷运行，不能满足区域发展要求的情况，如凉山州西昌（107.30%）、阿坝州马尔康（107.05%）和临沧（103.01%）等7个城市污水处理厂运行负荷高于100%，可在现有污水处理能力基础上新建、扩建污水处理厂，配套建设一级强化处理设施，补齐污水处理设施短板，提升污水处理能力。针对污水处理厂运行负荷较低的城市，如攀枝花、眉山、都匀、泸水、凯里和遵义的污水处理厂运行负荷低于60%，应提高污水收集率。

对于眉山等城市的小型污水处理设施存在运行维护困难、运行成本高等问题，应积极探索、推行"政府购买+第三方负责运营服务"模式和机制，新建的污水处理厂设计上因地制宜，综合考虑，将技术选择与处理效果和成本匹配起来。

针对城市水体主控污染指标，通过有针对性地对现有污水处理厂进行技术升级改造或新建污水处理厂工艺选择，提高污水处理工艺对特定超标污染物的去除效能。另外，污水处理厂应在提高污染物去除效率、削减污染物排放量的同时，减少吨水处理能耗和化学药品等使用量，积极为"碳减排"和"碳中和"做出应有的贡献。

根据本书第 8 章适用技术甄选方法，依据西南地区城市生活点源污染特征及存在问题，筛选出以下适用于西南地区城市生活源污染控制的推荐技术，如表 13-5 所示。

表 13-5　西南地区城市生活点源污染控制推荐技术清单

技术名称	关键词
管网改造优化技术系列	
合流制管网改造策略与方法	管网规划设计、合流制改造、多目标优化
城市污水管网运行管理评估体系及检漏维护技术	自动检测、渗漏、缺陷检测与分类
截流式合流制排水系统溢流污染控制集成技术	管网规划设计、合流制溢流、调蓄、模型模拟、暴雨径流管理模型
分散污水负压收集技术	排水技术、污水收集、农村污水、生活污水、真空排水
老城区滨河带适宜性真空截污技术	排水技术、市政污水、真空截污、真空排水
基于排水模型的城镇排水系统内涝管控关键技术	优化控制、排水模型、内涝管控
山地城市排水管道结构性安全综合监控与预警系统	安全控制、管道结构性安全、远程控制

13.4.2　工业点源污染控制方案

由 13.2.2 节可知，西南地区工业发展主要依靠资源依赖型产业，导致"三磷"、重金属污染较为严重，不同城市的重点行业如酿酒、煤矿等产生的废水处理问题也需要引起重视，为解决上述问题制定出如下工业点源污染控制方案。

1. 推动清洁生产，加强工业园区的建设

1）推动工业企业清洁生产

对园区内的企业实现清洁生产许可，改造提升传统产业，全面实施园区内现有产业的能效提升、清洁生产、节水治污、循环利用等措施，有效控制企业水污染物排放。强化涉重金属企业强制性清洁生产审核工作和全部安装自动在线监控装置，建立重金属污染防治动态管理数据库，开展重金属企业场地环境调查工作。

督促城市中的"双有""双超"企业开展强制性清洁生产审核并实施清洁生产达标行动。

2）完善工业园区建设与管控

推进西南地区城市中的所有工业企业入园，加强工业企业排污许可管理，新建园区必须配套建设污染集中处理设施，保证产生的工业废水在园区内先进行集中收集处理，并配套铺设雨水和污水管道；加快推进工业园区水循环利用改造建设工程，鼓励企业对尾水的使用，提高尾水回收率。地区需重点关注重庆、眉山、临沧、保山等城市的农副食品加工企业，遵义、宜宾和泸州等城市的酿酒企业，贵阳、昆明、绵阳等城市的"三磷"企业，以及重庆市大渡口区、德阳、六盘水等老工业基地城市化工企业的工业园区建设。

除此之外，需加强工业园区日常管控，加强建成污水收集处理设施的运行、维护和管理力度，充分发挥工业园区污水处理设施效能，确保工业企业污水零直排，降低环境污染

风险。

2. 解决"三磷"工业污染问题

1）矿山综合治理

在提高磷矿企业矿井水的出水水质方面，通过污染物核算，采用矿井水处理系统提标改造工程，实施在线监测和提高设备精细化管理等措施，提高矿井水处理能力，实现出水稳定达标。

2）磷化工治理

对于磷化工企业治理，首先要排查工业场地面源污染，在物料存放、输送、产品蒸发、废气处理、磷石膏堆放环节查实污染物来源、污染物管理情况、污染物收集治理情况等，全面排查污水管网、雨水管网、污水处理设施的运行情况，摸清问题；其次，积极推进清洁生产工作，明确产污环节，采用先进工艺提高磷矿品味，从源头控制能源的使用量和污染的排放量，减少磷化工产品各生产环节污染物的产生，对废水、废渣等进行回收利用，从"原料、工艺、过程控制、设备、员工、产品、废弃物"等多个方面进行日常环境监控，提升企业清洁生产水平。

3）磷石膏风险控制

为了降低磷石膏堆场可能出现的环境风险，避免坍塌、渗漏等事故发生对水环境的影响，需加强风险管控，进行风险控制工程部署，构建完善的监测预警和应急体系。

3. 加快资源依赖型产业转型升级步伐

推进实施产业转型攻坚行动，淘汰高污染高耗能矿产资源采选冶企业，积极培育接续替代产业，实现工业产业向"多点支撑"转变，优化调整产业结构，推动经济转型升级推动生态文明建设。

根据本书第 8 章适用技术甄选方法，依据西南地区城市工业点源污染特征及存在问题筛选出以下适用于西南地区城市工业源污染控制的推荐技术，具体如表 13-6 所示。

表 13-6　城市工业点源污染控制推荐技术清单

技术名称	关键词
基于纳米陶瓷无机膜过滤电絮凝的酸性废水处理技术	电絮凝、纳米导电陶瓷膜、酸性废水
残留抗生素深度脱除技术	抗生素、臭氧催化氧化、深度脱除
基于"蒸汽机械再压缩技术（MVR）-多效蒸发-燃烧"碱回收处理技术	化机浆、废水、碱回收、MVR、蒸发
酸性高砷废水还原-共沉淀协同除砷技术	酸性、高砷、共沉淀、协同除砷
重金属废水电化学处理技术	锌冶炼、电絮凝、重金属
基于电絮凝强化除油的电脱盐废水预处理技术	电絮凝、除油、电脱盐、预处理
两段厌氧+硫化物化学吸收+生物脱氮与泥炭吸附协同技术	厌氧、硫化物化学吸收、脱氮、泥炭吸附
自絮凝法印染废水预处理技术	电中和、絮凝、预处理
载体复配序批式间歇反应器（SBR）强化生物脱氮技术	好氧颗粒污泥、SBR、接种污泥、味精废水、反硝化除磷
水解酸化+改良升流式厌氧污泥床（UASB）技术	改良内循环 UASB、玉米酒精废水、颗粒污泥、水解酸化、连续脉冲进水

13.4.3 城市面源污染控制方案

由 13.2.2 节可知，西南地区城市旱季和雨季降水量差异明显，夏季降水量大，且由于地势落差大等原因造成降雨径流对地表冲刷强烈，地表径流所挟带污染物浓度高，在给城市污水处理厂带来较大压力的同时，也容易造成雨季水体中污染物浓度过高。为解决地表径流污染和管网溢流污染问题，制定出如下城市面源污染控制方案。

1. 城市面源污染源头控制

对面源污染物源头进行分散控制，在各污染源发生地采取措施将污染物截流下来，避免污染物在降雨径流的输送过程中进行溶解和扩散。城市河流周边地区绿地、道路、岸坡等不同源头的降雨径流可通过下凹式绿地、透水铺装、缓冲带、生态护岸等加以控制，降低水流的流动速度，延长水流时间，对降雨径流进行拦截、消纳、渗透，降低后续处理系统的污染负荷并减少负荷波动，对入河的面源污染负荷起到一定的削减作用。在选用技术措施时，可依据当地的实际情况，单独使用或几种技术配合使用。

针对工业园区道路面源污染，应建立流域运输道路车辆环境管理制度，严格落实运输环节环境保护操作规程；加强对运输车辆的清洁管理，进出车辆冲洗、运输过程封闭并加强路面清洁，对河流沿线运矿道路路面硬化，在道路临河一侧设置缓冲绿化带；加强末端收集和处理，完善运矿路段的围挡和集水沟设置，将路面初期雨水通过道路两侧的排水管沟统一收集至污水处理设施进行处理。

全面推广海绵型建筑与小区、道路与广场、公园绿地、水系保护与修复、地下管网和调蓄设施等工程建设。有序实施旧城海绵型改造，在城市旧城区内，因地制宜采取微地形处理、屋顶绿化、透水铺装、柔性防水基础、雨水调蓄与收集利用等措施，推进区域整体治理，提高雨水积存和蓄滞能力。

2. 城市面源污染过程控制

面源污染迁移过程控制可通过减少雨水径流污染物的输送和扩散，减少污染物排入地下或地表的数量。

1）雨水口污染控制

禁止向雨水口内倾倒垃圾和污水。在雨水冲刷前从地表上清除积聚在不透水地表上的污染物，包括街道垃圾清运和树叶清扫等。对已被径流冲走的污染物，可在下水道中用沉积法清除，也可以在不透水区布设一些透水带，阻滞和吸附不透水地表所产生的污染物。

2）雨污分流排放

加快雨污分流管道的建设与改造，城镇新区必须全部规划、建设雨污分流管网，实现完全的雨污分流排水体制，老城区逐步替换合流制管网，实现污水全部接入截污管线，雨水通过雨水管线流入河道。雨污分流制排水系统需周期性开展错接混接漏接、易造成城市内涝问题管网的检查和改造，推进管网病害诊断与修复，强化污水收集管网外来水入渗入流、倒灌排查治理。雨污分流一方面通过减少溢流污染降低城市污水处理厂的处理负荷；

另一方面可以对雨水进行收集利用和集中管理排放，实现资源利用与环境保护的有机统一。另外需实施防洪滞蓄和截洪工程，有效控制山洪水对城市排水系统的冲击，增强对雨季合流污水和城市面源的处理能力。

3. 城市面源污染末端治理

将地表径流最终排入具有降解污染物功能的区域，如缓冲带、湿地等，将这些处理场所作为地表径流的受纳水体。

1）构建滨水缓冲带

滨水缓冲带作为水域与陆域的过渡带，拥有巨大的截污空间，同时也可以作为城市中重要的景观区域。可在岸边建立一些堤岸缓坡，在从河岸延伸至内陆的较长一段空间内，进行大量的设施建设，使其组成部分与使用功能多样化。

2）塘-湿地净化

建设运行能耗低、管理方便的人工湿地，利用其数量庞大和物种丰富的植物有效降解水体中的污染物，湿地还可以作为景观水体，充分利用日益紧缺的城市空间。建立生态塘-人工湿地组合系统，强化对水体中污染物的去除效果。

根据本书第8章适用技术甄选方法，依据西南地区城市面源污染特征及存在问题，筛选出以下适用于西南地区城市面源污染控制的推荐技术，具体如表13-7所示。

表 13-7　西南地区城市面源污染控制推荐技术清单

技术名称	关键词
山地城市面源污染负荷模型预测技术	水质模型、模拟、水质模型、产汇流模型、径流污染
现场监测与系统模拟相结合的调蓄系统效能评估技术	合流制溢流、截流倍数、模型、雨水调蓄
组合式多介质渗滤净化树池技术	净化树池、植物、生物滞留、填料
山地城市地表径流源区生物促渗减流技术	透水系数、地表径流、渗透、生物滞留
合流制溢流污水末端综合处理技术	合流制溢流、末端处理、溢流污染
基于降雨特征的初期雨水调蓄池设计技术	溢流污染、优化设计、调蓄池、雨水收集
初期雨水面源污染水力旋流-快速过滤技术	初期雨水、快速过滤、分离效率、面源污染、旋流分离
城市面源污染净化与生态修复耦合技术	雨水处理、污染物去除、多塘系统、缓冲带

13.5　西南地区城市水生态恢复方案

由13.2.2节可知，西南地区城市水生态恢复还存在如下问题：西南地区水电站的大量开发，导致下游河流生态流量不足，水体自净能力较差，水生植被退化严重；存在生态缓冲带被侵占现象。目前地区城市水生态恢复的重点是提高水环境的生态自净承载力，保证原有河道排污、泄洪等功能的同时实现河水水质的净化，为解决上述问题制定出如下城市水生态恢复方案。

13.5.1　加强河湖滨带建设

处理好田湖矛盾，实施退田还湖还林还草计划。全面清理河流两岸垃圾及污泥堆存点，恢复与重建河湖滨带植被，并综合考虑湖滨带类型、要实现的生态功能、生态修复目标等，因地制宜地在水陆生态系统过渡带建设具有一定水土涵养和径流过滤功能的林带、草地等；建设生态护坡护岸，强化河湖自然岸线修复与恢复，修复营造鱼类及其他水生动物栖息地；加强河湖滨带生态监控系统的建设。

严格限制占填河道等改变湿地生态功能的开发建设活动，综合运用生态系统修复和综合治理等手段加强退化湿地的恢复，促进湿地生态功能改善。在重要排污口下游、支流入干流处、河流入湖（海）口等流域关键节点，因地制宜建设人工湿地水质净化工程，稳定和扩大湿地面积，恢复和提升生态功能。在设计建设中，注重选择本土植物，避免外来物种入侵。同时加强城市及重要节点滨河景观带建设，推进绿色生态走廊建设。

13.5.2　保护水生生物多样性

开展水生态本底情况调研，就流域内的鱼类、浮游动物、浮游植物、底栖动物等进行详细摸底，分析水生生物类型、群落结构、生境特征等，建立水生生物信息台账，同时依法严格外来物种引入管理，加强重大危害入侵物种治理，维持整个河流及河岸的生态系统稳定性。对生物多样性建设有特殊重要性的区域进行充分保护，协同加强对湿地生态系统等生物生境的保护。

根据第 8 章技术甄选方法，从水专项城市受损水体修复技术系统长清单（水体监测与评估技术、污染负荷控制技术、水体水质提升技术和水体生态功能恢复技术）中筛选出以下适用于西南地区城市水体修复的推荐技术，如表 13-8 所示。

表 13-8　西南区城市区域水体修复推荐技术清单

技术名称	关键词
城区河道水质净化与生态修复集成技术	城区河道、多元生态、充氧造流、底泥控制、生物操纵
城市河湖水系水质保障与修复技术	城市河湖水系、水质保障、人工湿地、优化调度、植物修复
污水厂尾水轻质填料人工湿地-多效能滤池深度处理技术	人工湿地、生物滤池、生物膜、尾水补水
基于生态修复和河道基质调控的城市景观水体水质改善与功能维护技术	城市河道、底泥疏浚、基质调控、植物建群
城市缓流水体生境修复与生态景观建设技术及应用	缓流水体、生态浮岛、微孔曝气、生态基填料、水生植物
河流水质长效保持技术	河流水质、生态滤床、曝气复氧、植物修复
滞留区人工复氧及水动力改善技术	城市河道、滞留区、喷泉复氧、水动力

13.6　西南地区城市水资源保护方案

由 13.2.1 节可知，地区部分城市存在人均水资源量不足、再生水利用率低、水资源浪费等问题，导致城市水资源较为紧张。为解决上述问题，从城市量水发展，节水，再生水回用和生态基流恢复与保障三个角度制定出城市水资源保护方案。

13.6.1 以水定城，量水发展

西南地区各个城市应基于水资源承载能力和水生态环境容量为基础，优化城市空间布局、人口规模和产业结构。坚持"以水定城、以水定地、以水定人、以水定产"的原则，把水资源作为刚性约束条件，坚持节水优先，强化用水总量、用水定额、用水效率控制。地区城市应注重合理分配水资源，控制水资源消耗总量，特别是成都、自贡、德阳、遂宁、内江、南充、广安、资阳、贵阳、昆明、玉溪等极度缺水和重度缺水的城市，应当禁止或限制发展高耗水产业，禁止违背自然条件挖湖造景。同时对于昆明等水质性缺水的城市，加强水资源的保护，减少污染负荷的排放，改善地表水环境质量，可优先将达标排放水转化为可利用的水资源，就近回补城市内自然水体。

13.6.2 建设节水型城市

1. 生活节水方案

（1）推广使用节水型生活用水器具。公共供水管网的终端就是生活用水器具，生活用水器具在城市居民生活节水中十分重要。

（2）加快对住宅小区管网的建设、改造与维护管理，积极做好管网查漏、维护、维修工作，合理选择品质好的管材，逐步建立起小区分质供水网络。

（3）调整水价，利用价格杠杆促进节水。政府应根据有关规定，合理调整城市供水阶梯价格，鼓励居民使用节水型坐便器、淋浴器、水嘴等节水器具，结合世界水日、中国水周、全国城市节水宣传周等主题宣传活动，采取多种形式，广泛深入开展宣传工作，培养节约用水和废水回用的意识。

2. 市政节水方案

（1）积极采用城市供水管网的检漏和防渗技术，加快实施智能化改造、管网更新改造和管网分区计量等供水管网漏损治理工程，减少漏损和保障供水水质安全。

（2）公共设施采用节水器具与设备。对诸如自贡、遂宁等缺水城市园林绿化可推广选用节水耐旱型植被，采用喷灌、微灌等节水灌溉方式。

3. 工业节水方案

（1）制定完善的监管措施，加强对工业用水源头的监管，严格控制取水量较高的工业企业用水定额。对高耗水与高污染项目，督促加快节水技术应用，逐步淘汰高耗水设备与工艺。鼓励发展低用水需求、高用水效率的产业。

（2）鼓励工业用水重复利用率的提升。以有色金属、钢铁、造纸、纺织、印染、化工和食品制造等行业为重点，实施废水治理工程升级改造，建设污水处理和再生水利用设

施，开展企业用水审计、水效对标和节水改造，严格控制新增取水许可，实现到 2025 年规模以上工业用水重复利用率较 2020 年提升 5% 以上。对工业循环用水大户和涉磷企业进行全面排查，强化企业循环用水监管和总磷排放控制。

4. 再生水回用

1）完善再生水调配体系

地区城市可依据低洼地带，保障安全的前提下，因地制宜建设再生水调蓄库塘，结合城市再生水利用需求，形成合理的再生水调蓄能力。新建城区规划建设再生水管网，将再生水纳入城市供水体系中；工业园区、用水大户可与再生水生产设施运营单位合作建设再生水管网。合理选择重点领域和利用途径，实行按需定供、按用定质、按质管控。

2）扩大再生水使用范围

在地区城市主城区、环湖重点片区及产业园区，继续推进再生水配套工程，增加城市可利用水资源，将再生水用于工业生产、城市绿化、道路清扫、车辆冲洗、建筑施工及生态景观等领域。

从城市污水水质特点与性质以及不同行业用水要求出发，应用不同污水处理回用技术，满足工业发展要求，减少对地下水水源、湖泊及江河的取水量。

3）建立再生水利用保障制度

建立健全城市再生水利用制度与机制，创新研发再生水利用技术，加强城市再生水循环利用全过程水质水量监测，从政策上和技术上保障再生水的利用安全。

13.6.3 生态基流恢复与保障

优化水资源配置利用，保障主要水电站下泄生态流量。加强对流域范围水电站的管理工作，制定水电站蓄水、泄水方案，严格控制水电站蓄水、泄水水量，保持河道连通性，保障下游生态基流。结合已建水电站实际，为保证生态流量泄放，目前采用较多且简单可行的方案是采用冲沙闸下泄生态流量。建议水电站短期内开启拦河坝冲沙闸下泄生态流量，适时启动改造渠首坝、增设专门的生态泄流孔保障下泄生态流量。

进一步加强下泄流量监控，近期可使用水文站观测与河道现有视频监控，有条件时增设水电站生态泄流在线实时监测设施。建议对水电站下游的生态环境和生物多样性进行持续监测评估，并根据评估情况进一步完善生态流量泄放方案。

13.7 西南地区城市水安全保障方案

由 13.2.2 节可知，西南地区城市饮用水水源地存在附近企业废水排放和堆放的尾矿库泄露问题，对水源地构成威胁。为此，从监管、应急防控和尾矿库整治三个角度制定出城市水安全保障方案。

13.7.1　加强饮用水水源地的监管与整治

根据《集中式饮用水水源地规范化建设环境保护技术要求》（HJ 773—2015），强化水源保护区整治、水源监控能力等规范化建设。在二级保护区内禁止新建、扩建严重污染水源的项目，削减改建、技改项目和已有排污口的排污量，禁止网箱养殖。针对不达标的水库限期达标整治；通过沿岸截污治污、农业面源污染防治、生态修复等手段，提升饮用水源地水质，确保稳定达到地表水类别要求。

13.7.2　加强应急防控工程

在水源地周边区域，经风险评估认定的重点防控固定源单位，应储备必要的应急物资，完善污染物拦截、导流、收集和处置的应急工程设施，防止污染物排向外环境；经风险评估认定的重点防控道路和桥梁，应设置导流槽、应急池等，拦截和收集污染物，防止污染扩散；经风险评估认定的重点防控化学品运输码头、水上交通事故高发地段以及油气管线等，应储备救援打捞、油毡吸附、围油栏、临时围堰等应急物资，拦截和收集污染物，防止污染扩散。结合水源地基础状况调查，在连接水体的现有水利工程基础上，建设或提前规划拦污坝、节制闸、导流渠、分流沟、蓄污湿地、前置库等工程设施。在重点防控道路、桥梁和危化品运输码头的临近水域，建设围堰等防护设施。

针对供排水格局交错、风险源分布较为密集的区域，实施取水口优化工程；针对深水湖库型水源地，垂向布设多个取水口，预置改变取水层位的应急工程；针对水华风险较高的湖库型水源地，储备或预置曝气装置、藻类拦截等设施，以及水华期的控藻工程；针对沿岸具备傍河取水条件的地域，预置傍河地下水井及取水设施，实施改变取水方式的应急工程等；建设调水沟渠应急工程，通过调水稀释措施，降低污染物浓度。

13.7.3　开展尾矿库和渣场综合整治

根据尾矿和废渣属性，做好防渗漏、防扬散、防流失处理，提高选矿废水回水利用率和尾矿资源的综合利用率。坚持分类施策、防治并举、分步实施的总体思路，开展尾矿库污染防治专项整治。采取差异化措施解决尾矿库污染问题。控制增量、减少存量，严格新建尾矿库项目准入。防治尾矿库溃坝、泄露导致水库水质重金属超标。

将饮用水源地等敏感水体以及人口密集区作为重点，取缔淘汰一批有重大环境风险的磷化工企业；以实现达标排放和解决生态环境突出问题为核心，整治规范一批"三磷"企业，提高全行业环境管理水平；着力构建尾矿库污染防治体制机制，完善并落实已有尾矿库环境污染防治措施及突发环境事件应急预案。

13.8　西南地区城市水环境综合整治技术路线图

西南地区城市面临水环境污染重、水资源压力大和水生态退化等问题，需要在一段时间内持续开展综合整治，以实现城市水环境"水质优良，生态优美，流量充足"的目的。为指导 2021～2035 年西南地区城市水环境综合整治工作，在上述综合整治指导方案的基础上，本节细化制定了西南地区城市水环境综合整治分阶段路线图。近期阶段（2021～2025 年）的工作重点是深度减排，主要目标为实现水环境质量的进一步提升；中期阶段（2026～2030 年）发展重点为强化节水措施，主要目标为在水环境质量稳定良好的基础上实现水资源的合理利用；远期阶段（2031～2035 年）发展重点为生态恢复，主要目标为在水环境质量提升和水资源合理利用的基础上实现水生态的全面恢复。

13.8.1　近期阶段（2021～2025 年）

西南地区城市在近期阶段需将削减污染物排放负荷量作为改善城市水环境质量的重点，同时初步构建节水型城市。在生活点源减排方面，主要措施如下：①完善城市管网收集系统。阿坝州、遵义市和黔东南州等 26 个排水管网密度远远低于全国水平的城市（自治州），应加大排水管网建设力度，基本消除城市建成区生活污水直排口和收集处理设施空白区，排查并整改混接、乱接、错接的管网情况，解决围堰堵口、末端截污的粗放管理模式，定期对排水管网系统进行清淤和维护；地区城市的雨污合流管道比例较高，做好雨污分流，排查雨季溢流点，实行"一点一策"综合治理。②实施污水处理设施提标改造工程。凉山州、铜仁市、昆明市等 7 个城市（自治州）污水处理厂的运行负荷较高，无法满足地区污水处理需求，可依实际情况在现有污水处理能力基础上新建、扩建污水处理厂，强化脱氮除磷设施建设，补齐污水处理设施短板，扩大污水处理能力；对于攀枝花、眉山、遵义等 6 个污水处理厂运行负荷较低的城市，应加快管网建设，提高污水收集率，到 2025 年实现城市污水全收集、全处理；针对重庆、成都、昆明和贵阳等人口密集、污水排放量大的区域污水处理方式宜以集中处理方式为主，而玉溪、达州、普洱等人口少、相对分散的城市，可合理建设分布式、小型化污水处理设施。

工业点源治理措施如下：①完善工业园区的建设与管控。推进工业园区建设，实现全部工业企业入园，在工业园区内建设集中污水处理设施，并配套铺设雨水和污水管道；推动沿江化工企业搬迁改造，加强工业园区日常管控，确保工业企业污水零直排，降低环境污染风险。②不同行业废水应进行专项治理。重庆、眉山、临沧、保山等城市农副食品加工行业废水处理难度大，应根据不同食品加工业，选择对应的工艺处理高氮磷、高盐度废水；贵阳、昆明、绵阳等矿产资源丰富的城市，应开展尾矿库和渣场综合整治，完善磷石膏库防渗措施，收集并回用渗滤液，磷化工企业建设雨污分流管道，严防"跑冒滴漏"现象，加强磷矿企业应急建设，预留突发矿井涌水的污水处理能力；遵义、宜宾和泸州等城市酿酒废水多，应集中改建酿酒小作坊，加强废水深度处理。

面源污染控制措施如下：①针对各个城市的问题，采用源头削减、过程控制和末端处理相结合的方式削减面源污染。②地区城市应加快推进初期雨水的收集、处理和资源化利用，合理确定截流倍数，可通过建设调蓄池和截流干管来调控初期雨水。

通过上述点源治理和面源控制措施，实现到 2025 年，使受城市影响控制断面优良

（达到或优于Ⅲ类）比例达到90%以上，全面消除劣Ⅴ类断面和黑臭水体比例；万元工业产值用水量达到32～38 m³；城市建成区海绵城市建设占比达40%。

水生态修复方面，推进黑臭水体的综合治理，减轻入河湖污染负荷，加强滇池、洱海等重点湖库污染防治和生态修复，逐渐恢复城市河湖水生生境，到2025年地区城区实现水生生物完整性指数达到"中等"水平。

水资源保护方面，坚持以水定城、量水发展，初步构建成节水型社会，做好工业、市政、生活节水，增加再生水回用比例，加强水电站管理工作，保证下泄生态流量，尽可能恢复河流的纵向连续性。到2025年地区城区实现再生水利用率达到 20%～25%，城市河湖生态流量保障率达到85%以上。

饮用水水源地安全方面，加强饮用水水源地保护，对水质不达标或存在环境问题的饮用水水源地开展整治，全面排查整治集中式饮用水水源保护区内的排污口、违法建设项目、排污工业企业等环境问题，搬迁整改饮用水水源地周围有重大风险的尾矿库、工业企业；提升饮用水水源地水质监测和预警能力，开展集中式饮用水水源监测和环境状况调查评估，建立应急水源或备用水源。

13.8.2　中期阶段（2026～2030 年）

中期阶段重点是持续推进深度减排和水资源保护。

生活点源方面，全力提升生活污水集中收集率，加强污水处理厂运行监管能力。工业点源方面，进一步全面推进工业企业清洁生产，引导调整产业结构与工业布局，继续进行工业园区的污水减排工作。这一阶段是城市河湖水生态修复到恢复的过渡时期，应继续推进城市河湖生态缓冲带的修复，恢复河湖初级生产力，人工引导恢复河湖生物种群。

对于面源污染问题，可实施防洪滞蓄和截洪工程，积极加强海绵措施、径流污染控制设施的建设，全面推进建成区海绵城市的建设，有效控制山洪水对城市排水系统的冲击，增强对雨季合流污水和城市面源的处理能力。重庆作为国家第一批海绵设施建设试点城市之一，积累了实际的工程运行数据和海绵设施建设运行经验，为山地海绵设施建设的推广提供了数据支撑，可向其他城市推广。到2030年实现建成区海绵城市建设占比达50%，并力争该地区受城市影响控制断面优良（达到或优于Ⅲ类）比例达到95%以上。

水资源保护方面，地区各城市应基于水资源、水环境的承载能力，优化城市空间布局、人口规模和产业结构。①注重合理分配水资源。控制水资源消耗总量，新建城区要因地制宜提前规划布局再生水管网，特别是自贡、遂宁 2 个极度缺水城市以及成都、昆明、贵阳、玉溪、内江、广安、南充、德阳、资阳9个重度缺水城市；同时对于水质型缺水的城市，加强水资源的保护，减少污染负荷的排放，改善地表水环境质量。②全面建成节水型城市。生活上推广使用节水型生活用水器具，控制居民用水量，提高居民节水意识；市政上应提升再生水利用率，扩大非常规水资源的回用量和使用范围，特别注重遂宁等16个再生水利用率低的城市的节水建设；工业上加快企业节水技术应用，转型升级高污染、高耗水产业，提升工业用水重复利用率，降低万元工业产值用水量，特别是安顺市等 17 个高耗水行业发达的城市，根据行业特点使用不同行业节水标准，可在重庆、成都、贵阳和昆明等城市创建一批工业废水循环利用示范企业，带动整个地区城市工业企业提高用水效率。技术方面推荐水专项技术体系中的综合废水处理与回用技术、城镇污水再生处理与利用技术系列。根据以上措施，到 2030 年地区城市实现再生水利用率达到 30%以上，万元工业产值用水量下降到 27～33 m³，全面建成节水型社会。

13.8.3　远期阶段（2031～2035 年）

全面建成节水型城市，长效监管和维护已提升的城市水环境。

这一阶段应全面恢复城市水生态系统的结构和功能，改善河流和湖泊生态环境，重点区域水生生物多样性得到切实保护，水生生物完整性指数达到"优秀"水平，城市河湖生态流量保障率达到 95%以上。具体治理措施如下：①构建河湖滨岸缓冲带。全面清理河流两岸垃圾及污泥堆存点，恢复与重建河湖滨带植被，并综合考虑湖滨带类型、要实现的生态功能、生态修复目标等，因地制宜地在水陆生态系统过渡带建设具有一定水土涵养和径流过滤功能的林带、草地等。②加强水生生物多样性。开展水生生物多样性本底调查，对水生植物和动物种群进行合理规划布局，调整水生态系统中的优势物种，建设水生生物多样性观测、评估和预警体系，推进水生生物洄游通道和重要栖息地恢复工程，进一步遏制重点流域水生生物多样性下降速度。

另外，到 2035 年建成区海绵城市建设占比达 60%，建设能够适应气候变化趋势，具备抵抗雨洪灾害的韧性城市，提升城市水环境在城市景观、经济、文化中画龙点睛的作用，建设外围生态空间充足，主城区、新城邻域生态廊道完整，打造生态宜居城市。

在西南地区城市水环境污染问题解析的基础上，结合西南地区城市水生态环境目标以及治理对策，形成西南地区城市水环境综合整治分阶段技术路线图，如图 13-9 所示。

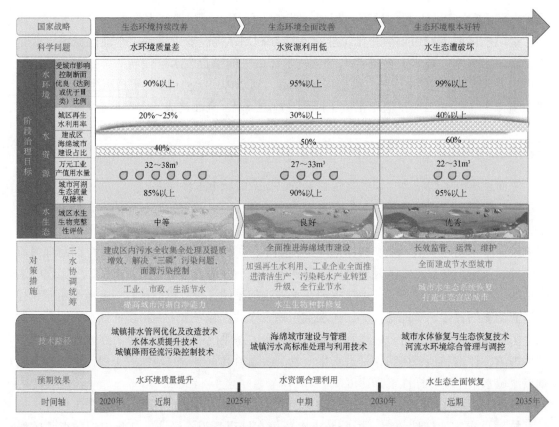

图 13-9　西南地区城市水环境分阶段综合整治技术路线图

第14章　西北地区城市水环境综合整治指导方案

本章介绍西北地区城市范围内近期（2021～2025年）、中期（2026～2030年）和远期（2031～2035年）阶段城市水环境综合整治指导方案框架，包括方案编制依据、西北地区城市水环境特征和问题解析、城市水环境综合整治目标确定、城市水环境质量提升方案、城市水生态恢复方案、城市水资源保护方案和城市水环境综合整治技术路线图，可为西北地区各城市水环境综合整治工作提供参考。

14.1　方案编制依据

在贯彻国家部委所发布的相关法律法规、条例、规划等相关文件的基础上，结合西北地区城市所发布的相关规划、方案、计划等文件编制城市水环境综合整治指导方案。主要包括第6章所列国家部委相关文件及东北西北地区所辖城市污染防治工作方案、生态环境保护规划、水污染防治相关计划、规划、方案等。

14.2　西北地区城市水环境特征和问题解析

采用第5章城市水环境特征分析及问题解析方法，从水环境质量、水生态、水资源三方面分析西北地区城市水环境特征，并进行问题解析。

14.2.1　城市水环境特征

1. 水环境质量特征

2017～2019年西北地区主要地表水体断面水质情况如表14-1所示。

由表14-1可知，2017年西北地区国控和省控断面共有435个，达到水质良好水平（Ⅰ～Ⅲ类）的断面有340个，占比78.2%；水质轻度污染（Ⅳ类）和重度污染（Ⅴ类）断面有65个，占比14.9%，水质劣Ⅴ类断面有31个，占比7.1%。到2019年，国控和省控断面中良好水质断面增长至356个，占比达80%。随着轻度和重度污染水质断面减少，该地区水环境质量得到显著改善。但是，地区流经城市的河流水质依然呈现出污染态势。2009～2017年黄河包头段支流总体呈重度污染，流经城区的昆都仑河、四道沙河、西河

表 14-1　西北地区主要地表水体水质情况　　　　　　　　（单位：个）

行政区	年份	监测断面数	优Ⅲ类	Ⅳ类	Ⅴ类	劣Ⅴ类	水环境特征
甘肃	2017	66	51	13	4	0	总体水质优良
	2018	68	65	2	1	0	蒲河、葫芦河水质轻度污染，马莲河水质重度污染（涉及庆阳市、平凉市）
	2019	68	65	3	0	0	总体水质优良
青海	2017	59	50	5	2	2	湟水河水质污染（涉及海东市、西宁市）
	2018	61	53	7	1	0	湟水河水质污染（涉及海东市、西宁市）
	2019	61	59	2	0	0	总体水质优良
内蒙古	2017	105	53		29	23	黄河支流总体中度污染，昆都仑河、西河、东河、大黑河、小黑河、龙王沟和乌兰木伦河为重度污染（涉及包头市、呼和浩特市、鄂尔多斯市）
	2018	119	56		40	23	黄河支流总体轻度污染，西河、东河、大黑河、小黑河和龙王沟水质为重度污染（涉及包头市、呼和浩特市、鄂尔多斯市）
	2019	111	68		34	9	黄河支流总体轻度污染，西河、东河水质为重度污染（涉及包头市）
宁夏	2017	36	20	9	3	4	黄河支流轻度污染
	2018	36	20	9	3	4	黄河支流轻度污染
	2019	39	22	10	7	0	黄河支流中度污染
新疆	2017	169	166	0	1	2	水磨河、克孜河不同程度污染（涉及乌鲁木齐市、喀什市）
	2018	169	165	2	0	2	水磨河、切德克河、克孜河不同程度污染（涉及乌鲁木齐市、喀什市、伊犁地区）
	2019	169	167	0	0	2	水磨河不同程度污染（乌鲁木齐市）

资料来源：2017～2019 年甘肃省（生态）环境状况公报、2017～2018 年青海省（生态）环境状况公报、2017～2019 年内蒙古自治区（生态）环境状况公报、2017～2019 年宁夏（生态）环境公报、2017～2019 年新疆维吾尔自治区（生态）环境状况公报。

注：内蒙古为全区数据，未查到地级单位城市水体水质情况数据。

以及东河由于受城市污废水大量排放和河道季节性断流的影响，河流水质长时间处于Ⅴ类以上（于秋颖等，2020）；2017 年黄河兰州段城区银滩大桥断面和中山桥断面水质均呈Ⅳ类，城市生活污水和工业企业废水排放是首要污染源。2019 年乌鲁木齐市水磨河下游断面长期为劣Ⅴ类水质，这主要是由河岸两侧和河道内堆积着大量生活垃圾以及生活污水管网收集纳污能力差导致的（田甜，2018）。此外，庆阳市蒲河、西宁市湟水河、喀什市切德克河等城区水体均出现不同程度污染情况，截至 2020 年，该地区城市仍然有 66 条黑臭水体。

2. 水资源状况

据《中国水利统计年鉴 2019》分析，西北地区多年平均地表水资源量约为 1463 亿 m³，地下水资源量 998 亿 m³，水资源总量 1672 亿 m³，人均水资源总量 2189 m³（中华人民共和国水利部，2020）。从表面上看，该地区的人均、亩均水资源量并不算少，但由于水资源与人口、耕地的地区分布极不均衡，有相当大一部分分布在地势高寒、自然条件较差的人烟稀少地区及无人区，而人口稠密、经济发达的城市区域水资源量十分有限。2019 年西北地区 37 个地级城市中，70% 的城市人均水资源量低于 1000 m^3，属于严重缺水，54% 的城市人均水资源量低于 500 m^3，属于极度缺水，其中，银川、吴忠、渭南等城市人均水资源量不到 200 m^3。

3. 水生态状况

地区城市水生态系统十分脆弱，出现了城市河湖滨带和天然绿洲萎缩、水土流失、生物多样性减少以及水资源短缺等一系列问题。同时，地区受河流季节性断流、气候干燥、降雨稀少和全年蒸发量大等因素的影响，城市水生态系统的恶化情况将进一步加重（赵玉田，2016）。

14.2.2　城市水环境问题解析

参考第 5 章城市水环境问题解析方法，基于西北地区城市水环境的特征，从城市水环境质量、水生态和水资源三个方面进行解析。

1. 城市水环境质量问题解析

总体来看，地区城市水环境承载压力较大，城市污废水排放量大，初春桃花汛导致的面源污染严重。可从点源和面源两个方面解析地区城市水环境问题的成因。

1）点源特征解析

（1）该地区城市水资源短缺、地理状况复杂、气候条件恶劣等因素制约了城市的发展空间和规模，使得地区城市生活污水和工业废水排放量处于较低水平。据《中国城市统计年鉴 2018》统计，2018 年地区主要地级及以上城市工业废水与生活污水城市平均排放量分别为 2664 万 m^3 和 9591 万 m^3，远低于全国主要地级及以上城市的平均值 8944 万 m^3 和 42135 万 m^3。但是，受限于地区的自然气候、地理等要素，该地区城市水体的水环境承载力和水环境容量更低。地区城市规模较小，受纳水体往往较为单一，同时受到上游冰川融水减少、河流断流时间延长以及河湖沿岸工业生活污染负荷输入的影响，使得本身有限的地表水环境容量进一步降低。以银川市阅海湖为例，各污染物指标的环境容量呈逐年减小趋势，沿岸农灌退水、水土流失及城镇生活用水挟带营养物质入湖是造成其水质恶化和水环境容量减小的主要原因。拉萨河干流拉萨段水环境容量也呈现出明显的下降趋势，人为活动起到了很大的负面作用。所以整体来看，西北地区城市水环境压力较大。

（2）西北地区重化工废水占比高，特征有机污染物排放量较大，工业废水处理能力不足，造成城市水体污染加重。西北地区地广人稀，自然资源相对丰富，造就了西北地区石化行业、煤炭开采加工业、钢铁制造业等重工业的兴起和发展，而工业生产主要集中在城市中，这也使得工业废水成为地区城市水体的主要污染源。以兰州市为例，2017 年工业企业废水年排放量为 3341.89 万 t，石化企业产生的废水量最大，其中悬浮物、COD、氨氮、石油类以及挥发酚等污染物的排放量以化学工业最多；BOD_5、总氯化物、总砷、六价铬的排放量则以石油加工业最多。工业废水中 COD、BOD$_5$、氨氮、石油类和挥发酚的排放量分别为 52606 t/a、247 t/a、5385 t/a、23776 t/a 和 20.788 t/a，其中石油类和挥发酚排放量超过全国主要城市平均值。经统计，2017 年乌鲁木齐市工业废水排放主要来自石化业、矿产开采业和加工制造业，工业废水中的主要污染物为石油类、挥发酚、COD、总磷、总氮。由于乌鲁木齐市工业园区污水处理厂标准低、工艺落后等缺陷，62.5% 的污水处理厂未能达标排放，造成该市水环境日益恶化，水污染治理形势严峻。由此可以看出，西北地区部分城市工业废水排放量大，工业废水处理技术或管理落后是导致城市水环境污染严重的原因之一。

（3）西北地区城市排水管网建设滞后，污水收集不完全。西北地区城市涉水基础设施建设滞后于城市发展的需求。2020 年西北地区城市建成区排水管道密度为 7.14 km/km^2，该值不仅低于东北地区城市，而且远落后于全国城市建成区排水管道密度值 11.11 km/km^2，是全国城市排水管网建设最滞后的地区（国家统计局城市社会经济调查司，2021）。

（4）西北地区城市污水处理能力受低温影响导致出水不能稳定达标排放。西北地区在冬季严寒期和初春融雪期，水温普遍较低，严重影响脱氮除磷和去除有机物等工艺过程，导致污水处理厂出水不达标的情况时有发生。

（5）水土流失影响城市水环境质量。西北地区地面坡度陡峭、土壤性质松软易腐蚀且林草植被覆盖率低，在人类不合理的经济活动作用下，夏季雨水充沛期和春季融雪期的水流冲击会造成水土流失，根据《中国统计年鉴 2021》数据，2020 年西北地区水土流失面积达到 39766.8 万 hm^2，占全国水土流失总面积的 1/3。严重的水土流失会导致大量泥沙进入城市水体，使城市水体中悬浮物浓度大幅增加，从而破坏城市水环境中原有的悬浮物平衡，降低城市水环境中的含氧量，改变城市水体中污染物的迁移转化方式，最终影响城市水环境质量。

2）面源问题解析

西北地区城市夏季降雨和初春桃花汛导致面源污染加重。2019 年西北地区年均降水量为 241 mm（图 14-1），仅为全国年平均降水量的 1/3。其中，6~8 月是西北地区降水集中时期，占全年降水量的 62.2%，历时短且强度大。随着西北地区城市化进程的推进，城市内可渗透地面积不断退缩乃至消失，大量的硬质铺装改变了原有的生态排水体系和水文特征。当西北地区夏季强降雨来临时，容易造成城市区域内较强地表径流，累积了较长时间的地表污染物被冲刷进城市水体从而造成严重污染。同时，西北地区城市全年大部分时间无雨或少雨，若采用分流制管网，雨水管道会有近半年闲置，建设成本较高且不实用，所以西北地区大部分城市合流制管道占比较高。当夏季强降雨来临时，雨水进入合流制管网，由于合流制排水管网淤积堵塞情况严重，加之管道中长时间积累的沉积物被冲刷后混入污水，极易出现合流制管网的溢流污染。同时，西北地区冬季降雪，雪花较大的接触面积和较长接触时间为空气中颗粒物质的附着提供机会，从而跟随雪花沉降到地面，在春季积雪融化过程中，融雪径流又夹杂着地面在冬季长达数月累积的颗粒物质，导致西北地区频发由桃花汛引发的城市径流污染。

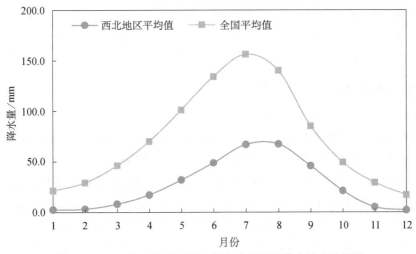

图 14-1　2019 年西北地区降水量与全国平均降水量变化情况

2. 水资源问题解析

从水资源角度来看，地区城市水资源量有限，再生水利用率低。

（1）西北地区的河流均发源于山区，主要由山区的冰雪融水和降水组成，气温和降水变化都对地表水资源产生重要影响，主要体现在以下几方面：①西北地区气温近几十年持续上升，直接导致冰川雪水消融速率加快，冰川覆盖率降低，冰雪融水形成的河流径流量增大，但是大部分中小流域受此影响较小，季节性断流依然严重；②西部地区城市深居内陆，降水量从东南至西北方向，逐级递减，导致河流水资源的补给不均匀；③西北地区蒸发量较大，蒸发量为降水量的 410 倍，蒸发量的空间分布情况为高山小于平地，盆地周边小于盆地腹心（邸少华，2011）。以上原因导致了地区水资源总量虽然较多，但是空间分布不均。位于地势高寒、自然条件较差的人烟稀少地区和无人区，水资源量极为充沛；位于自然条件较好、人口稠密、经济发达、绿洲地区的城市，水资源量则十分有限。

（2）地区水资源开发利用难度较大。由于西北地区水土流失较为严重，导致城市周围的湖库大量淤积，甚至导致水库报废，减弱了城市对于水资源的调配能力，不利于水资源的合理开发利用。同时，西北地区部分内陆河流和湖泊由于农业灌溉或强烈蒸发导致了水体的萎缩或咸化，减少了水资源储量，降低水资源调节能力，增加了水资源开发利用的困难（黄挺等，2006）。

（3）西北地区城市再生水未得到充分有效的利用。据《中国城市建设统计年鉴 2020》统计，2020 年西北地区再生水利用量仅占总供水量的 1.57%，低于全国均值 1.87%，其中西藏再生水利用量占总供水量比重最低，仅为 0.15%，其次是新疆和宁夏，分别为 0.46% 和 0.61%。由此可以看出，水资源短缺的西北地区城市对于再生水资源没有进行充分有效的利用。西北地区中小型城市再生水生产能力不足。定西、固原、吐鲁番、庆阳等城市 2018 年再生水生产能力不到 1000 万 m³，反映出用于再生水处理设施的资金投入力度不够。另外，由于经济发展水平和再生水需求程度的原因，西北地区城市再生水普遍采用较低的出水水质标准，主要服务于对水质要求相对低的工业冷却和园林绿化等方向，限制了一些潜在的再生水用户。2018 年银川市再生水主要用于工业冷却用水、绿化用水及道路浇洒用水，而公共建筑、公共厕所、洗车等领域则很少利用再生水，景观环境生态用水还未利用再生水，表明银川市再生水开发利用程度低，尚有较大潜力（田巍等，2018）。

3. 水生态问题解析

由于西北地区城市对水资源的过度开发利用，造成了天然绿洲萎缩和沙漠化扩大等生态环境问题。同时，流经城市的河流上、中游用水量过大，用水效率偏低，使得不少内陆河下游缺水，甚至导致季节性断流，河流生态基流难以保障。该地区城市建成区的扩张侵占了大量自然用地，导致城市区域内的河湖岸带面积大幅缩减，生物多样性遭到破坏。以湟水河流域为例，湟水河流域水资源量仅占黄河流域的 3.5%，占青海省的 12.3%，流域水资源开发利用率达到 40% 以上，且主要集中在城市区域，水利水电工程开发、人工景观河建设、修桥筑路等人类活动挤占了河流水生态空间（陈焰等，2021）。部分城区河段生态基流难以保证，水体自净能力偏弱，对鱼类栖息地造成影响，使鱼类资源缩减、栖息地被破坏。

西北地区地面坡度陡峭、土壤性质松软易腐蚀且林草植被覆盖率低，在人类不合理的经济活动作用下，夏季雨水充沛期和春季融雪期的水流冲击会造成水土流失，导致大量泥沙进入城市水体，使城市水体中悬浮物浓度大幅增加，从而破坏城市水环境中原有的悬浮物平衡，降低城市水环境中的含氧量，改变城市水体中污染物的迁移转化方式，最终影响城市水环境质量（王大庆，2009）。

14.3 西北地区城市水环境综合整治目标确定

针对以上对西北地区城市水环境特征和问题解析，采用第 6 章所述方法确定西北地区城市水环境综合整治目标，并采用系统动力学方法进行优化（见 6.2 节案例）。西北地区城市水环境综合整治近期（2021~2025 年）、中期（2026~2030 年）和远期（2031~2035 年）的建议目标如下。

到 2025 年，西北地区城市水体污染负荷大幅削减，城市水环境质量显著提升；生态基流得到基本保障，水生态系统有所改善；受城市影响控制断面优良（达到或优于Ⅲ类）比例达到 85% 以上，城市水体劣Ⅴ类和黑臭水体比例基本消除，污水处理率和集中收集率分别达到 95% 和 70% 以上，有条件的城市可考虑海绵设施建设；城区再生水利用率达到 25% 以上，供水管网漏损率控制在 9% 左右，万元工业产值用水量降至 40 m³ 以下；水生生物完整性达到"中等"水平，保障城市河道生态流量达到生存流量标准。

到 2030 年，西北地区城市进入水生态恢复阶段，生态基流保障率进一步提高，逐步恢复城市水生态系统的结构和功能，改善城市河流和湖泊生态环境，提升城市水体及周边区域的生物多样性，生态质量明显恢复，形成天然的水体净化系统；受城市影响控制断面优良（达到或优于Ⅲ类）比例达到 90% 以上，城市水体劣Ⅴ类和黑臭水体比例全面消除，污水处理率和集中收集率分别达到 98% 和 80% 以上，有条件的城市推进海绵设施建设；城区再生水利用率达到 35% 以上，供水管网漏损率控制在 8% 左右，万元工业产值用水量降至 35 m³ 以下；水生生物完整性达到"良好"水平，保障城市河道生态流量达到健康流量下限标准。

　　到 2035 年，西北地区城市进入水环境质量全面提升阶段，生态基流得到全面保障，水生生物多样性得到全面恢复，水生态系统健康，提升城市水环境在城市景观、经济、文化中的作用，打造生态宜居城市；城市水生态环境质量实现根本好转，受城市影响控制断面优良（达到或优于Ⅲ类）比例达到 95% 以上，城市水体劣Ⅴ类和黑臭水体比例全面稳定消除，污水处理率和集中收集率分别达到 100% 和 90% 以上；城区再生水利用率达到 50% 以上，供水管网漏损率控制在 7% 左右，万元工业产值用水量降至 30 m³ 以下。城市水生生物完整性评价达到"优秀"水平，保障城市河道生态流量达到健康流量标准（表 14-2）。

表 14-2　西北地区城市近中远期水生态环境综合整治目标

类别	阶段	现状	2025 年 （近期）	2030 年 （中期）	2035 年 （远期）
水环境质量	受城市影响控制断面优良（达到或优于Ⅲ类）比例/%	80	85 以上	90 以上	95 以上
	城市水体劣Ⅴ类和黑臭水体比例/%	3	基本消除	全面消除	全面稳定消除
	污水处理率/%	—	95 以上	98 以上	100 以上
	污水集中收集率/%	—	70 以上	80 以上	90 以上
水资源	城区再生水利用率/%	15	25 以上	35 以上	50 以上
	供水管网漏损率/%	11.6	9 左右	8 左右	7 左右
	万元工业产值用水量/m³	68	40 以下	35 以下	30 以下
水生态	水生生物完整性	较差	中等	良好	优秀
	城市河道生态流量保障程度	无法保障	保障达到 生存流量	保障达到 健康流量下限	保障稳定达到 健康流量

　　为了实现以上水环境治理目标，分别制定西北地区城市水环境质量提升方案、水生态恢复方案以及水资源保护方案。

14.4　西北地区城市水环境质量提升方案

　　对于西北地区内某一城市或城市内某一区域进行水环境综合整治时，可按照第 5 章所述方法确定城市水环境主控污染指标；参照 7.3.1 节所述方法重点针对主控污染指标进行具体城市水体的水环境容量计算，并针对超出水环境容量的污染物，通过 7.3.2 节所述的城市水环境污染负荷分配方法，结合具体城市区域的实际情况确定污染负荷削减方案，具体方法可参照 7.4 节中案例。本节针对西北地区城市的水环境特点从生活点源、工业点源及城市面源三个方面提出城市水环境质量提升方案。

14.4.1　城市点源污染控制方案

　　本节分别从城市生活点源和工业点源两方面给出西北地区城市点源污染控制方案。

1. 生活点源污染控制方案

1）排水管网完善方案

西北地区城市应加快实施老旧城区排水管网更新和改造以及留白区收集管网的建设，开展城市管网查漏补缺行动，严格控制管网跑冒滴漏、混接错接等问题，做好管网的改造、更新、维修保养工作，提高污水的收集率，实现生活污水全收集。城市需要根据实际情况（如降雨、污水排放量等）来实施雨污分流改造，进而有序推进城市合流制溢流污染和初期雨水的治理。

2）污水处理厂提质增效方案

西北地区城市应提高污水处理厂处理能力和推进提标改造。通过排查西北地区城市污水处理厂运行情况，对其处理能力进行评估，淘汰未达标污水处理厂各工艺段的老旧技术，采用适用于地区的污水处理先进技术进行提标改造；优化污水处理厂运行控制方式；制定厂网联动调度协调运行优化控制策略。此外，针对地区城市水资源短缺问题，推进中水回用的落实，建设城市污水处理厂中水回用工程，缓解城市用水压力。

2. 工业点源污染控制方案

针对西北地区工业点源污染的问题，需要重点识别高污染风险工业及园区，对不能适应可持续发展要求的高污染高能耗产业进行升级更新，进一步优化产业布局，对重点企业实行强制性清洁生产审核，加强工业园区环境污染综合监管。

（1）对工业企业污水排放情况进行严格排查；对于城市区域内还未纳入工业园区统一管理的高污染工业企业整体搬迁入园，同时加强园区内污水水质控制管理和工业企业排污监管力度，完善园区内污水集中处理设施，提高工业废水处理能力，完善执法体系，使园区内污染物能够达标排放。

（2）针对西北地区石化、钢铁制造、天然气开采加工等行业污水中含有较多特征有机物的特点，完善工业清洁生产和排污许可证管理制度，采用先进清洁的绿色环保技术，加快淘汰高污染、高环境风险的工艺、设备与产品；推进工业园区污水处理设施建设，加强废水处理提质增效，实现达标排放；实现工业园区污水处理设施全覆盖；加强化工企业风险防范工作。

依据西北地区城市生活和工业点源污染特征及存在问题，从水专项城镇生活污染控制系统技术长清单和重点行业水污染控制系统技术长清单中进行技术筛选，适用于西北地区城市生活和工业点源污染控制的推荐技术如表 14-3 所示。

表 14-3 西北地区城市点源污染控制推荐技术清单

技术大类	技术方向	技术名称	关键词
生活点源治理	管网规划设计类技术	排水模式选择的多目标决策模型技术	管网评估、管网修复、运维管理、排水系统
		大型污水管道输水方式决策技术	管网规划设计、平面布局、水力参数、地理信息系统
		合流制管网分质截流技术	管网规划设计、合流制改造、模型模拟

续表

技术大类	技术方向	技术名称	关键词
生活点源治理	管网建设类技术	新型真空排水技术	管网规划设计、合流制溢流、调蓄模型模拟
		老城区滨河带适宜性真空截污技术	排水技术、市政污水、真空截污、真空排水
	管网修复类技术	与环境条件相适应的原位固化修复树脂配方优化技术	建设修复、原位修复、原位固化、树脂材料
		大管径原位修复内衬管材料制造技术	建设修复、原位修复、原位固化、内衬软管
	管网检测与评估类技术	排水管渠视频数字化成像检测技术	检测评估、成像检测、数字化诊断、三维检测
		排水管渠超声数字化成像检测技术	检测评估、成像检测、数字化诊断、三维检测
		排水系统淤积检测技术	排水管道、淤积检测、破损检查
		排水管网破损数值化诊断技术	管网评估、排水管网缺陷、水力模型、视频管道检测
	污水处理厂提标改造技术	城镇污水一级 A 稳定达标及节能降耗节地关键技术	改良 AO 除磷脱氮、一级 A 稳定达标、节能降耗
		城市污水高标准处理与精细化运行管理技术	强化预处理、强化生物脱氮除磷、深度处理、稳定达标、节能降耗
工业点源治理	钢铁行业水污染控制技术	循环水水质稳定强化技术	超导高梯度磁分离（HGMS）、降硬、除浊、杀菌灭藻
		低浓度有机物深度臭氧氧化技术	深度处理、钢铁综合废水回用、催化臭氧氧化
		高盐有机废水臭氧催化氧化技术	高盐有机废水、高级氧化、催化臭氧
	石化行业水污染控制技术	基于电絮凝强化除油的电脱盐废水预处理技术	电絮凝、除油、电脱盐、预处理
		微氧水解酸化-缺氧/好氧-微絮凝砂滤-臭氧催化氧化技术	微氧、微絮凝、臭氧催化氧化
		磁性树脂深度脱氮技术	过滤、树脂吸附、再生、脱氮
		强化预处理中水回用技术	中水回用、预处理

14.4.2　城市面源污染控制方案

1. 城市面源污染源头削减方案

西北地区城市夏季强降雨和初春积雪融化造成城市径流污染，源头治理是这两个时期最经济有效的面源污染控制措施。目前城市面源源头治理主要以拦截、消纳、渗透、削减等方式减轻径流污染负荷，采用较多的措施主要是以下三种。

（1）绿色屋顶。西北地区城市区域内房屋建筑所占面积较大，可在建筑物屋顶、阳台以及表面种植绿色植物截流雨水，有效减少屋面径流，减轻屋面冲刷物随径流造成的面源污染。

（2）生物滞留。西北地区城市下垫面多为湿陷性黄土地质，可采用"强夯法"等工程措施，在加固地基的前提下，适度增加城市下沉式绿地比例，铺设管道将周边来自道路和屋顶的雨水径流引入绿地，并做好配套设施如植草沟、渗管等传输设施的建设。

（3）透水铺装。西北地区城市可以通过透水砖铺装、透水水泥混凝土铺装、鹅卵碎石铺装等方式来实现城市雨水径流下渗，主要适用于广场、停车场、人行横道以及车流量和负载较小的道路。借此补充西北地区城市的地下水并削减雨水的峰值流量。

2. 城市面源污染过程控制方案

西北地区城市全年降雨较少，城市水资源十分紧张，面源污染过程控制可以通过截污、调蓄、分流等方式在强化城市面源污染过程控制的同时，做到雨水资源化利用，缓解城市水资源压力。

1）径流截污

径流截污主要采用工程和自然手段对地表径流进行截流，可在路边建设径流沟道截流系统，对城市非机动车道、住宅小区内部道路和公园道路等非透水下垫面区域的降雨径流进行有效截流；也可采用植草沟截流技术、生态拦截沟渠技术、植被过滤带技术。整体上，径流截污的运行维护成本和净化效果较好，雨水收集回用率较高，比较适用于西北地区城市面源污染过程控制。

2）径流调蓄

径流调蓄能在西北地区降雨集中且降水量较大时发挥重要的作用，缓解污水处理厂进水压力，降低由于西北地区城市合流制管网占比高所导致的雨季管道溢流污染风险。但径流调蓄的径流总量控制率相对较低，削减降雨径流量的主要还是依靠入渗，进入调蓄池后径流中的污染物质主要通过自然沉降去除。

3）径流分流

雨水分流措施的主要功能是实现雨水的快速、高效分离，经过净化的雨水可以用来浇灌绿地和补充湿地水量。西北地区水土流失较为严重，加之全年降雨周期短，地面污染物质累积，导致降雨径流中 TSS 含量较高，为了防止雨水分流管道的堵塞，往往在径流分流的前端增加 TSS 削减的措施。因此，径流分流对径流中的 TSS 具有较好的削减功能。但是径流分流投资成本和对分流制管网要求都较高，对于经济发展较为滞后、合流制排水管网占比较高的西北地区城市来讲，不是所有的城市都适合此措施。

3. 城市面源污染末端治理方案

西北地区城市面源末端治理目的主要是强化净化与资源化处理，可以通过物理化学和自然生态这两种措施来完善城市末端面源治理。

1）物理化学处理措施

物理化学处理措施主要是采用物理化学技术来对径流中污染物进行去除，如混凝沉淀、旋流分离和过滤，其优点在于对初期雨水径流中悬浮颗粒具有较好的去除效果，能够提高雨水负荷收集率，经该措施处理后的降雨径流一部分可以简单回用，可以有效缓解西北地区城市水资源短缺的压力。该措施适用于解决乌鲁木齐市、喀什地区、和田地区等西北严重干旱地区城市降雨径流中悬浮污染物较多、水资源紧缺的问题。

2）自然生态处理措施

降雨径流的生态处理措施主要依靠人工湿地技术和缓冲带技术进行处理，其优点是技术运行过程稳定，对悬浮物有较好的去除，并且植物和微生物可以削减部分径流中 COD 和 NH_3-N 等溶解性有机物。此外，人工湿地和缓冲带投资建设以及后期的运行维护成本均比较低廉，经人工湿地和缓冲带处理后的降雨径流部分回归城市自然水体，能够提高西北地区城市生态景观价值。但是人工湿地和缓冲带建设对生物多样性、土壤基质等都有较高要求，适用于解决西宁、兰州、银川等西北半干旱地区城市径流污染问题。

依据西北地区城市面源污染特征及存在问题，适用的面源源头、过程、末端污染控制的推荐技术如表 14-4 所示。

表 14-4　西北地区城市面源控制推荐技术清单

技术大类	技术方向	技术名称	关键词
面源源头污染控制	绿色屋顶技术	绿色建筑小区雨水湿地径流控制技术	初期雨水、径流控制、绿色建筑、雨水湿地
		适用性绿色屋顶源头控污截流技术	绿色屋顶、截流源头控污、渗透、存储回用
	生物滞留技术	花园式雨水集水与促渗技术	雨水花园、污染负荷、渗透、促渗技术、生物滞留
		城市绿地多功能调蓄–滞留减排–水质保障技术	生物滞留、水质保障、初期雨水调蓄、污染负荷
	透水铺装技术	植生型多孔混凝土绿色渗透技术	多孔混凝土、孔隙率、抗压强度、透水系数、透水铺装
		土壤增渗减排技术	透水系数、促渗技术、渗透、生物滞留
面源过程污染控制	径流分流技术	雨水径流时空分质收集处理技术	降雨径流、雨水收集、径流处理
		合流制管网溢流雨水拦截分流控制装置与关键技术	合流制溢流、分离效率、溢流污染处理、雨水分流
		合流制溢流污水末端综合处理技术	合流制溢流、末端处理、溢流污染
	径流截污技术	自动净化雨水检查井与截污技术	分离效率、截污、雨水检查井
		雨水口高效截污装置与关键技术	雨水口、分离效率、截污
		城市溢流污染削减及排水管道沉积物减控技术	溢流污染、排水管道、污染物削减、沉积物
	径流调蓄技术	合流制系统溢流量削减技术	合流制、截流倍数、溢流污染、调蓄
		基于水力模型的初期雨水调蓄池设计方法与技术	雨水集蓄、雨水系统、调蓄池、水力模型
面源末端污染控制	物理化学处理技术	基于旋流分离及高密度澄清装备的初期雨水就地处理技术	初期雨水、高密度澄清池、旋流分离、污染物去除、就地处理
		初期雨水水力旋流–快速过滤技术	初期雨水、快速过滤、分离效率、面源污染、旋流分离
	自然生态处理技术	城市面源污染水体净化与生态耦合修复技术	雨水处理、污染物去除、多塘系统、缓冲带
		三带系统生态缓冲带技术	缓冲带、生态处理、雨水处理　污染物去除

14.5 西北地区城市水生态恢复方案

受人为和自然气候的影响，西北地区城市水生态环境脆弱，水土流失频发，河流断流现象日益严重。为恢复西北地区城市水生态状况，制定河流生态基流改善方案和水生物生境修复方案。

1. 生态流量保障方案

西北地区城市水资源补给主要来自冰川融水和降雨，在初春和夏季时河流生态流量较大，但是其余时间河流多处于断流状态。同时，人工建设的拦水大坝通过拦截上游来水保障城市景观用水，将会导致下游河流干涸严重，水环境容量空间被压缩。对此，西北地区城市需从补水净化和水体循环两个方面进行水动力改善。

1）补水净化

西北地区可通过天然水补给和再生水补给实现补水净化。首先，在条件允许的情况下进行天然水补给，促进西北地区城市水体水质的初步改善；其次，将经过污水处理厂深度处理的再生水作为水源引入被修复水体，强制水体流动，通过大气复氧、沿程生物降解等方式提高水体环境容量，促进水体生物链系统的形成，加快水体自净能力和物种多样性的恢复，从而实现西北地区城市河流水生态修复目的；最后，城市应建立河流水量调节和调度的长效机制，规划建设控制性水源工程，保障枯水期生态基流，缓解城市生态型缺水问题。

2）水体循环

地区城市可以因地制宜地增设潜污泵，通过输水管道将河道净水区底部的污水输送至折流桶中，实现水体内循环，增强水体自净能力，改善水体水质；或者用泵提取河道下游水体，通过河道侧沟或输水管返回输入河道上游，实现水体循环流动，形成利于水污染物降解的水流流态。

依据西北地区城市面源污染特征及存在问题，筛选出适用于城市生态流量保障控制的推荐技术，见表14-5。

表 14-5 西北地区城市生态流量保障推荐技术清单

技术大类	技术方向	技术名称	关键词
生态流量保障	补水净化技术	城市景观水系非常规水源利用优化模式	补水净化、景观水体、水体循环 优化调度
		水资源紧缺城市水环境景观系统修复与构建技术集成研究	景观水体、补水净化、水体循环
		滞留区人工复氧及水动力改善技术	河道滞留区、水动力改善、喷泉复氧、河道滞留区
	水体循环技术	多级自然复氧技术	水体循环、多级坝、自然复氧
		湖库死水区人工强化水体循环流动技术	缓流湖泊、水体循环、水动力改善

2. 城市水体生境修复方案

西北地区植被覆盖率低，城市水体生态脆弱，需构建城市水体生境修复方案以恢复水生态系统。

1）水生生物控制

在充分考虑西北地区城市水生态实际情况的基础上，合理选择水生生物和植物之间的种类搭配，通过引种移植和生物操纵等技术，实现水生植物、鱼类、底栖动物的合理配置和空间优化，构成良性且稳定的水生态系统，进而改善城市水生态环境。例如，可采用生物操纵技术，通过去除食浮游生物者或添加食鱼动物降低浮游生物食性鱼的数量，使大型浮游动物的生物量增加，从而提高浮游动物对浮游植物的摄食效率，降低浮游植物的数量，实现水生态环境的改善。

2）水生植物群落构建

水生植物群落构建涉及水下沉水植物群落构建和水陆交界带挺水植物群落构建。水体中氮、磷的去除主要依靠沉水植物直接吸收、富集、物理作用和微生物作用等途径。水陆交界带挺水植物群落构建是地表径流污染汇入河道水体前的一道屏障，通过拦截、净化作用降低入河污染物浓度。此外，挺水植物的根系固定作用还可以防止西北地区河岸水土流失。水生植物群落的构建需要选择基质较为肥沃的浅水区作为水生植物种植区，再选择合适的挺水和沉水植物种类。西北地区气候干旱，冬季严寒，需要选择能在西北地区适宜生长的水生植物，如菖蒲、香蒲、水葱等，都是北方常见的水生植物。种植完成后还应及时进行病虫害防治，并对种植区的杂草，浮萍类有害植物进行清除。

依据西北地区城市面源污染特征及存在问题，筛选出适用城市水体水生生物与生境修复的推荐技术，如表 14-6 所示。

表 14-6　西北地区城市水体生境修复推荐技术清单

技术大类	技术名称	关键词
	城市河湖原生净化系统修复与重建关键技术	生物操纵、植物恢复、食物链
生态基流改善	湖库健康水生态系统构建技术	群落构建、植物恢复、生物操纵
	城市河湖水质保持与生态修复技术	植物恢复、生物操纵、植物配置

14.6　西北地区城市水资源保护方案

西北地区城市水资源严重短缺，应细化实化量水发展举措，全面实施深度节水控水行动，坚持节水优先，加大工业节水力度，推进城市再生水高标准生产和充分利用。

14.6.1　以水定城，量水发展

西北地区城市应落实以水定城、量水定地、量水定人、量水定产举措，以水资源刚性约束倒逼发展方式转变。

1）贯彻"四水四定"

结合水资源禀赋，合理确定黄河上游流域和内陆河流域内城市经济、产业布局和发展规模。强化城市开发边界管控，城市群和都市圈要集约高效发展，不能盲目扩张。对于诸如兰州、西宁、喀什等水资源严重短缺和水资源开发利用程度较大的城市，限制发展高耗水服务行业，严格限制大规模种树营造景观林。

2）严格用水指标管理

地区城市应制定年度取用水计划，年用水量 1 万 m³ 以上的工业和服务业单位实现计划用水全覆盖。健全城市用水总量和强度控制指标体系，全面实行用水的计划管理和精准计量。分解落实并考核县级以上地方各级行政区万元工业产值用水量、公共供水管网漏损率等指标。强化用水定额在规划编制、取水许可方面的刚性约束作用。

3）严格用水过程管理

对地区城市主要河流取水口全面实施动态监管，严格取水许可管理，全面优化配置地区城市行业用水。水资源短缺且开发利用程度较大的地区城市，按规定要求暂停新增取水许可。具备使用非常规水源条件但未有效利用的项目和采用已淘汰工艺、技术和装备的项目，不予批准取水许可。全面实行取水精准计量。严格实行计划用水监督管理，开展重点地区、领域、行业、产品专项监督检查。落实用水统计管理要求，全面加强对工业、生活、城镇公共用水，生态环境补水等用水量的统计管理。

14.6.2 构建节水型城市

西北地区构建节水型城市以工业节水为主，以市政节水和生活节水为辅。

1. 城市工业节水方案

西北地区城市应加强工业节水，需优化产业结构、开展节水改造、推广园区集约用水。

1）调整优化高耗水工业行业布局和结构

大力发展战略性新兴产业，鼓励高产出低耗水新兴产业发展，培育壮大绿色发展动能，推动高端制造业、新能源等耗水量低的绿色产业集聚发展。提高西北地区工业企业环境准入的门槛，严格高耗水项目审批、备案和核准，对不符合产业政策、规划环评、水耗等有关要求的工业项目严禁上马，对于属于落后产能的已建高耗水项目坚决淘汰。

2）强化工业节水技术推广应用，加快高耗水工艺和技术的淘汰和改造

构筑完整的节水技术推广服务体系，推动工业高效冷却与循环利用、废污水分级分质处理回用等先进实用节水技术和设备的推广应用；针对高耗水的钢铁行业、石化行业和煤炭开采加工业，完善高耗水工艺和技术装备的淘汰机制，选择技术水平先进、用水效率领先的企业，实施节水效率领跑者引领行动，加快节水工艺改造，积极研发先进技术，促进产业向节水方向转型升级。同时，为了保障水资源高效回用，可以推广串联式循环用水布局，推进具备再生水利用条件的工业企业与城市污水处理厂、再生水厂的就

近布局。

3）推广工业园区集约用水

鼓励工业园区内企业间分质串联用水，梯级用水。推广产城融合的废水高效循环利用模式。兰州-西宁城市群、宁夏沿黄河城市群、呼包城市群等地区，新建工业园区应统筹供排水及循环利用设施建设，实现工业废水循环利用和分级回用。

2. 城市市政节水方案

1）实行供水管网漏损控制

西北地区城市应开展供水管网漏损控制，推进管网漏损控制机制的形成。结合老旧小区和城中村改造，优先对超过合理使用年限、材质落后或受损失修的供水管网进行更新改造。完善供水管网检漏制度，实施分区计量工程，开展智能化改造，对设施进行实时监测，精准识别管网漏损点位。

2）推进城市再生水充分利用，提高再生水利用率

以现有污水处理厂为基础，推进污水再生利用项目建设，合理规划布局再生水输配设施，健全再生水管网系统，增强中水输送能力。对于乌鲁木齐、银川、白银等再生水利用率偏低的城市，积极拓展城市再生水资源使用范围，鼓励推进再生水补充城市河湖景观生态用水；鼓励再生水用于园林绿化和市政杂用，实现公共绿地全部采用再生水浇灌，市政杂用包括建筑冲厕用水、道路冲刷、绿地浇洒与降尘用水、冲洗汽车用水及建筑施工降尘水等。在措施上政府应制定优惠政策形成有效的激励机制，如再生水投资运营政策、再生水价格政策等，给予再生水使用一定水价优惠。

由于经济发展和再生水需求程度的原因，西北地区城市再生水普遍采用较低的水质标准，限制了一些潜在的再生水用户，后期为了考虑再生水广泛用于城市杂用和景观水系补水，需要对再生水厂的处理工艺进行提标改造。西北地区城市再生水厂出水水质指标制定可参考《城市污水再生利用　城市杂用水水质》《城市污水再生利用　景观环境用水水质》《城市污水再生利用　工业用水水质》。

3）促进雨水、矿井水、苦咸水等非常规水资源的利用

将海绵城市建设理念融入城市规划建设管理各环节，提升雨水资源涵养能力和综合利用水平。在城市公园、居住社区、建筑、绿地、道路广场等新改扩建过程中合理推广雨水渗滞、调蓄、利用等设施，减少雨水地表径流外排，推进就地消纳、就地利用。推进甘肃东部、宁夏东部、内蒙古西部等地的煤炭矿井水综合利用，具备条件地区可推广用于城市郊区农业灌溉。根据当地苦咸水特点，采取适用的苦咸水淡化技术，解决部分城镇供水、工业生产的用水需求。鼓励采用直接利用、咸淡混用和咸淡轮用等方式，将苦咸水用于城市景观绿化。

3. 城市生活节水方案

1）大力推广和使用节水产品和设备，完善价格机制

积极推广技术先进、成熟适用、节水效益显著的节水产品（设备）和工艺，促进节水

技术产业化应用，提高用水效率。推广普及节水型生活用水器具，公共建筑必须使用节水器具。推行水效标识制度，对节水潜力大、适用面广的用水产品实行水效标识管理。建立完善的利于节水的水价体系，合理调整区域水价标准。

2）开展节水宣传教育

把节水纳入全民素质教育体系，针对不同对象与主体，开展多元化针对性的节水宣传教育，建设中小学节水教育实践基地，推广绿色消费的节水科学理念；充分利用各种信息平台和现代传媒手段，创新节水宣传教育方式，增强全民节水意识。

14.7　西北地区城市水环境综合整治技术路线图

城市水环境综合整治技术路线图是为西北地区城市在 2021～2035 年期间对其区域内城市水体综合整治工作提供分阶段的目标和分阶段的宏观对策。其中近期阶段（2021～2025 年）的技术路线是由上述方案凝练而来。中期阶段（2026～2030 年）和远期阶段（2031～2035 年）的技术路线在近期阶段技术路线的基础上，以国家宏观战略和中远期目标为导向，通过对未来城市水环境整治方向进行科学合理的预测，确定中远期阶段城市水环境综合整治对策，并综合凝练出西北地区城市水环境综合整治技术路线图。

14.7.1　近期阶段（2021～2025 年）

近期阶段西北地区城市水环境治理以"源头治污+回用"为建设方向，以提升城市水环境质量和水资源利用效率为目标。

对于城市生活点源，地区城市应该开展城市管网摸排调查，积极推进排水管网建设改造。针对城市排水管网密度整体偏低的问题，加大排水管网建设和改造力度，全面提高排水管网覆盖率，基本消除老城区、城中村、城乡接合部的管网留白区，提升城市生活污水收集率，实施入河排口排查整治，全面清理城市排口，减少污水直排现象；根据实地条件进行排水管网合流制改造，严格控制排水管网跑冒滴漏、混接错接、管道堵塞等问题，加强检查、维护和更新，力争到 2025 年地区城市污水集中收集率达到 70%以上；加快推进城市污水处理厂技术和规模的升级改造，提高污水处理厂设计排放标准和运行处理能力，保障污水处理全面稳定达标排放，到 2025 年实现污水处理率达到 95%以上；重视低温对污水处理厂的影响。通过工程措施和管理措施，提高低温下污水处理效果，做好冬季污水处理厂运行，加强设备运维检修，保障设备良性运转。

对于城市工业点源，一是推进工业企业清洁生产。淘汰、关闭或者搬迁一批技术落后、污染严重、资源浪费的工业企业，加快技术的更新换代和产业转型，尤其对于西北地区普遍存在的石油化工、煤炭加工、农副产品加工等污染行业积极开展综合治理和技术改造。加快推进工业企业迁入工业园区。二是完善工业园区污水收集处理设施，加强园区内污水深度处理工艺，优化运行控制方式。加大对于工业企业特征有机污染物排放量的监督管理。

在城市水资源方面，以水定城、量水发展，充分考虑自然约束条件，合理确定城市规模、空间结构，优化城市功能布局，实现水资源优化配置和可持续利用。全面、系统加强城市节水工作，开展节水型城市建设，实现节水、治污、减排相互促进，推动城市高质量发展。对于兰州、乌鲁木齐、陇南、银川等水资源严重短缺的城市，应当进一步强化再生水回用基础设施建设，新建城市再生水厂，利用强化深度处理技术对污水进行深度处理进而达到回用水要求，铺设扩张再生水管道，提高再生水的有效利用，进一步提高再生水生产能力和再生水回用率，减少城市新鲜水取用量和污水外排量，实现到 2025 年西北地区城区再生水利用率达到 25%以上。城市降雨径流导致的面源污染对于西北地区城市水体影响不大，面源污染主要发生于夏季和春季桃花汛，对雪水和雨水资源有效利用能较好缓解城市水资源的紧张，所以建议采用雨水口截流、新建雨水收集回用管道、雨水存储调蓄等措施，高效收集雨水并加以利用。

在水生态方面，开展城市水体生态修复和水体生态调查评价，重视城市再生水、雨/雪水和工程引水等水资源的合理利用，提高城市河流生态流量的配置和调度能力，使城市主要干支流的水生生物生存流量基本得到保障。适当构建及扩展河湖缓冲带，通过基底修复、水质改善、水动力调控等方式改善和恢复生境。实现到 2025 年西北地区城市水体生物完整性达到"中等"水平，水生态环境逐步向好改善。

14.7.2　中期阶段（2026～2030 年）

中期阶段，西北地区城市水环境治理应坚持以水定成、量水发展，以城市水资源合理利用为目标，加强工业节水，开展节水改造、推广园区集约用水，完成节水型城市建设。

西北地区城市应坚持以水定城、量水发展，实现水资源优化配置和可持续利用。既要强化水资源刚性约束，贯彻"四水四定"、严格用水指标管理、严格用水过程管理，又要优化城市所在流域水资源配置，优化水资源分水方案、强化流域水资源调度。

在工业节水方面，加强高污染耗水工业淘汰和转型，完善构筑节水技术推广服务体系，推动工业高效冷却与循环利用、废污水分级分质处理回用等行业先进实用节水技术及设备的推广应用，特别是针对西北地区特有的钢铁制造、石油化工和煤炭加工等行业完善高耗水工艺和技术装备的淘汰机制，在高耗水行业和主要用水产品中推行强制性节水标准。通过以上水资源控制措施，实现到 2030 年西北地区万元工业产值用水量降至 35 m³以下。

在市政和生活节水方面，构建区域城市再生水循环利用体系，科学统筹规划城镇污水处理及再生水利用设施，以现有污水处理厂为基础，合理布局再生水利用基础设施，全面完善再生水设施的建设。将再生水用于生态景观、工业生产、城市绿化、道路清扫、车辆冲洗、建筑施工、城市杂用等领域，减少城市新鲜水取用量和污水外排量，实现水资源利用的最大化。争取到 2030 年城市再生水利用率达到 35%以上。推进供水管网的改造和查漏，开展分区计量和漏损节水改造，全面降低公共供水管网漏损率，到 2030 年实现供水管网漏损率控制在 8% 左右；加强节约用水宣传，提高居民的节水意识，积极推进节水型企业、单位、小区的建设，推广使用节水型生活用水器具。

在水环境质量方面，继续推进污染源减排，持续改善城市水环境质量。进一步提高城市排水管网覆盖率，全面消除城区排水管网留白区，完善城市老旧化排水管网改造和更新，实现到 2030 年城市污水集中收集率达到 80% 以上，污水处理率达到 98% 以上。构建污染源排放管控体系，实施城市排口规范化管控和零排放管控。到 2030 年，受城市影响控制断面优良（达到或优于Ⅲ类）比例达到 90% 以上，城市水体劣Ⅴ类和黑臭水体全面消除。

在水生态方面，加强城市河湖岸带生境恢复和城市河段景观化建设，强化河湖富营养化控制。持续推进城市河流生态流量的配置和调度，保障城市主要干支流的平均流量达到健康流量下限，到 2030 年城市水生生物完整性达到"良好"水平，生物多样性明显转好。

14.7.3　远期阶段（2031～2035 年）

远期阶段的重点任务是在持续推进深度减排、水资源合理利用的基础上，全面推进城市河流生态系统完整性恢复。

西北地区城市生态补水主要从天然水补水和再生水补给两个方面进行治理，首先是在现实条件允许的情况下进行天然水补给，促进水体污染物的转移、扩散，实现水质初期改善；其次是引入再生水，从而增加城市水体的水流流量，同时通过控制供水总量和定额，实现生态补水保质增量。

城市水体生态恢复主要从水生植物净化和水生动物操控两个方面进行治理。充分考虑不同水生动、植物之间的搭配和空间上的布局，利用这些水生动植物和微生物所形成的水生态系统的相关特性，建设人工湿地旁路、人工湿地和湖滨带，改善水体生态和美化环境。通过以上城市水生态恢复措施，实现到 2035 年，西北地区城市水生态得到根本好转，河流生态流量保障达到"健康"状态，城市水生生物完整性达到"优秀"水平，水生生物多样性得到全面恢复，城市水体水生生物物种多样性丰富，水生态系统健康。

与此同时，持续推进城市生活点源、工业点源和城市面源的治理工作，完成节水型城市建设，强化生态修复与生态基流保障，实现在 2035 年，西北地区城市水环境根本性好转，水资源短缺问题得到有效解决，受城市影响控制断面优良（达到或优于Ⅲ类）比例达到 95% 以上，城市水体劣Ⅴ类和黑臭水体全面稳定消除，污水收集率达到 90% 以上，集中收集污水实现全处理，城区再生水利用率达到 50% 以上，供水管网漏损率控制在 7% 左右，万元工业产值用水量降至 30 m³ 以下。

根据西北地区水环境治理目标和综合整治对策形成西北地区城市水环境综合整治技术路线图（图 14-2）。

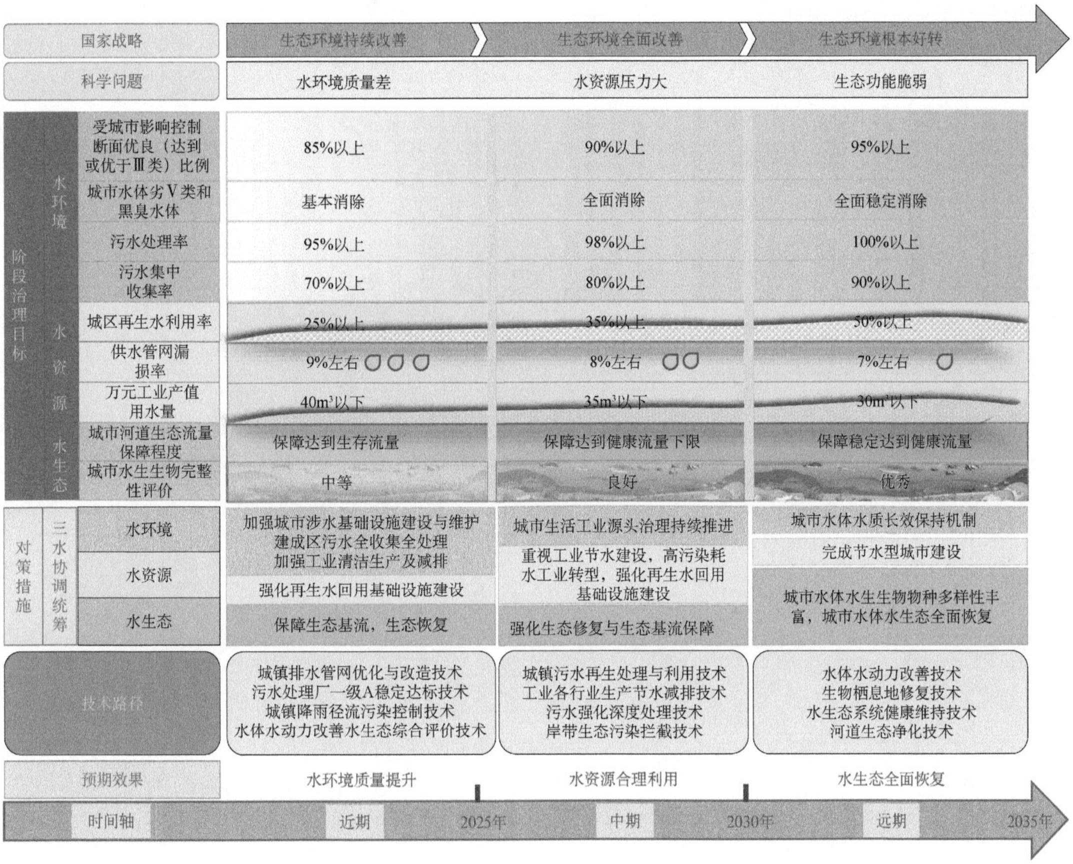

国家战略	生态环境持续改善	生态环境全面改善	生态环境根本好转
科学问题	水环境质量差	水资源压力大	生态功能脆弱

阶段治理目标	水环境	受城市影响控制断面优良（达到或优于Ⅲ类）比例	85%以上	90%以上	95%以上
		城市水体劣Ⅴ类和黑臭水体	基本消除	全面消除	全面稳定消除
		污水处理率	95%以上	98%以上	100%以上
		污水集中收集率	70%以上	80%以上	90%以上
	水资源	城区再生水利用率	25%以上	35%以上	50%以上
		供水管网漏损率	9%左右	8%左右	7%左右
		万元工业产值用水量	40m³以下	35m³以下	30m³以下
	水生态	城市河道生态流量保障程度	保障达到生存流量	保障达到健康流量下限	保障稳定达到健康流量
		城市水生生物完整性评价	中等	良好	优秀

对策措施	三水协调统筹	水环境	加强城市涉水基础设施建设与维护 建成区污水全收集全处理 加强工业清洁生产及减排	城市生活工业源头治理持续推进 重视工业节水建设，高污染耗水工业转型，强化再生水回用基础设施建设	城市水体水质长效保持机制 完成节水型城市建设
		水资源	强化再生水回用基础设施建设		城市水体水生生物物种多样性丰富，城市水体水生态全面恢复
		水生态	保障生态基流，生态恢复	强化生态修复与生态基流保障	

技术路径	城镇排水管网优化与改造技术 污水处理厂一级A稳定达标技术 城镇降雨径流污染控制技术 水体水动力改善水生态综合评价技术	城镇污水再生处理与利用技术 工业各行业生产节水减排技术 污水强化深度处理技术 岸带生态污染拦截技术	水体水动力改善技术 生物栖息地修复技术 水生态系统健康维持技术 河道生态净化技术

预期效果	水环境质量提升	水资源合理利用	水生态全面恢复

时间轴	近期	2025年 中期 2030年 远期 2035年

图 14-2 西北地区城市水环境综合整治技术路线图

技术政策篇

通过基础篇对城市水环境问题成因的分析，以及方案篇对城市水环境分区、分阶段治理技术路线图和指导方案的构建，可以在技术层面上保证具体城市在制定本市城市水环境综合整治方案时的准确溯因和全链条适用性技术甄选。本篇主要从技术政策层面，针对城市水环境综合整治工作从水体水质改善、水资源保护、水生态恢复和水安全保障等方面提出技术政策建议，可与基础篇和方案篇构成全方位的城市水环境综合整治技术与管理体系。

第15章 城市水环境综合整治技术政策

15.1 总则

（1）为贯彻《中华人民共和国环境保护法》《中华人民共和国水污染防治法》《中华人民共和国长江保护法》等法律法规，保护城市水资源合理利用，加强城市水体污染负荷削减，提升城市水环境质量，恢复城市水生态系统功能，保障城市水生态环境安全，指导我国城市水环境保护和综合管理，特制定本技术政策。

（2）本技术政策适用于我国城市建成区的水环境综合治理工作。

（3）本技术政策为指导性文件，主要包括城市水资源保护、城市水体水质改善、城市水生态恢复、城市水安全保障、城市水生态环境监测等内容，可为城市制定水环境综合整治方案、水环境保护规划、水环境影响评价等提供技术支持。

（4）本技术政策是在对2020年前后中国城市水环境污染特征与污染成因分析的基础上加以制定，应用本政策时应根据具体城市水环境的特征与存在的问题成因确定重点执行的政策条款。

15.2 城市水资源保护技术

15.2.1 坚持以水定城、量水发展

（1）城市要依据其水资源禀赋，"以水定城、量水发展"，协调城市经济社会发展，规划制定水资源优化配置方案，完善水量分配和用水调度制度。

（2）坚持节水优先、量水发展，制定全民节水行动计划，实现城市水资源消耗总量和强度双控。

15.2.2 坚持城市节水优先

（1）居民家庭和公共场所鼓励使用节水型用水器具或采取节水措施；对公共供水的非居民用水单位实行计划用水与定额管理；严控高耗水服务业用水，推进园林绿化精细化用水管理并加大非常规水利用规模；加强生态用水计量、收费管理。

（2）进一步降低供水管网漏损，城市公共管网漏损率控制在10%以内。

（3）支持工业企业节水改造和园区水循环阶梯利用，严格施工用水、降水管理，创建节水标杆园区和企业。

（4）加大雨水资源利用规模，严格落实海绵城市建设标准，充分发挥绿地、城市公园等对雨水的调蓄和消纳作用。

（5）扩大再生水利用规模，推进工业生产、园林绿化、市政、车辆冲洗及生态景观等领域优先使用再生水。

15.2.3 维护城市河流合理生态流量

科学确定河湖生态需水量，增加再生水补充河道生态用水，维系河湖基本水生态功能；制定生态流量监测预警方案；推进生态用水合理配置，加大河湖水系连通，提高河湖自净能力。

15.3 城市水体水质改善技术

城市水体水质改善首先要控源截污，再辅之其他技术。

15.3.1 城市生活源控制

1. 城市污水收集系统效能提升

（1）本着"污水应收尽收、雨水应分尽分"的原则，提高生活污水的收集率和排水管网覆盖率，完善人口聚集区生活污水毛细管网建设，加快城中村、老旧城区、建制镇、城乡接合部、空白区和易地扶贫搬迁安置区的生活污水收集管网的建设。新建居住社区应同步规划、建设污水收集管网，推动支线管网和出户管的连接建设。

（2）推进污水收集管网建设，提升管网建设质量，加快淘汰砖砌井，推行混凝土现浇或成品检查井，优先采用球墨铸铁管、承插橡胶圈接口钢筋混凝土管等管材。

（3）全面排查污水管网、雨污合流制管网等设施功能及运行状况，错接混接漏接和用户接入等情况。重点检查不下雨时生活污水的直排以及雨天合流制溢流污染等，加速推进错接混接漏接管网的改造与建设。

（4）各城市应因地制宜对现有雨污合流管网进行改造，降低合流制管网溢流污染；新城区需加快雨污分流管道建设，老城区有条件情况下加快管道分流制改造，全面提升设施效能；合流制难以改造的，应采取截流、调蓄和治理等措施全面控制溢流污染，高效去除可沉积颗粒物和漂浮物，有效削减城市水环境污染物总量。

（5）健全排污口管理制度，推动排污口水质监测和清理整治，在雨水口管道入河口或合流制溢流口设置快速净化设施，有效削减污染物入河量。

2. 城市污水处理厂提质增效

（1）城市生活污水集中处理设施实现全覆盖，合理规划城镇污水处理厂布局、规模及服务范围。人口密集、污水排放量大的地区宜以集中处理方式为主；人口少、相对分散，以及短期内集中处理设施难以覆盖的地区，合理建设分布式、小型化污水处理设施。建制镇因地制宜采取就近集中联建、城旁接管等方式建设污水处理设施，适度推广"生物+生态"污水处理技术。

（2）现有污水处理厂按照需求提标改造和提质增效，加快推进长期低负荷运行或超负荷运行的城市污水处理厂升级改造，保障污水处理设施全面、稳定运行并达标排放，地级及以上城市的生活污水处理设施全部达到一级 A 排放标准，靠近居民区和环境敏感区的污水处理厂应建设除臭设施并保证除臭效果。

（3）推进污泥减量化、稳定化、无害化和资源化，到 2025 年城市污泥无害化处置率达到 90%以上。

3. 城市污水系统一体化运维体系构建

各城市应构建排口—收集管网—泵站—污水厂—受纳水体的一体化运维体系，满足排水系统的全面覆盖监管，实现污水系统各个环节的精细化管理，精准把控污水从排水户到受纳水体的各个环节，构建面向政府监管、业务运维的专业信息化管理平台，通过建立业务运维的信息化管理系统，实现污水厂、泵站、管网的运行、巡检养护及维修，实现城市污水突发事件多层级智能化预警应急，污染源进行精准追踪，"厂泵网"一体化联合调度管理，全面提升污水管理水平。

15.3.2　城市工业源控制

1. 工业企业构建全过程控制技术体系

工业企业要按照清洁生产、过程控制和末端治理全过程控制思路，构建全过程控制技术体系。加强推进清洁生产审核，采用最佳可行技术减少排污。进一步完善行业绿色标准体系，持续开展绿色工艺、绿色工厂、绿色产品、绿色园区和绿色供应链认定，构建全生命周期绿色制造体系。加强工业生产有毒有害污染物产生与排放的监管，根据国家产业政策，依法取缔严重污染水环境的生产项目。

2. 工业企业全面实施排污许可管理制度

依法落实工业企业污染源排污许可"一证式"监管，实现所有工业企业全覆盖。企业依法持证排污、按证排污；管理部门依法按证监管，规范企业排污行为。

3. 加强工业园区水污染防治体系的建设

构建园区节水减排清洁生产技术体系和综合管理体系，促进工业的良性集聚。加快推进相关行业企业入园，对于申请加入的工业企业进行严格的选择，从源头上控制工业污染；园区内部，要坚决关停污染环境、浪费资源、设备落后、产能低下的企业和产品；完善园区内管网和污水集中处理设施，确保工业污染源全面稳定达标排放。对园区内水质和企业排污配置自动监测设备，强化工业园区污水集中处理设施在线监控，确保达标排放。规范园区雨污分流系统，禁止雨污混排，确保园区雨水排放达标。

4. 工业生产过程安全管理和风险防控技术

完善工业企业环境风险防控体系，推广先进安全的新技术、新装备、新工艺，完善设计、施工、设备建造、维护、监测标准，着力解决安全生产标准缺失、滞后和轻实施等问题。各企业要进行环境风险自我评估，查找环境隐患，提出整改措施，确定环境风险等级，编制环境风险应急预案，完善环境应急系统，建立环境风险监测预警平台，加强环境应急信息化决策支持能力和环境应急能力。

15.3.3 城市面源控制

（1）鼓励采用诸如 LID、"灰–绿–蓝"相结合基础设施，通过源头减排、过程控制和末端治理等技术手段，实现雨水的削峰排放和污染负荷削减。

（2）加快建设合流制溢流污水调蓄及处理设施、初期雨水分散调蓄设施，强化推进网—池—厂联合调控，通过"管网—泵站—调蓄池—污水处理厂—河（湖）"的优化调度，实现雨污水收集、转输、调蓄和处理能力的相互匹配，减少溢流污水和初期雨水直接入河。

（3）推进合流制排水管道和分流制雨水管道定期清洗，减少排水管道中的沉积物。

（4）构建河湖缓冲带和湿地系统等后端治理技术，进一步削减面源污染负荷。

15.3.4 城市内源控制

（1）鼓励因地制宜采用环保疏浚技术疏浚河湖重污染底泥，脱水后的底泥实现资源化利用，疏浚底泥脱水液进行有效处理，防止二次污染。

（2）对于不适合采用疏浚处理的污染底泥，可采用原位覆盖、生物修复或原位钝化等技术，实现污染底泥不释放或少释放有毒有害物质到水体。

（3）采用高效、低耗的物理导流、打捞等技术控制河湖堆积和藻类污染，安全处置收集藻类，鼓励资源化利用。

（4）对河湖水生植物定期收割并资源化利用，防止腐烂后进入水体。

15.4 城市水生态恢复技术

应以水生态系统健康和生态景观为目标，修复城市水生态系统，恢复生物多样性，增加系统稳定性。受损的河湖水生态系统，以人工生态修复为主，适当构建城市水体生态景观；健康的河湖水生态系统，以生态保育和养护为主，适当构建城市水体生态景观。

城市水体生态修复应继续贯穿物理、化学、生物三个完整性修复的思想和理念，统筹水资源、水环境和水生态。

15.4.1 城市水体缓冲带生态修复技术

保护好现存的自然生态缓冲岸带，维护水生生物栖息地生境。对已破坏的岸带，采取生态工程措施加强河湖生态缓冲带建设，保障缓冲带植被覆盖率和连续性，为河湖生态健康提供安全屏障。

1. 城市河流缓冲带生态修复技术

在控源截污的基础上和保证防洪、排涝功能的前提下，将缓冲带生态修复作为河流整体生态修复的一部分，科学确定河流缓冲带生态修复范围，实施缓冲带生态修复工程。根据城市河流与河岸带情况，宜采用的缓冲带生态修复措施包括：结合生态景观、人居环境和亲水空间，恢复河滩地水生植物；近自然型湿地强化和生境营造；生态护岸改造。

2. 城市湖滨缓冲带生态修复技术

在满足防洪要求的前提下，湖滨带生态修复主要技术包含：直立堤岸基质改善与生态岸带修复；陡岸湖滨带生态修复；湖滨带（缓坡型）生物多样性恢复；湖滨带多自然型生境改善与生态修复；圩堤消落区生境调控与生态修复；受损湖区生境条件修复；沿岸带基底高程与物化条件重建。

15.4.2　城市水体水中修复技术

城市河湖水中生态修复依据实际情况可采用河流水动力改善与水生态调控、河道地质改善、河水强化净化、河湖内水华蓝藻控制与水质改善、水生植被修复、河湖原位和异位人工湿地修复等技术。

15.5　城市水安全保障技术

15.5.1　城市水源地保护

（1）执行国家对水源地选址与保护要求，对于水质不达标的饮用水水源，因地制宜采取水源置换；对于不能迁址的水源地要有多级屏障工程措施，防止"外水"进入水源地，保障供水安全。

（2）统筹实施饮用水水源保护区划定和优化调整，配套完善水源地封闭隔离设施和保护区标识牌，动态清理整治饮用水水源保护区环境问题。

（3）建设水源地管理信息化系统，实现对饮用水水源地在线监控，继续开展城镇饮用水水源水质状况信息公开。

（4）建立饮用水水源地应急管理系统，完善保护区风险源名录，落实风险管控措施，制订水源地突发事件的应急预案，提升应急能力和管理水平。

15.5.2　航运码头安全控制

（1）加快推进城市范围内非法码头取缔。

（2）加快港口码头环境基础设施（危化品港口码头建设项目审批管理情况、洗舱水接收设施、港口码头岸点设施建设等）的完善。

（3）尽快制定城市港口码头总体规划，优化码头布局，推进生活污水、垃圾、含油污水、化学品洗舱水接收设施建设。

（4）加强船舶污染防治及风险管控措施（淘汰不符合标准的老旧船舶、不达标船舶升级改造、打击危化品非法水上运输及油污水等非法转运处置行为等）。

15.6　城市水生态环境监测技术

（1）系统提升城市水生态环境监测能力现代化。在水环境监测的基础上，补充水生态和水资源监测，构建水生态环境质量状况和污染源监测全覆盖的水生态环境监测网络；加快完善水生态环境综合监管和执法体系；依法细化城市各控制单元的行政执法职权，提升综合执法能力，完善水生态环境网格化管理机制。

（2）加强城市水生态环境监控预警，充分利用卫星遥感、自动在线和人工监测以及计算机模拟等技术，对重点区域、重点水域进行重点监测和实时监测，对水环境做出准确、快速、高效的判断，随时随地了解和掌握水质情况。

15.7　鼓励研发的技术方向

（1）鼓励研发处理周期短、二次污染少、运行维护简单、处理效果好的生活污水和工业废水处理技术。

（2）对于气温低、冬季结冰期长的城市，鼓励研发适用于低温条件下处理稳定的技术。

（3）对于生态脆弱和富营养化严重的敏感水域城市，鼓励研发高效脱氮除磷技术。

（4）对于缺水城市，鼓励研发各类节水技术及污水深度处理技术，实现再生水回用。

（5）鼓励研发对新污染物的高效处理技术。

（6）鼓励研发雨洪控制协调技术、径流污染控制中新污染物的削减与控制技术、降雨径流污染控制智慧化管理技术。

参 考 文 献

曹晓峰，胡承志，齐维晓，等. 2019. 京津冀区域水资源及水环境调控与安全保障策略. 中国工程科学，21（5）：130-136.

陈昆仑，王旭，李丹，等. 2013. 1990~2010 年广州城市河流水体形态演化研究. 地理科学，33（2）：223-230.

陈双. 2016. 宜兴市城市雨水径流污染特性的研究. 西安：西安建筑科技大学.

陈焰，夏瑞，后希康. 2021. 黄河上游流域水生态环境问题及对策——以湟水河典型流域为例. 环境保护，（13）：17-19.

陈轶，郑兴灿，唐运平. 2013. 天津滨海工业园区节水控源减排技术集成与示范研究. 给水排水，49（5）：9-14.

程一鑫，李一平，朱晓琳，等. 2020. 基于熵值-环境基尼系数法的平原河网区污染物总量分配. 湖泊科学，（3）：619-628.

戴乙，王佰梅. 2018. 京津冀区域重要水源地保护的思考. 海河水利，1：7-9.

邸少华，谢立勇，宁大可. 2011. 气候变化对西北地区水资源的影响及对策. 安徽农业科学，（27）：16819-16821.

丁圣彦，梁国付. 2004. 近 20 年来河南沿黄湿地景观格局演化. 地理学报，（5）：653-661.

董雪峰，赖欣，董伟，等. 2019. 近 51 年我国区域降水特征分析. 吉林农业，4：104-107.

董智渊，曲丹，孙德智. 2018. 宜兴城镇化新区雨水径流污染控制研究//中国环境科学学会. 2018 中国环境科学学会科学技术年会论文集（第二卷）. 合肥：2018 中国环境科学学会科学技术年会：827-835.

杜娟，李秦，何士华. 2021. 西南山区城市河流健康评价. 中国水运（下半月），21（2）：65-67.

方爱红，周勤，楼成林，等. 2012. CE-QUAL-W2 模型在上海市大型饮用水水库中的应用. 环境科学与管理，（11）：76-79，100.

方晓波. 2009. 钱塘江流域水环境承载能力研究. 杭州：浙江大学.

冯叶，杨立中，陈进斌，等. 2014. 废水生物脱氮低温硝化研究进展. 水处理技术，（3）：5-10.

付朝臣，栾清华，刘家宏，等. 2020. 截流改造控制合流制溢流污染案例研究. 环境科学与管理，45（9）：109-112.

高鹏. 2011. 松花江水体中酚类污染物时空分布及迁移转化过程研究. 哈尔滨：哈尔滨工业大学.

高山. 2021. 长春市伊通河"十三五"期间水质监测分析与探究. 资源节约与环保，（5）：33-35.

谷风，吴春英，白鹭，等. 2019. 松花江流域典型城市湖泊水质评价——以落马湖为例. 吉林化工学院学报，36（11）：53-57.

郭二辉，常海荣，陈家林，等. 2016. 城市河流河岸带的类型、干扰特征及恢复对策——以北京市温榆河为例. 福建林业科技，43（1）：175-181.

郭书英. 2018. 海河流域水生态治理体系思考. 中国水利, 7: 4-7.

郭晓芳, 徐莹, 韩红波, 等. 2020. 长沙市龙王港流域水环境综合治理探讨. 湖南水利水电, (4): 66-69.

国家统计局. 2021. 中国统计年鉴 2020. 北京: 中国统计出版社.

国家统计局城市社会经济调查司. 2019. 中国城市统计年鉴 2018. 北京: 中国统计出版社.

国家统计局城市社会经济调查司. 2021. 中国城市统计年鉴 2020. 北京: 中国统计出版社.

国家统计局城市社会经济调查司. 2022. 中国城市统计年鉴 2021. 北京: 中国统计出版社.

海玮. 2016. 武汉: 60 年近 90 处湖泊消失填湖造地是人为渍涝的元凶. 城乡建设, (8): 20-21.

韩璐, 李庆龙, 曾萍, 等. 2022. 长江流域典型城市河段黑臭水体生态整治案例分析. 环境工程技术学报, 12 (2): 546-552.

郝利霞, 孙然好, 陈利顶. 2014. 海河流域河流生态系统健康评价. 环境科学, 35 (10): 3692-3701.

何梦男, 张劲, 陈诚, 等. 2018. 上海市淀北片降雨径流过程污染时空特性分析. 环境科学学报, 38 (2): 536-545.

何强, 潘伟亮, 王书敏, 等. 2014. 山地城市典型硬化下垫面暴雨径流初期冲刷研究. 环境科学学报, 34 (4): 959-964.

贺俊卿. 2013. 阿什河流域农业面源污染排污权交易机制研究. 哈尔滨: 哈尔滨理工大学.

胡晗, 高艳, 万帆. 2021. 武汉市巡司河流域水环境综合治理规划方案. 城市道桥与防洪, (7): 133-135.

胡华芬. 2021. 天津海河干流蓝藻水华暴发及防治对策探讨. 海河水利, (1): 25-27.

黄兰兰, 吕文杰, 郑元昊, 等. 2020. 开封城市湖泊水污染现状研究. 环境科学导刊, 39 (1): 10-16.

黄挺, 冼育剑, 段文贵. 2006. 西北地区水资源问题及其解决途径. 科技资讯, (25): 134-136.

黄小钰, 蔡寿华, 靳俊伟, 等. 2021. 重庆市主城区排水管网普查与诊断体系探讨. 给水排水, 47 (S01): 394-398.

黄学平. 2005. 乐安河水环境容量与总量控制研究. 南昌: 南昌大学.

黄子晏, 杜士林, 张亚辉, 等. 2021. 嘉兴河网大型底栖动物与氮磷、重金属的相关分析. 农业环境科学学报, 40 (8): 1787-1798.

贾梦圆. 2021. 陈天. 基于土地利用变化模拟的水生态安全格局优化方法——以天津市为例. 风景园林, 28 (3): 95-100.

金德钢, 孙尧, 钟伟. 2013. 南方河网地区水体流动性影响因素分析. 浙江水利科技, 41 (5): 36-37.

金科. 2019. 基于合流制系统的改良型 AA/O 工艺雨季运行调控研究. 哈尔滨: 哈尔滨工业大学.

金文婧. 2020. 基于水环境容量的河涌整治对策研究——以石碣镇内河涌为例. 广州: 广东工业大学.

靳方倩, 杜国锋. 2018. 荆州市城区水环境综合整治研究. 长江大学学报 (自科版), 15 (17): 24-28.

景梦园, 王立权, 李铁男, 等. 2021. 基于 SWAT 模型的万宝河黑臭水体治理成效分析. 水利科学与寒区工程, (3): 156-159.

鞠兴沂, 吴江, 赵萍, 等. 2021. 浙江平原河网地区海绵城市建设规划浅析——以绍兴市柯桥区为例. 低碳世界, 11 (10): 62-64.

康爱红, 娄可可, 肖鹏, 等. 2016. 扬州市路面径流污染特性分析与排放规律研究. 公路, 61 (8): 212-216.

康健. 2016. 乌梁素海流域近 50 年来气候变化特征分析及其对水文水质的影响. 邯郸: 河北工程大学.

来雪慧, 赵金安, 李丹, 等. 2015. 太原市工业区不同下垫面降雨径流污染特征. 水土保持通报, 35

（6）：97-100，105.

李娣，李旭文，姜晟，等. 2021. 京杭运河江苏段底栖动物群落结构调查. 环境监测管理与技术，33（1）：23-27.

李海燕，徐尚玲，黄延，等. 2013. 合流制排水管道雨季出流污染负荷研究. 环境科学学报，33（9）：2522-2530.

李君. 2006. 杭州市运河水系氮磷污染及底泥磷释放水动力学研究. 杭州：浙江大学.

李兰娟，钱言，陈天放，等. 2021. 我国南方地区城镇污水处理厂进水低浓度原因分析及对策建议. 北京：中国环境科学学会：228-233.

李曼，敬红，贾曼，等. 2021. 2016～2019 年长江经济带总磷污染及治理特征分析. 中国环境监测，37（5）：94-102.

李晓钰. 2014. 松花江哈尔滨段浮游生物群落动态变化特征研究及水质评价. 哈尔滨：东北林业大学.

李瑶瑶，于鲁冀，吕晓燕，等. 2016. 淮河流域（河南段）河流生态系统健康评价及分类修复模式. 环境科学与技术，39（7）：185-192.

李玉莲. 2020. 海绵城市土地利用对地表径流的影响研究. 杭州：浙江工业大学.

廖文秀，陈奕云，赵曦，等. 2021. 基于 GEE 的湖北省近 30 年湖泊及其岸线演变分析. 湖北农业科学，60（10）：46-54.

林诗琦，方升响，张馨月，等. 2021. 城市内湖水环境质量分析及水质提升对策——以武汉市 M 湖为例. 绿色科技，23（18）：74-76.

林晓晟，刘颖，庄琳，等. 2020. 基于 EFDC 模型的饮马河流域水质模拟研究. 绿色科技，（12）：51-54.

林芷欣，许有鹏，代晓颖，等. 2019. 城市化进程对长江下游平原河网水系格局演变的影响. 长江流域资源与环境，28（11）：2612-2620.

蔺照兰，王汝南，王春梅. 2011. 基于基尼系数的乌梁素海流域污染负荷分配. 环境污染与防治，（9）：19-24.

刘俊玲，潘锋，孙言凤，等. 2019. 武汉市饮用水中有机污染物风险影响评价. 现代预防医学，46（13）：2343-2346.

刘巧玲，王奇. 2012. 基于区域差异的污染物削减总量分配研究——以 COD 削减总量的省际分配为例. 长江流域资源与环境，（4）：512-517.

刘文珺. 2017. 湘江流域水量水质特征研究. 长沙：中南林业科技大学.

刘小维，杨洋，殷稼雯，等. 2020. 高宝湖区 4 个湖泊浮游植物和底栖动物群落特征和生物评价. 环境监控与预警，12（6）：52-58.

刘永婷. 2018. 城市发展对嘉兴市水系连通影响及其与水资源耦合关系研究. 芜湖：安徽师范大学.

刘勇，刘燕，朱元荣，等. 2015. 河道硬化与生态治理探讨——以贵阳市南明河为例. 环境与可持续发展，40（1）：157-159.

刘志学，吴琼慧，陈业阳，等. 2020. 长江经济带"三磷"行业现状及环评管理对策. 环境影响评价，42（3）：24-26.

娄孝飞，王颖，张海军，等. 2020. 嘉兴市区河道水质变化趋势及影响因素分析. 净水技术，39（6）：67-72.

卢诚，安塈达，张晓彤，等. 2020. 基于 EFDC 模型的神定河水质模拟. 中国环境监测，（4）：106-114.

卢军辉. 2018. 污水处理厂运行模拟和工艺优化研究. 苏州：苏州科技大学.

吕东蓬. 2019. 滇中城市群土地利用和湿地格局变化及其生态系统服务研究. 昆明：云南大学.

吕静，杨立红，张志勋，等. 2014. 石家庄市制药废水处理现状及发展对策. 煤炭与化工，37（11）：17-18，160.

毛旭辉. 2018. 苏州海绵城市试点区降雨径流与河道水环境耦合模拟研究. 北京：清华大学.

穆守胜，柳杨，乌景秀，等. 2022. 常州市主城区畅流活水方案模拟比选及现场试验研究. 水利水运工程学报，(5)：148-156.

欧阳莉莉，丁瑶，高平川，等. 2018. 成都市河流生态健康评价. 中国环境监测，34（6）：155-163.

裴青宝，黄监初，桂发亮，等. 2021. 萍乡市城市地表径流污染物浓度变化特征分析及数值模拟. 水资源与水工程学报，32（2）：10-15.

钱嫦萍. 2014. 中国南方城市河流污染治理共性技术集成与工程绩效评估. 上海：华东师范大学.

钱澄，张虹. 2014. 武汉城市化进程中的湖泊侵占问题及对策. 江汉大学学报（社会科学版），31（5）：97-101.

钱锋，魏健，袁哲，等. 2020. 辽河流域水环境治理模式与"十四五"规划思考. 环境工程技术学报，(6)：1022-1028.

钱瑞，彭福利，薛坤，等. 2022. 大型湖库滨岸带蓝藻水华堆积风险评估——以巢湖为例. 湖泊科学，34（1）：49-60.

邱国良，陈泓霖. 2022. 衡阳市县级以上城市饮用水源地水质健康风险评价. 城镇供水，(2)：85-90.

尚宏琦，鲁小新，高航. 2003. 国内外典型江河治理经验及水利发展理论研究. 郑州：黄河水利出版社.

盛天进，Mbao E，吴聪，等. 2021. 浙江浦阳江大型底栖无脊椎动物物种多样性和生态功能恢复研究. 环境监控与预警，13（2）：1-8.

施晓帆. 2017. 湖州市水源特征解析及工艺处理效能研究. 杭州：浙江大学.

石国栋. 2020. 渭河陕西河段健康评价及生态需水分析. 西安：西安理工大学.

舒守娟，王元，储惠芸. 2009. 地理和地形影响下我国区域的气温空间分布. 南京大学学报（自然科学版），45（3）：334-342.

宋紫铭. 2020. 哈尔滨市暴雨内涝成因分析. 农业灾害研究，(6)：52-55.

孙滔滔，赵鑫，尹魁浩，等. 2020. 基于 HSPF 模型的东江流域氮磷污染研究. 中国农村水利水电，(4)：39-43，48.

孙许. 2021. 基于 SWMM 水质模型的某水库上游河流水质状态演化特征模拟应用研究. 水利科学与寒区工程，(1)：19-24.

檀雅琴，陈江海，曹卉. 2021. 九江市中心城区水环境状况及污染控制措施分析. 净水技术，40（S2）：61-66.

汤洁，续衍雪，李青山，等. 2010. 第二松花江水质与主要城市取排水量、径流关系研究. 水文，(6)：65-69.

田甜. 2018. 乌鲁木齐市水磨河水环境质量评价及污染防治对策研究. 绵阳：西南科技大学.

田巍，陈耀文，周志轩. 2018. 银川市市区再生水利用潜力测算与配置研究. 中国农村水利水电，(3)：40-43.

王晨，郅晓沙，吴传庆，等. 2019. 京津冀地区春季河流干涸断流时空分布特征遥感分析. 西安：中国环境科学学会科学技术年会.

王大庆. 2009. 新疆天池自然保护区产流产沙试验研究. 石河子：石河子大学.

王浩. 2017. 宜兴城区地表径流对河道水质影响特征分析. 西安：西安建筑科技大学.

王军霞，罗彬，陈敏敏，等. 2014. 城市面源污染特征及排放负荷研究——以内江市为例. 生态环境学报，23（1）：151-156.

王倩，张琼华，王晓昌. 2015. 国内典型城市降雨径流初期累积特征分析. 中国环境科学，35（6）：1719-1725.

王沁. 2021. 长沙市望城区海绵城市地表径流控制率分析. 绿色科技，23（14）：207-213.

王添. 2020. 吉林省东辽河、伊通河、饮马河生态需水及其保障措施研究. 长春：吉林大学.

王小青. 2014. 淮河流域（河南段）河流生态系统退化程度诊断和响应关系研究. 郑州：郑州大学.

王瑄. 2018. 城市降雨径流污染特征及预测模型研究. 武汉：武汉大学.

王宇翔，杨小丽，胡如幻，等. 2017. 常州市湖塘纺织工业园降雨径流污染负荷分析. 水资源保护，33（3）：68-73.

吴常雪，田碧青，高鹏，等. 2021. 近40年鄱阳湖枯水期水体面积变化特征及驱动因素分析. 水土保持学报，35（3）：177-184.

吴成强，杨金翠，杨敏，等. 2003. 运行温度对活性污泥特性的影响. 中国给水排水，（9）：5-7.

吴佳佳. 2019. 安庆城区雨水与地表径流水质特征的监测与分析. 安庆：安庆师范大学.

吴琼慧，刘志学，陈业阳，等. 2020. 长江经济带"三磷"行业环境管理现状及对策建议. 环境科学研究，33（5）：1233-1240.

吴述园，冯植飞，朱红生. 2020. 城市内湖水质净化与水生态修复工程设计实例——以马鞍山市东湖为例. 净水技术，39（S2）：149-154.

吴伟勇，许高金，王旭航，等. 2020. 芜湖中心城区初期雨水径流面源污染特征研究. 人民长江，51（S1）：27-29.

武汉市水务局. 2014. 武汉湖泊志. 武汉：湖北美术出版社.

夏会娟，孔维静，王汩，等. 2018. 北京市北运河水系水生植物群落结构与生物完整性. 应用与环境生物学报，24（2）：260-268.

谢毅. 2020. 2015年—2018年松花江哈尔滨段水质变化趋势研究. 科技创新与应用，（35）：67-69.

幸娅，张万顺，王艳，等. 2011. 层次分析法在太湖典型区域污染物总量分配中的应用. 中国水利水电科学研究院学报，（2）：155-160.

徐强强，李阳，马黎，等. 2021. 城市雨水管道沉积物氮磷污染溶出特性试验研究. 环境科学研究，34（3）：646-654.

许翠红. 2012. 城市排水管理体制改革研究. 长春：吉林大学.

许文，董黎明，董莉，等. 2020. 我国制糖工业水污染物减排潜力分析及建议. 现代化工，40（12）：19-22.

许祥. 2019. 城市饮用水源中磺胺类抗生素污染特征分析和风险评价. 杭州：浙江工业大学.

薛滨. 2021. 我国湖泊与湿地的现状和保护对策. 科学，73（3）：1-4.

杨成. 2020. 贵州外来物种入侵的种类、危害、防治现状及其未来发展趋势. 农业灾害研究，10（4）：144-148.

杨传智. 1991. 垂向一维水质模型及在龙滩水库的应用. 水资源保护,（3）: 26-34.

杨桂山，马荣华，张路，等. 2010. 中国湖泊现状及面临的重大问题与保护策略. 湖泊科学, 22（6）: 799-810.

杨浩，曾波，孙晓燕，等. 2012. 蓄水对三峡库区重庆段长江干流浮游植物群落结构的影响. 水生生物学报, 36（4）: 715-723.

杨晶晶. 2019. 河流型饮用水水源地环境风险评价方法研究. 北京: 北京化工大学.

杨默远，潘兴瑶，刘洪禄，等. 2020. 基于文献数据再分析的中国城市面源污染规律研究. 生态环境学报, 29（8）: 1634-1644.

杨平，王童，陶占盛，等. 2011. WASP 水质模型在河流富营养化问题中的应用. 世界地质,（2）: 265-269.

杨秋娟. 2016. 宜兴城区雨水管道中污染物分析及雨水削减技术. 西安: 西安建筑科技大学.

应文晔，钟萍，刘正文. 2005. 惠州西湖磷模型的初级研究. 生态科学,（4）: 373-375.

于秋颖，石燕，刘燕. 2020. 黄河流域包头段水环境污染时空变化研究. 包头医学院学报,（4）: 66-67.

于文勇. 2012. 中国地区降水持续性特征分析. 北京: 中国气象科学研究院.

俞欣，金哲，韩琳. 2021. 南京市城市河道污染特征及长效整治研究. 中国资源综合利用, 39（1）: 62-65.

袁艳. 2015. 苏州城区路面降雨径流污染特征及控制措施研究. 苏州: 苏州科技学院.

袁哲，许秋瑾，宋永会，等. 2021. 辽宁省辽河流域水生态完整性恢复的实践与启示. 环境工程技术学报,（1）: 48-55.

袁振宇. 2018. 城市污水处理厂中生物处理系统管控因素研究. 化工设计通讯,（5）: 213.

张方辉，黄河清，李雪飞，等. 2019. 基于底栖动物完整性指数（B-IBI）的水生态健康评价——以梁滩河和濑溪河为例. 环境影响评价, 41（6）: 79-85.

张凤太，王腊春，冷辉，等. 2012. 近 40 年江苏省湖泊形态特征动态变化研究. 灌溉排水学报, 31（5）: 103-107.

张海燕，沈丽娟，周崴，等. 2021. 基于底栖动物完整性指数的常州武南区域水生态健康评价. 环境监测管理与技术, 33（4）: 35-39.

张青梅，刘湛，尤翔宇，等. 2014. 湘江株洲段镉污染动态模拟与情景分析. 环境工程学报, 8（10）: 4227-4232.

张阳春. 2021. 基于底栖动物完整性指数的水生态健康评价——以双溪河为例. 农业与技术, 41（21）: 107-109.

张永勇，花瑞祥，夏瑞. 2017. 气候变化对淮河流域水量水质影响分析. 自然资源学报, 32（1）: 114-126.

赵晓佳，王少坡，于贺，等. 2019. 天津中心城区典型下垫面降雨径流污染冲刷特征分析. 环境工程, 37（7）: 34-38, 87.

赵玉田. 2016. 脆弱生态系统下西北干旱区农业水资源利用策略研究. 兰州: 兰州大学.

赵玉婷，李亚飞，董林艳，等. 2020. 长江经济带典型流域重化产业环境风险及对策. 环境科学研究, 33（5）: 1247-1253.

郑佳楠，徐敏，郑文秀，等. 2022. 富营养化驱动下西凉湖百年来生态系统演化轨迹. 环境科学, 43: 2518-2526.

郑鹏，蒋小明，曹亮，等. 2022. 江湖阻隔背景下东部平原湖泊鱼类功能特征及多样性变化. 湖泊科学, 34（1）: 151-161.

中华人民共和国水利部. 2020. 中国水利统计年鉴 2019. 北京：中国水利水电出版社.

中华人民共和国水利部. 2021. 中国水利统计年鉴 2020. 北京：中国水利水电出版社.

中华人民共和国住房和城乡建设部. 2019. 中国城市建设统计年鉴 2018. 北京：中国统计出版社.

中华人民共和国住房和城乡建设部. 2021. 中国城市建设统计年鉴 2020. 北京：中国统计出版社.

钟军. 2013. 中国降水的时空和概率分布特征. 南京：南京信息工程大学.

周琳，陈学强，邵甜，等. 2019. 环巢湖小流域污染源的调查与分析. 安徽农学通报，25（14）：117-120.

周益娟. 2006. 秦淮河流域引水调配模型及应用研究. 南京：河海大学.

朱韩，徐瑶，尹子龙，等. 2021. 固城湖底栖动物群落季节变化及与环境因子的关系. http://kns.cnki.net/
    kcms/detail/23.1363.S.20210514.1117.002.html[2022-08-01].

朱敏，汪海涛，吴咪娜，等. 2020. 倒水河武汉段水环境现状调查与保护对策. 环境科学导刊，39（3）：
    11-14.

庄文贤，张大伟，马清坡. 2018. 连云港市城市河流污染分析及其治理策略. 水资源开发与管理，（10）：
    49-51.

邹帅文，王海珍，袁时珏. 2022. 平原河网水质提升关键技术与案例分析——以虹口河道为例. 净水技
    术，41（5）：116-121.

Hu K，Wang Y，Feng B，et al.2020. Calculation of water environmental capacity of large shallow lakes—A case
    study of Taihu Lake. Water Policy，22（2）：223-236.

附表 水专项城市市政工程综合整治备选技术库

技术方向	技术要素	关键技术
源头控制类技术	面源源头控制类技术	路面地表径流促渗技术
		不透水下垫面径流处理技术
		新型大孔隙开级配排水式沥青磨耗层路面结构和优化技术
		透水路面促渗技术
		植生型多孔混凝土绿色渗透技术
		组合式多介质渗滤净化树池技术
		基于雨水冲击和水位变化的低影响开发植物种植与养护技术
		多孔基质植草沟技术
		山地城市面源污染迁移段控制集成技术
		山地城市地表径流源区生物促渗减流技术
		强化雨水渗透及净化的渗透浅沟构建技术
		土壤增渗减排技术
		绿色屋顶构建技术
		屋顶径流分流净化技术
		适用性绿色屋顶源头控污截流技术
		绿色建筑小区雨水湿地径流控制技术
		绿色建筑小区阶梯式绿地截缓径流技术
		城市绿地多功能调蓄-滞留减排-水质保障技术
		融雪剂自动弃流功能的生物滞留带技术
		同步脱氮除磷两相生物滞留技术
		花园式雨水集水与促渗技术
		城市暴雨径流与雨洪利用的雨水花园技术
		初期雨水生态滞留硅藻土快速处理技术
		路面雨水集蓄净化利用系统与技术
		停车位雨水原位净化与回用技术

续表

技术方向	技术要素	关键技术
源头控制类技术	管网源头控制类技术	雨水径流时空分质收集处理技术
		无线广播式初期雨水弃流技术
		合流制溢流分流控制装置与技术
		合流制溢流污水末端综合处理技术
		雨水口高效截污装置与关键技术
		雨水口除污装置与应用技术
		基于新型雨水篦的道路雨水高效净化技术
		基于检查井的自动净化雨水技术
		雨水检查井智能截污装置与技术
		雨水管道旋流沉砂技术
		初期雨水专管调蓄储存技术
		分流制排水系统末端漂浮介质过滤净化技术
		合流制系统溢流量控制技术
		基于降雨特征的溢流污染控制调蓄池设计技术
		基于水力模型的初期雨水调蓄池设计方法与技术
		基于降雨特征的初期雨水调蓄池设计技术
过程控制类技术	管网建设类技术	新型真空排水技术
		分散污水负压收集技术
		老城区滨河带适宜性真空截污技术
	管网修复类技术	与环境条件相适应的原位固化修复树脂配方优化技术
		大管径原位修复内衬管材料制造技术
	面源过程控制类技术	泵站雨水强化混凝沉淀过滤净化处理技术
		基于旋流分离及高密度澄清装备的初期雨水就地处理技术
		初期雨水水力旋流-快速过滤技术
		复合流人工湿地处理系统与技术
		山地陡峭岸坡带梯级湿地净化技术
		分流制排水系统末端渗蓄结合污染控制技术
		三带系统生态缓冲带技术
		多塘系统生态缓冲带技术
		基于调蓄的雨水补给型景观水体水质保障技术
		城市面源污染净化与生态修复耦合技术
污染修复类技术	污染负荷控制技术	缓滞流非常规水源补给高盐景观水体的人工强化净化技术
		降雨径流河道污染控制超滤技术
		入湖支流生物滤池深度处理技术

技术方向	技术要素	关键技术
污染修复类技术	污染负荷控制技术	污水厂尾水轻质填料人工湿地-多效能滤池深度处理技术
		高盐水体河滨缓冲带植被优化配置和生态护岸技术
		城市河道水陆生态界面重建与污染拦截技术
		生态修复型的底泥疏浚与处理处置技术
		城市河湖底质生物活性多层覆盖原位处理与控制技术
		基于生态修复和河道基质调控的城市景观水体水质改善与功能维护技术
	水体水质提升技术	景观水体微生物-化学-水生植物复合强化净化与藻类过度生长控制技术
		城市河湖水系原位强化处理技术
		城市景观河湖生境调控与自净功能强化技术
		城市缓流水体生境修复与生态景观建设技术及应用
		污染河道多级复合湿地净化技术
		小城镇河道侧沟水体修复集成技术
		城市景观水体水动力调控与水质保障技术
		城市河湖循环过滤高效旁路净化技术
		以磁技术为核心的城市河湖水质改善集成技术
		典型污染物快速分离技术
		多级塘链生态脱氮除磷技术
		河口表面流人工湿地与植物塘生态修复技术
		景观水体水质改善多级复合流人工湿地异位修复技术
		景观水体物理-生态相结合的人工湿地旁路生态修复技术
		以湿地为核心的北方滨海城市水系统构建技术
		城市重污染河道流态调控-增氧与景观功能高效修复技术
		内源反硝化生物过滤技术
		河道浅流区砾石床与复合填料耦合生态修复技术
		河道缓流区仿生填料与沉水植物协同生态修复技术
		小城镇河道水体营养物质削减菌藻生物膜技术
		廊道整流梯级浮床生态脱氮除磷技术
	水生态功能恢复技术	多要素联通的（河、海、湖、湿地）非常规水源水生态系统构建技术
		河流水质长效保持技术
		城市景观水系非常规水源利用优化模式
		多水源补水技术集成及优化调度模型
		水乡城镇水系结构优化与水动力学调控技术
		湖库回水区人工强化复氧技术
		滞留区人工复氧及水动力改善技术

续表

技术方向	技术要素	关键技术
污染修复类技术	水生态功能恢复技术	多级自然复氧技术
		湖库死水区人工强化水体循环流动技术
		城市河湖原生净化系统修复与重建关键技术
		湖库健康水生态系统构建技术
		城市河湖水质保持与生态修复技术
运维监管类技术	管网监管与评估类技术	排水管渠视频数字化成像检测技术
		排水管渠超声数字化成像检测技术
		排水系统淤积检测技术
		排水管网系统运行绩效评价
		合流制系统性能与运行状况的诊断评估技术
		分流制排水系统雨污混接诊断与改造技术
		排水管网破损数值化诊断技术
		基于山地城市小流域暴雨径流模型的雨水管道排放能力评估技术
		排水系统动态监控与负荷优配增效调控技术
		管网优化运行与调度控制技术
		城市排水管网优化调度与管理决策支持技术
		排水管网与污水处理厂协同的系统集成分层优化控制技术
		合流管网错时分流技术
		城市排水 GIS 系统平台构建技术
		基于排水模型的城镇排水系统内涝管控关键技术
		防涝实时预警预报系统构建技术
		内涝状况的模拟、仿真和预警系统开发技术
		管道沉积物沉降控制技术
		排水管渠一体化清淤技术
		排水系统淤积污染控制技术
		壅水型截流深井水力清淤技术与装置
		基于无线传感网络的合流制管网运行监控系统
		排水管网多指标在线监测设备
		山地城市排水管道结构性安全综合监控与预警系统
		污水管道有害气体安全预警系统
	水体监测与评估类技术	水环境安全风险识别技术与指标体系
		基于北京一号小卫星的城市水体水华监测方法
		河流水体异常图像自动识别技术
		基于线性规划-目标规划-层次分析法耦合模型的污染控制与负荷削减策略优化技术

技术方向	技术要素	关键技术
运维监管类技术	水体监测与评估类技术	基于水动力水质耦合模型及环境地理信息系统的信息集成与决策支持技术
		城市水环境系统综合评价技术
		基于水体感观质量的城市河道水质评价技术
		人工调控城市河流适宜性指标体系构建与控制技术
		城市内湖的水质综合评价体系
	面源诊断评估类技术	山地城市面源污染负荷模型预测技术
		基于径流系数和污染物削减系数的城市径流水量水质过程表达技术
		基于"浓度控制"雨水调蓄的初期雨水污染控制最佳综合运转技术
		城区雨水滞留利用适用性技术
		城区排水系统溢流污染控制适用性技术
		城市面源污染水量水质同步监测与模型模拟技术
		城市道路雨水口的过流能力测试装备与技术
		集成截流–调蓄–处理的排水系统设计关键技术
		低影响开发设施效能评估技术
		监测与模拟耦合的调蓄系统效能评估技术
		低影响开发设施性能分析评价模型与技术
预测设计类技术	管网集成优化类技术	排水管道安全运行、养护与修复质量评估体系技术
		城市排水管网智能养护与快速检测修复技术
		混合截污排水系统效能诊断与混合截污管网运行优化技术
		城市雨水管网混接调查与改造关键技术
	管网规划设计类技术	排水模式选择的多目标决策模型技术
		大型污水管道输水方式决策技术
		合流制管网改造策略与方法
		合流制管网分质截流技术
		截流式合流制排水系统溢流污染控制集成技术
	水体修复集成优化技术	城区河道水质净化与生态修复集成技术
		北方缺水城市滞流型景观水体水质保持与改善技术
		城市河湖水系水质保障与修复技术
		巢湖流域城市河流水环境综合整治适用性技术
		城市面源污染水体净化与生态耦合修复技术